# Hydraulik
# für Bauingenieure

von

Paul-Gerhard Franke

1974

Walter de Gruyter · Berlin · New York

SAMMLUNG GÖSCHEN 9004

Dr. *Paul-Gerhard Franke*

ord. Professor an der Technischen Universität München
Direktor des Instituts für Hydraulik und Gewässerkunde



ISBN 3 11 003900 1

# Inhalt

# Einleitung

Flüssigkeiten sind, im Gegensatz zu festen Körpern, durch leichte Verschieblichkeit ihrer Teilchen gekennzeichnet. In der Strömungslehre unterscheidet man zwischen wirklichen oder natürlichen Verhältnissen und vollkommenen oder idealen Verhältnissen. Für letztere wird vorausgesetzt, daß die Flüssigkeiten reibungsfrei und raumbeständig sind. Aufgrund dieser vereinfachenden Annahmen werden theoretische Untersuchungen der Strömungsprobleme wesentlich erleichtert.

Die Lehre vom Verhalten tropfbarer Flüssigkeiten – mehr oder weniger der sogenannten idealen Flüssigkeiten – heißt Hydromechanik. Hierbei werden die Verhältnisse der ruhenden Flüssigkeit in der Hydrostatik und diejenigen der Flüssigkeitsbewegung in der Hydrodynamik behandelt.

Hydraulik ist die Lehre von der Bewegung reibungsbehafteter Flüssigkeiten, im ursprünglichen Sinne die Lehre von der Bewegung des Wassers. Sie ist aufgrund von Erfahrungen und Versuchen entstanden. Daraus kann jedoch nicht gefolgert werden, daß das hydraulische Rechnen lediglich auf dem Gebrauch von empirischen Formeln beruht. Hydraulik ist vielmehr eine angewandte Hydromechanik für die technische Praxis. Die Schwierigkeiten für hydraulische Berechnungen liegen darin, daß einerseits auf empirische Beiwerte nicht verzichtet werden kann und daß andererseits der Strömungsverlauf unverzüglich und rücksichtslos jeden begangenen Fehler aufzeigt. Aus diesem Grunde müssen die Berechnungsmethoden auf theoretisch fundierten Ansätzen aufgebaut sein und somit auch den Ähnlichkeitsbedingungen genügen. Alle anderen Formeln können keine allgemeine Gültigkeit haben.

Der für den Bauingenieur maßgebende Teil der Hydraulik soll in diesem Bande in gedrängter Form aufgezeigt werden. Dabei ist es nicht möglich auf die Vielzahl der wasserbaulichen Strömungsprobleme einzeln und vollständig einzugehen. Es kann lediglich versucht werden, eine breite Grundlage herzustellen, mit deren Hilfe die in der Praxis vorkommenden Strömungsvorgänge behandelt werden können.

# 1. Grundgleichungen der Hydraulik

## 1.1 Allgemeine Beziehungen

### 1.1.1 Druckverhältnisse

Der gesamte Druck, der in einer Flüssigkeit an beliebigem Orte vorhanden ist, wird durch die Beziehung $p^* = p + \overline{p}$ erfaßt. Hierin sind $p$ der Flüssigkeitsdruck und $\overline{p}$ der atmosphärische Luftdruck.

An der Oberfläche eines beliebigen Teilchens einer reibungsfreien Flüssigkeit können als Kräfte nur Normaldrücke auftreten, weil Schub- bzw. Reibungskräfte voraussetzungsgemäß ausgeschlossen und Zugkräfte nicht übertragbar sind. Der Flüssigkeitsdruck $p = dP/dF$ ist unabhängig von der Schnittrichtung (Fig. 1-1). Er ist somit eine richtungslose oder skalare Größe. Die Druck-Kraft hingegen ist eine vektorielle Größe und wirkt stets normal zur betreffenden Fläche.

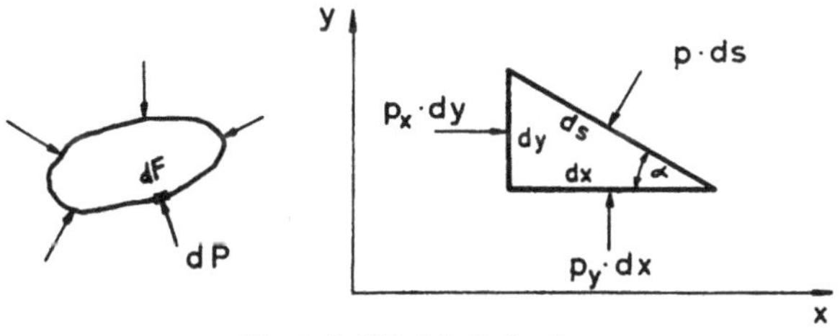


Fig. 1-1 Flüssigkeitsdruck

Aus der Gleichgewichtsbedingung der Kräfte in der horizontalen x-Richtung $p_x\, dy\, dz = p\, ds \sin\alpha\, dz = 0$ folgt unmittelbar $p = p_x$. Analog können die Beziehungen $p = p_y$ und $p = p_z$ erhalten werden. Daraus ist zu ersehen, daß in einer reibungsfreien Flüssigkeit der hydrostatische Druck nur eine Funktion des Ortes ist. Bei der

Flüssigkeitsbewegung ist der Druck im allgemeinen auch mit der Zeit veränderlich. Diese Betrachtungen sind für zähe Flüssigkeiten nur dann zutreffend, wenn keine Formänderung des Flüssigkeitskörpers eintritt.

Wenn bei einem Fließvorgang der Druck bis auf den Dampfdruck absinkt, beginnt im Flüssigkeitsstrom die Entwicklung von Dampf- bzw. Gasblasen. Durch diese Hohlraumbildung, auch Kavitation genannt, wird der Abflußvorgang wesentlich beeinflußt. In einem nachfolgenden Gebiet höheren Druckes entstehen durch das plötzliche Zusammenfallen der Hohlräume starke Verdichtungsstöße, die u. U. Materialzerstörungen herbeiführen können.

Der atmosphärische Luftdruck in Meereshöhe entspricht bei einer Temperatur von 0° C durchschnittlich einer Wasserhöhe von $p/\gamma = 10{,}33$ [m]. Für andere Höhenlagen genügt die Näherungsformel $p/\gamma = 10{,}33 - M/900$ [m], wobei mit M die geodätische Ortshöhe bezeichnet ist.

### 1.1.2 Begriffe der Fließbewegung

Die Geschwindigkeit ist eine vektorielle Größe, deren Komponenten durch das betreffende Koordinatensystem festgelegt werden. Nach der Zahl der jeweils in Betracht gezogenen Geschwindigkeitskomponenten kann die Strömung in drei Gruppen eingeteilt werden.

Im allgemeinen ist die Strömung räumlich oder dreidimensional. Eine mathematische Behandlung ist hierfür nur unter bestimmten Voraussetzungen möglich. Bewegen sich alle Flüssigkeitsteilchen gleichartig in parallelen Ebenen, so wird dieser Vorgang als ebene oder zweidimensionale Strömung bezeichnet. Unter dieser Voraussetzung kann der Strömungsverlauf für reibungsfreie Verhältnisse theoretisch verfolgt und dargestellt werden. Wenn nur die Hauptströmung in einer ausgezeichneten Richtung betrachtet wird und die normal zur Fließrichtung auftretenden Querbewegungen vernachlässigt werden können, spricht man von einer linearen oder eindimensionalen Strömung. Diese vereinfachte Betrachtungsart wird in der technischen Hydraulik vorwiegend zugrunde gelegt.

Von den charakteristischen Linien eines Fließvorganges – Stromlinien, Bahnlinien und Streichlinien – haben die Stromlinien besondere Bedeutung. Sie verlaufen an jeder Stelle des Flüssigkeitsgebietes in der Richtung der momentan herrschenden Geschwindigkeit. Daher können sie sich niemals schneiden, weil sonst im betreffenden Punkt gleichzeitig zwei verschiedene Geschwindigkeitsrichtungen existieren müßten. Aus dem gleichen Grunde kann auch kein Knick auftreten. Eine Ausnahme stellt lediglich die Verzweigung einer Stromlinie an einem Hindernis dar, wobei die Geschwindigkeit im Staupunkt $v = 0$ ist. Bahnlinien bezeichnen den Weg der Flüssigkeitsteilchen. Sie können z. B. durch Färbung sichtbar gemacht werden. Streichlinien verbinden die Bahnpunkte zur jeweils betrachteten Zeit.

Bei der instationären Strömung ist die Fließgeschwindigkeit an jedem Orte des betrachteten Flüssigkeitsstromes auch von der Zeit abhängig, wobei Größe und Richtung der Geschwindigkeit je allein oder auch gemeinsam veränderlich sein können. Die Geschwindigkeit ist somit eine Funktion des Ortes und der Zeit. Mit der zeitlichen Änderung der Geschwindigkeitsrichtung folgt auch zu jedem Zeitpunkt ein anderes Bild der Stromlinien. Bahnlinien und Stromlinien sind hierbei voneinander verschieden. Wenn hingegen lediglich die Größe der Geschwindigkeit von der Zeit abhängig ist und die Richtung unverändert bleibt, so sind die Stromlinien ihrer Gestalt nach unveränderlich und mit den Bahnlinien identisch. Dies ist z. B. der Fall bei einem variablen Abfluß durch eine formbeständige Leitung.

Bei stationärer Strömung ist die Geschwindigkeit weder der Größe noch der Richtung nach zeitabhängig. Die Flüssigkeitsbewegung ist also nur eine Funktion des Ortes. Die Stromlinien haben somit unveränderliche Gestalt und sind zugleich Bahnlinien.

Die gesamte, materielle oder substantielle Beschleunigung eines Flüssigkeitsteilchens besteht aus dem von der Zeit abhängigen lokalen oder instationären Anteil und dem vom Ort abhängigen konvektiven oder stationären Anteil. Die lokale Beschleunigung, d. h. die zeitliche Änderung der Geschwindigkeit an einem bestimmten Ort des Strömungsfeldes, stellt den Grad des Instationären dar, während die konvektive Beschleunigung den Grad der Ungleichförmigkeit ausdrückt.

Nach dem Grundgesetz der Dynamik gilt für die Beschleunigung der Ausdruck $b = dK/dm = dv/dt$. Die daraus folgenden Beziehungen für gleichförmige Bewegung ($b = 0$) und ungleichförmige Bewegung ($b \neq 0$) gelten ebenso für die Fließvorgänge. In natürlichen Gerinnen kommt normalerweise nur die ungleichförmige Bewegung vor. Die Annahme der gleichförmigen Bewegung ist mehr oder weniger eine zweckmäßige Voraussetzung zur Vereinfachung der Strömungsprobleme, die in vielen praktischen Fällen durchaus zulässig ist.

### 1.1.3 Bewegungsgleichungen von Euler

Für die Ableitung der Gleichungen wird ein Massenelement $dm = \rho\, dx\, dy\, dz$ einer Flüssigkeit unter idealen Verhältnissen betrachtet, in dessen Mitte der Druck p herrscht. Auf dieses Element wirken Druck- und Massenkräfte. Die auf die Masseneinheit be-

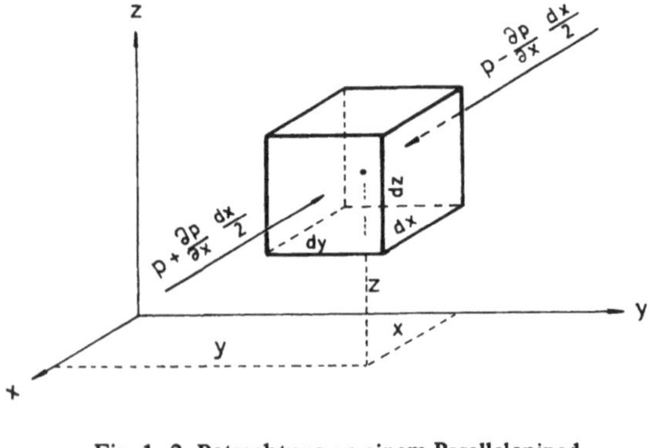


Fig. 1-2 Betrachtung an einem Parallelepiped

zogene Massenkraft $\vec{K}$ wird, entsprechend den Richtungen x, y, z in die Komponenten X, Y und Z zerlegt.

Die Anwendung der dynamischen Grundgleichung auf die Verhältnisse in der x-Richtung (Fig. 1–2) ergibt

$$dm\, X - (p + \frac{\partial p}{\partial x}\frac{dx}{2})\, dy\, dz + (p - \frac{\partial p}{\partial x}\frac{dx}{2})\, dy\, dz = dm\, \frac{dv_x}{dt}.$$

Entsprechend sind die Beziehungen für die anderen beiden Richtungen aufzustellen. Daraus folgen dann die Gleichungen

$$X - \frac{1}{\rho}\frac{\partial p}{\partial x} = \frac{dv_x}{dt} = b_x$$

$$Y - \frac{1}{\rho}\frac{\partial p}{\partial y} = \frac{dv_y}{dt} = b_y$$

$$Z - \frac{1}{\rho}\frac{\partial p}{\partial z} = \frac{dv_z}{dt} = b_z$$

wobei $b_x$, $b_y$ und $b_z$ die substantiellen Beschleunigungen in den betreffenden Koordinatenrichtungen sind.

Die Komponenten des Geschwindigkeitsvektors sind abhängig von den Koordinaten x, y, z und von der Zeit t. Somit folgt für die substantielle Beschleunigung in der x-Richtung

$$\frac{dv_x}{dt} = v_x\frac{\partial v_x}{\partial x} + v_y\frac{\partial v_x}{\partial y} + v_z\frac{\partial v_x}{\partial z} + \frac{\partial v_x}{\partial t}.$$

Mit den analogen Beziehungen für die beiden anderen Richtungen gehen die Bewegungsgleichungen über in

$$X - \frac{1}{\rho}\frac{\partial p}{\partial x} = v_x\frac{\partial v_x}{\partial x} + v_y\frac{\partial v_x}{\partial y} + v_z\frac{\partial v_x}{\partial z} + \frac{\partial v_x}{\partial t} = b_x$$

$$Y - \frac{1}{\rho}\frac{\partial p}{\partial y} = v_x\frac{\partial v_y}{\partial x} + v_y\frac{\partial v_y}{\partial y} + v_z\frac{\partial v_y}{\partial z} + \frac{\partial v_y}{\partial t} = b_y \qquad (1.1)$$

$$Z - \frac{1}{\rho}\frac{\partial p}{\partial z} = v_x \frac{\partial v_z}{\partial x} + v_y \frac{\partial v_z}{\partial y} + v_z \frac{\partial v_z}{\partial z} + \frac{\partial v_z}{\partial t} = b_z$$

Diese drei Komponentengleichungen können ebenso durch die Vektorgleichung

$$\vec{K} - \frac{1}{\rho}\,\text{grad}\ p = \frac{d\vec{v}}{dt} \tag{1.2}$$

ausgedrückt werden. In analoger Weise kann die Darstellung in lokalen oder natürlichen Koordinaten erfolgen.

Diese Gleichungen wurden von Leonhard Euler im Jahre 1755 aufgestellt. Sie bilden die Grundlage für viele Betrachtungen in der Strömungslehre. Werden außer den am Flüssigkeitselement wirkenden Massenkräften und Druckspannungen noch die Reibungseinflüsse berücksichtigt, so folgen sinngemäß die Navier-Stokesschen Gleichungen für die Bewegung zäher Flüssigkeiten.

### 1.1.4 Kontinuitätsbedingung

In einem Flüssigkeitsstrom kann Masse weder entstehen noch verlorengehen. Diese Forderung nach Erhaltung der Masse besagt, daß für jedes Volumenelement der Unterschied zwischen zugeführter und abgeführter Masse gleich der zeitlichen Massenänderung im betreffenden Element sein muß. Für die Massenerhaltung gilt somit

$$\iiint \frac{\partial \rho}{\partial t}\, dV + \oint\!\!\int \rho\, \vec{v}\, d\vec{F} = 0\,. \tag{1.3}$$

Wird ein Raumelement von unveränderlicher Größe im Innern einer raumbeständigen Flüssigkeit betrachtet, so lautet die Kontinuitätsbedingung

$$\frac{\partial v_x}{\partial x} + \frac{\partial v_y}{\partial y} + \frac{\partial v_z}{\partial z} = \text{div}\,\vec{v} = 0\,. \tag{1.4}$$

### 1.1.5 Oberflächenspannung

In ruhender Flüssigkeit wirken zwischen den einzelnen Teilchen innerhalb eines kleinen Bereiches gegenseitig molekulare Kohäsionskräfte. An der Oberfläche bedingt dies einen Spannungszustand. Maßgebend für diese Verhältnisse ist die sogenannte Kapillarkonstante der Flüssigkeit. In engen Röhrchen ist bei benetzenden Flüssigkeiten eine Kapillardepression festzustellen. Die Steighöhe kann nach der vereinfachten Beziehung

$$h = \frac{2c}{\gamma r} \tag{1.5}$$

ermittelt werden, wenn mit c die Kapillarkonstante und mit r der Innenradius des Kapillarrohres bezeichnet sind.

## 1.2 Eindimensionale Bewegung

### 1.2.1 Begriff des Stromfadens

Ein Bündel benachbarter Stromlinien in einer Flüssigkeit wird Stromröhre genannt und deren Inhalt als Stromfaden bezeichnet. Nach der Definition der Stromlinien ist somit jeder Querschnitt einer Stromröhre von den gleichen Stromlinien begrenzt. Voraussetzungsgemäß kann durch die Wandungen einer Stromröhre keine Flüssigkeit ein- und austreten.

Im allgemeinen Falle der instationären Bewegung ist mit der zeitlichen Änderung des Stromlinienbildes auch die Gestalt der Stromröhre veränderlich. Dies trifft zu, wenn die Richtung des Geschwindigkeitsvektors von der Zeit abhängig ist. Bei stationärer Bewegung hat die Stromröhre stets unveränderliche Gestalt. Für die Bewegung in einer Stromröhre wird die mittlere Fließgeschwindigkeit des Stromfadens anstatt der einzelnen Geschwindigkeiten, die durch die betreffenden Stromlinien gekennzeichnet sind, zugrunde gelegt. Diese eindimensionale Betrachtung wird auch Stromfadentheorie genannt.

In der Praxis werden die Fließvorgänge in vielen Fällen eindimensional behandelt. Die angenommene Stromröhre wird bei Druckleitungen durch die festen Wandungen und bei Freispiegelgerinnen durch Wandungen und freie Oberfläche begrenzt. Zur Berücksichtigung der Geschwindigkeitsverteilung im Fließquerschnitt ist sodann die Einführung von entsprechenden Korrektionsfaktoren erforderlich.

### 1.2.2 Bewegungsgleichungen

Für die Betrachtung in der Strömungsrichtung folgt ausgehend von der dynamischen Grundgleichung für ein Volumenelement (Fig. 1-3) die Beziehung

$$\frac{\partial}{\partial s}(z+\frac{p}{\gamma})+\frac{1}{g}b_s=\frac{\partial}{\partial s}(z+\frac{p}{\gamma}+\frac{v^2}{2g})+\frac{\partial}{\partial t}(\frac{v}{g})=0\,. \qquad (1.6)$$

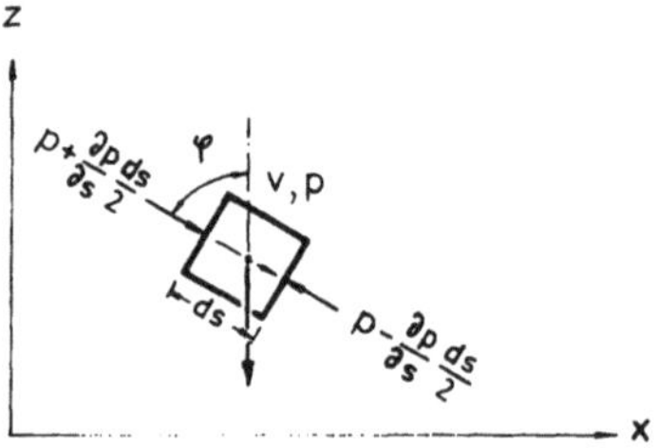


Fig. 1-3 Flüssigkeitselement und die in Stromlinienrichtung wirkenden Druckkräfte

Als Ausdruck für die Druckänderung in der Bewegungsrichtung wird danach

$$\frac{\partial p}{\partial s}=-\gamma\frac{\partial z}{\partial s}-\gamma\,[\frac{\partial}{\partial s}(\frac{v^2}{2g})+\frac{\partial}{\partial t}(\frac{v}{g})] \qquad (1.7)$$

erhalten.

Für die Betrachtung in der Richtung normal zur Stromlinie gilt für das Volumenelement (Fig. 1-4) die Beziehung

$$\frac{\partial}{\partial n}(z + \frac{p}{\gamma}) + \frac{1}{g} b_n = \frac{\partial}{\partial n}(z + \frac{p}{\gamma}) + \frac{1}{g}\frac{v^2}{r} + \frac{\partial}{\partial t}(\frac{v_n}{g}) = 0 . \qquad (1.8)$$

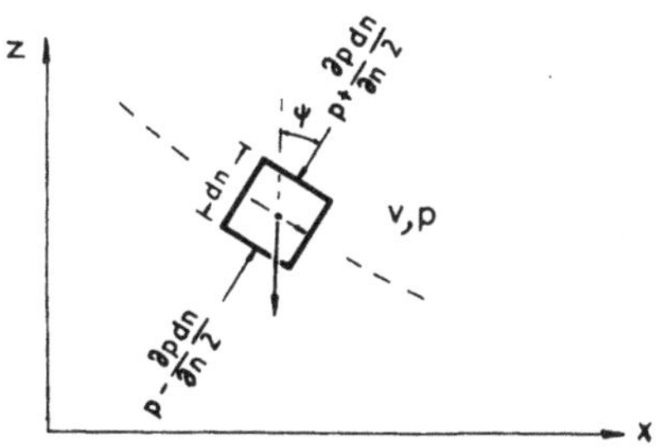


Fig. 1-4 Flüssigkeitselement und die quer zur Stromlinienrichtung wirkenden Druckkräfte

Danach wird für die Druckänderung in Richtung der Normalen die Beziehung

$$\frac{\partial p}{\partial n} = -\gamma \frac{\partial z}{\partial n} - \gamma [\frac{1}{g}\frac{v^2}{r} + \frac{\partial}{\partial t}(\frac{v_n}{g})] \qquad (1.9)$$

erhalten.

Bei stationärer Strömung entfallen die lokalen oder instationären Differentialquotienten. Die entsprechenden Gleichungen

$$\frac{\partial}{\partial s}(z + \frac{p}{\gamma} + \frac{v^2}{2g}) = 0 \qquad (1.10)$$

und

$$\frac{\partial}{\partial n}(z + \frac{p}{\gamma}) + \frac{1}{g}\frac{v^2}{r} = 0 \qquad (1.11)$$

folgen unmittelbar aus den vorstehenden Beziehungen.

### 1.2.3 Kontinuitätsgleichung

In einem Flüssigkeitsstrom sollen in zwei Querschnitten im Abstand ds die Abflußmengen je Zeiteinheit Q und Q + (∂Q/∂s) ds vorhanden sein. Nach der Kontinuitätsbedingung muß der zeitabhängige Überschuß zwischen Austritts- und Eintrittsmenge der Flüssigkeit gleich der Volumenverminderung im betreffenden Bereich sein. Danach folgt bei Vernachlässigung der kleinen Glieder höherer Ordnung die Beziehung

$$\frac{\partial Q}{\partial s} + \frac{\partial F}{\partial t} = v \frac{\partial F}{\partial s} + F \frac{\partial v}{\partial s} + \frac{\partial F}{\partial t} = 0 \tag{1.12}$$

wobei mit v die mittlere Geschwindigkeit bezeichnet ist.

Bei stationärer Bewegung ist die Strömung nur ortsabhängig. Demnach folgt aus der Beziehung dQ/ds = 0 unmittelbar die Gleichung

$$Q = F\,v = \text{const} \tag{1.13}$$

die besagt, daß die sekundliche Durchflußmenge in jedem Querschnitt konstant ist. Das Kontinuitätsgesetz wurde bereits von Leonardo da Vinci genannt.

### 1.2.4 Energiesatz

Aus der Bewegungsgleichung für die eindimensionale instationäre Strömung folgt nach Integration längs der Stromlinie die Beziehung

$$z + \frac{p}{\gamma} + \frac{v^2}{2g} + \frac{1}{g} \int_{(S)} \frac{\partial v}{\partial t}\, ds = \text{const}\,. \tag{1.14}$$

Nach Multiplikation mit Masse und Fallbeschleunigung (m · g) stellt jedes Glied eine Energieform dar.

Für die stationäre Strömung folgt sinngemäß die Beziehung

$$z + \frac{p}{\gamma} + \frac{v^2}{2g} = e = \text{const} \tag{1.15}$$

welche besagt, daß die Summe aus Ortshöhe, Druckhöhe und Geschwindigkeitshöhe konstant ist. Diese Gleichung der gesamten Energiehöhe wird auch Gleichung von Bernoulli genannt. Daniel Bernoulli hat die Beziehung im Jahre 1738 als Theorem von der Änderung der Druckhöhe aufgestellt.

### 1.2.5 Impulssatz

Mit Bewegungsgröße oder Impuls wird das Produkt aus Masse und zugehöriger Geschwindigkeit bezeichnet. Der Impulssatz oder Satz von der Erhaltung der Bewegungsgröße wurde von I. Newton angegeben und folgt unmittelbar aus dessen Hauptgesetz zu

$$\Sigma \vec{K} = \Sigma \left(m \frac{d\vec{v}}{dt}\right) = \frac{d}{dt} \Sigma (m \vec{v}) = \frac{d\vec{J}}{dt}$$

worin mit $\vec{K}$ die äußeren Kräfte, die auf die betrachtete Masse wirken, bezeichnet sind.

Im Falle der stationären Strömung einer raumbeständigen Flüssigkeit ist die zeitliche Änderung der Bewegungsgröße gleich dem Unterschied zwischen austretendem und eintretendem Impuls im betrachteten abgegrenzten Raum. Werden die Begrenzungs- oder Kontrollquerschnitte in Fließrichtung mit (L) und (R) bezeichnet, so gilt für die in der Zeiteinheit stattfindende Impulsänderung der Ausdruck

$$\frac{d\vec{J}}{dt} = \frac{d}{dt} (\vec{J}_R - \vec{J}_L) = \rho\, Q\, (\vec{v}_R - \vec{v}_L)\,.$$

Der Impulssatz für stationäre Strömungsverhältnisse lautet somit in allgemeiner Form

$$\Sigma \vec{K} = \rho\, Q\, (\vec{v}_R - \vec{v}_L) \tag{1.16}$$

wofür auch die entsprechenden Komponentengleichungen geschrieben werden können. Bei eindimensionaler geradliniger Strömung ist es zweckmäßig, alle Größen auf die Bewegungsrichtung zu beziehen. Es wird dann die einfache Beziehung

$$\Sigma K = \rho\, Q\,(v_R - v_L) \tag{1.17}$$

erhalten. Werden von den äußeren Kräften lediglich die in den beiden Begrenzungsquerschnitten wirkenden Druckkräfte berücksichtigt, so folgt nach Umstellung die Beziehung

$$\gamma\left(\frac{Q}{g}\, v_R + \frac{p_R}{\gamma}\, F_R\right) - \gamma\left(\frac{Q}{g}\, v_L + \frac{p_L}{\gamma}\, F_L\right) = 0 = \gamma(S_R - S_L) \tag{1.18}$$

wobei der Ausdruck $\gamma\, S$ seit A. Koch als Stützkraft bezeichnet wird.

### 1.2.6 Druckverteilung bei stationärer Strömung

Für den Druck normal zur Strömungsrichtung besteht bei zeitlich gleichbleibendem Fließvorgang die Beziehung

$$\frac{\partial p}{\partial n} = -\,\gamma\,\frac{\partial z}{\partial n} - \rho\,\frac{v^2}{r} = -\,\gamma\cos\psi - \frac{\gamma}{g}\frac{v^2}{r} \tag{1.19}$$

wie unmittelbar aus der Bewegungsgleichung (1.11) hervorgeht. Die positive z-Achse ist nach oben und die positive n-Achse zum Krümmungsmittelpunkt gerichtet. Der Winkel $\psi$ wird im Uhrzeigersinn von der z-Richtung zur n-Richtung gemessen. Die Beziehung für den Druck kann somit in der Form $p = p_s + p_z$ ausgedrückt werden, wobei mit $p_s$ der statische und mit $p_z$ der zusätzliche Anteil des Flüssigkeitsdruckes bezeichnet wird. Bei geradlinigen Strombahnen ist $r \to \infty$ und somit $p_z = 0$.

Für die Bestimmung der Druckverteilung ist es häufig empfehlenswert, eine schrittweise Berechnung anzuwenden. Die in jedem Falle erforderlichen bekannten Druckverhältnisse sind bei Freispiegelgerinnen am Wasserspiegel gegeben und bei Druckleitungen auf deren Achse bezogen. Nach Einführung endlicher Intervalle und mit Berücksichtigung des Ausdruckes für die Geschwindigkeitshöhe lautet die Bestimmungsgleichung

$$\frac{\Delta p_i}{\gamma} = - \cos \psi_i \, \Delta n_i - 2 \, \frac{k_{mi}}{r_{mi}} \, \Delta n_i \tag{1.20}$$

wobei mit dem Index (mi) die mittleren Größen im betreffenden Intervall $\Delta n_i$ bezeichnet sind. Zur Vereinfachung werden die Strombahnen für die einzelnen Schritte jeweils als konzentrische Kreise angesehen und je Schnitt ein einziger Krümmungsmittelpunkt angenommen.

### 1.2.7 Stationäre Strömung in gekrümmten Bahnen bei konstanter Strömungsenergie

Wenn lediglich die Wirkung der Schwerkraft berücksichtigt wird, so folgt ausgehend von der Eulerschen Gleichung und unter Beachtung der Bernoulli-Gleichung die Beziehung

$$\frac{v^2}{r} = \frac{\partial}{\partial n}\left(\frac{v^2}{2}\right) = v \, \frac{\partial v}{\partial n} \quad \text{bzw.} \quad \frac{\partial v}{\partial n} = \frac{v}{r} \, . \tag{1.21}$$

Für die Kreisströmung wird danach $v \cdot r = \text{const}$ erhalten.

### 1.2.8 Eindimensionale Strömung mit Verlusten

Der Fließvorgang reibungsbehafteter Flüssigkeiten erfordert einen ständigen Arbeitsaufwand entlang des Weges. Hierbei wird ein Teil der mechanischen Energie in andere Energieformen umgewandelt, die für den weiteren Verlauf der Strömung nicht mehr wirksam sind. Diese Anteile werden als Verluste bezeichnet und im allgemeinen durch eine Höhe ausgedrückt. Die für den Strömungsvorgang maßgebende Energielinie hat somit in der Bewegungsrichtung stets ein Gefälle.

Durch Einführung des Ausdruckes $\Delta e$ für die Verlusthöhe wird die Gleichung von Bernoulli entsprechend erweitert. Für die instationäre Fließbewegung zwischen zwei Querschnitten folgt sodann die Beziehung

$$\Delta z + \frac{\Delta p}{\gamma} + \Delta k = \Delta e + \frac{1}{g} \int_L^R \frac{\partial v}{\partial t} \, ds \, . \tag{1.22}$$

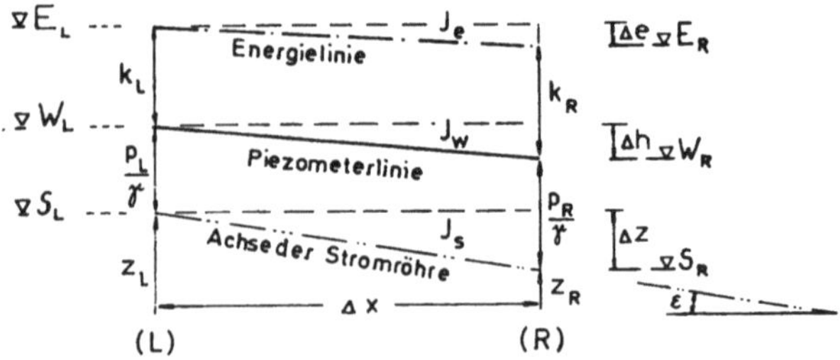


Fig. 1-5 Stationäre Fließbewegung

Bei stationären Strömungsverhältnissen (Fig. 1-5) folgt nach dem Vergleich der Energiehöhen zwischen zwei Querschnitten der Ausdruck

$$\Delta z + \frac{\Delta p}{\gamma} + \Delta k = \Delta e \tag{1.23}$$

als entsprechende Form für die Anwendung der erweiterten oder verallgemeinerten Gleichung von Bernoulli. Aus dem Vergleich von Ortshöhe und Druckhöhe in beiden Querschnitten wird ferner die Beziehung

$$\Delta z + \frac{\Delta p}{\gamma} = \Delta h \tag{1.24}$$

erhalten. Die Verlusthöhe der Energielinie ist in der Fließrichtung stets positiv. Deshalb kann ganz allgemein $\Delta e = \nabla E_L - \nabla E_R$ geschrieben werden. Analog folgen die Beziehungen für die anderen Größen.

Werden die Ausdrücke der absoluten Gefälle durch die Abschnittslänge $\Delta l$ dividiert, so folgen die Beziehungen für die entsprechenden relativen Gefälle. Bei kleinem Relativgefälle kann mit hinreichender Genauigkeit

$$\Delta l = \frac{\Delta x}{\cos \epsilon} \approx \Delta x \tag{1.25}$$

gesetzt werden.

### 1.2.9 Korrektionsfaktoren

Bei der Betrachtung des gesamten Wasserstromes stellen die Strömungsgrößen im betreffenden Querschnitt jeweils rechnerische Mittelwerte dar. Diese Größen sind keinesfalls an allen Orten des Querschnittes vorhanden, sondern werden sowohl über- als auch unterschritten. In Berechnungen mit Mittelwerten sind somit die wirklichen Verhältnisse nicht exakt erfaßt. Für die Berichtigung der Ergebnisse werden in den Berechnungsformeln entsprechende Korrektionsfaktoren eingeführt.

Wird die Geschwindigkeit eines Flüssigkeitsteilchens mit u bezeichnet, so folgt für die lebendige Kraft oder kinetische Energie dieses Elementes in der Zeiteinheit der Ausdruck

$$\rho \, dQ \frac{u^2}{2} = \frac{\gamma}{2g} u^3 \, dF \, .$$

Nach Integration über den gesamten Fließquerschnitt folgt ein Wert der bei ungleichförmiger Geschwindigkeitsverteilung stets größer ist als derjenige, den man aus den mittleren Verhältnissen im Querschnitt errechnet. Es ist somit

$$\frac{\gamma}{2g} \int_{(F)} u^3 \, dF = \alpha \frac{\gamma}{2g} v^3 F$$

woraus für den Korrektionsfaktor die Verhältniszahl

$$\alpha = \frac{\int_{(F)} u^3 dF}{v^3 F} \tag{1.26}$$

erhalten wird. Wenn für die Geschwindigkeit eines Flüssigkeitsteilchens $u = v + \Delta v$ gesetzt wird, wobei $\Delta v \lesseqgtr 0$ ist, so folgt der Ausdruck

$$\alpha = 1 + \frac{3}{F} \int_{(F)} \frac{(\Delta v)^2}{v^2} \, dF + \frac{1}{F} \int_{(F)} \frac{(\Delta v)^3}{v^3} \, dF \, . \tag{1.27}$$

Das zweite Glied dieser Gleichung ist stets positiv und sein Absolutwert größer als derjenige des dritten Gliedes. Daraus folgt unmittelbar $\alpha > 1$. Im Falle gleichmäßiger Geschwindigkeitsverteilung wird $\Delta v = 0$ und somit auch $\alpha = 1$. Für Freispiegelgerinne gelten im allgemeinen die Werte

$$1{,}03 \leq \alpha \leq 1{,}15$$

wobei zu beachten ist, daß die Korrektionsfaktoren bei schießendem Fließvorgang immer kleiner als bei strömendem Fließvorgang sind. Aus praktischen Gründen wird häufig der Mittelwert $\alpha = 1{,}09$ und somit $2g/\alpha = 18{,}00$ [m/s²] verwendet.

Der entsprechende Korrektionsfaktor für die Bewegungsgröße ist durch den Ausdruck

$$\overline{\alpha} = \frac{\int_{(F)} u^2 dF}{v^2 F} \tag{1.28}$$

gegeben. Für Freispiegelgerinne gelten die Gebrauchswerte

$$1{,}01 \leq \overline{\alpha} \leq 1{,}05$$

analog dem Bereich der vorgenannten $\alpha$-Werte. Zwischen den beiden Faktoren besteht die angenäherte Beziehung $\alpha + 2 = 3\overline{\alpha}$.

Bei gekrümmten Strombahnen kann die zusätzliche Druckänderung ebenfalls durch entsprechende Korrektionsfaktoren berücksichtigt werden. Diese Beiwerte sind positiv wenn die Krümmung der Wasserfäden konkav nach oben ist und negativ wenn die Bahnen konkav nach unten verlaufen. Die Bestimmung der Größe dieser Faktoren ist im allgemeinen kompliziert. Es ist daher vorteilhaft, die Berechnungsquerschnitte in Zonen mit geradlinigen Strombahnen zu legen, damit keine entsprechenden Korrektionsfaktoren einzuführen sind.

### 1.2.10 Dimensionslose Kenngrößen

In der Hydraulik sind verschiedene dimensionslose Kenngrößen von Bedeutung (s. a. Abschn. 10). Hier sollen nur die Zahlen von

Reynolds und von Reech–Froude sowie die relative Rauhigkeit erläutert werden.

Die Kennzahl von O. Reynolds charakterisiert die Fließverhältnisse in Abhängigkeit von Profilgröße, Geschwindigkeit sowie Zähigkeit und Dichte der Flüssigkeit. In der allgemeinen Ausdrucksform

$$Re = \frac{L\,V}{\nu}$$

sind L eine charakteristische Querschnittslänge, V eine charakteristische Geschwindigkeit und $\nu$ das kinematische Zähigkeitsmaß. Die $\nu$-Werte sind von der Temperatur der Flüssigkeit abhängig. Für Wasser kann mit hinreichender Genauigkeit zwischen den Größen

$$1/\nu = 76{,}3\ [\mathrm{s/cm^2}] \quad \text{bei} \quad T = 10°\mathrm{C}$$

und

$$1/\nu = 99{,}0\ [\mathrm{s/cm^2}] \quad \text{bei} \quad T = 20°\mathrm{C}$$

linear interpoliert werden. Mit den Beziehungen L = 4R und V = v, wobei R = F/U als hydraulischer Radius (F = Querschnittsfläche; U = benetzter Umfang) bezeichnet wird und v die mittlere Fließgeschwindigkeit ist, folgt

$$Re = \frac{4}{\nu} R\,v\,. \tag{1.29}$$

Für Druckleitungen mit Kreisquerschnitt wird R = d/4, wenn mit d der Innendurchmesser des Rohres oder Stollens bezeichnet ist. Somit wird hierfür der Ausdruck $Re = d\,v/\nu$ erhalten. Aus Strömungsversuchen in Glasrohren hat Reynolds gefunden, daß bei kleinen Verhältniszahlen die Strömung geordnet oder laminar ist, während bei großen Verhältnissen eine ungeordnete oder turbulente Strömung auftritt. Als kritische Größe des Parameters für die Grenze zwischen laminarer und turbulenter Bewegung kann

$$Re = 2300$$

angenommen werden. Hiernach ist ersichtlich, daß die überwiegende Mehrzahl der Abflußvorgänge im turbulenten Bereich liegt.

Die Froudesche Zahl charakterisiert die Einwirkung der Schwerkraft auf den Fließvorgang. Diese Zahl wurde bereits von F. Reech angegeben und später von W. Froude erneut verwendet. In der allgemeinen Ausdrucksform

$$\mathrm{Fr} = \frac{V}{\sqrt{g\,L}}$$

sind mit V und L wiederum ausgezeichnete Größen und mit g die Beschleunigung durch die Schwerkraft bezeichnet. Nach Einführung der mittleren Fließgeschwindigkeit v und der Länge F/b folgt die Beziehung

$$\mathrm{Fr} = \frac{v}{\sqrt{g\,F/b}}. \tag{1.30}$$

Diese Kennzahl stellt das Verhältnis von zwei Geschwindigkeiten dar. Es kann deshalb auch

$$\mathrm{Fr} = v/v_c$$

gesetzt werden, wobei $v_c$ die Grenzgeschwindigkeit ist, die zum Energiehöhenminimum für den betreffenden Abfluß gehört und dem Satz von Bélanger–Böß entspricht (s. a. Abschn. 4-2). Danach werden zwei besondere Fließarten unterschieden.

$\mathrm{Fr} < 1$: Ruhiger oder strömender Fließvorgang.
$\mathrm{Fr} > 1$: Reißender oder schießender Fließvorgang.

Im Falle von $\mathrm{Fr} = 1$ sind die sogenannten Grenzverhältnisse vorhanden.

Das Verhältnis zwischen Rauhigkeitserhebungen und einer maßgebenden Querschnittslänge wird relative Rauhigkeit genannt. Wenn als charakteristische Profilgröße ebenso wie für die Reynoldszahl der Wert 4R eingesetzt wird, so ist mit

$$r_s = \frac{\epsilon}{4R} \tag{1.31}$$

auch hier die direkte Verbindung zu den Größen für Druckrohre ($r_s = \epsilon/d$) hergestellt. Das Maß $\epsilon$ entspricht den Erhebungen von Sand bei größter Lagerungsdichte. Demzufolge ist für alle technischen Rauhigkeiten die gleichwertige Sandrauhigkeit maßgebend.

### 1.2.11 Reibungsverluste bei gleichförmiger Strömung

Im Bewegungszustand wirken als äußere Kräfte die treibende Kraft P und die Widerstandskraft W. Nach dem Newtonschen Grundgesetz gilt somit $P - W = m\,b$. Bei gleichförmiger Bewegung ist die Beschleunigung $b = 0$. Folglich muß die treibende Kraft gleich der Widerstandskraft sein.

Als treibende Kraft wirken die Komponente der Schwerkraft und die Resultierende der Druckkräfte auf die beiden Querschnitte. Es folgt somit

$$P = \gamma F l J$$

wobei $J = J_e = J_W$ das relative Gefälle von Energielinie und Piezometer- bzw. Wasserspiegellinie ist. Die Widerstandskraft infolge der Reibungseinflüsse kann in der Form

$$W = l \int_{(u)} \tau(U)\,dU = \tau U l$$

ausgedrückt werden, wenn mit $\tau$ die mittlere Wandschubspannung und mit U der betreffende benetzte Umfang bezeichnet sind. Aus der Bedingung für stationär gleichförmige Strömung folgen sodann die Beziehungen

$$\gamma F J = \tau U \quad \text{bzw.} \quad \frac{\tau}{\gamma} = \frac{F}{U} J = R J . \tag{1.32}$$

Das Widerstandsverhalten wird wesentlich von der Art des Strömungsvorganges beeinflußt. Unter Einbeziehung des Ausdruckes der sogenannten Schubspannungsgeschwindigkeit

$$v_* = \sqrt{\tau/\rho} \tag{1.33}$$

gilt auch der Zusammenhang $\tau/\gamma = v_*^2/g = 2\,k_*$ .

Für die Schubspannung bei laminarer Bewegung besteht nach I. Newton der Ansatz

$$\tau = \eta \frac{du}{dn} \tag{1.34}$$

worin mit $\eta$ das dynamische Zähigkeitsmaß der Flüssigkeit, mit dn der normale Schichtenabstand und mit du der zugehörige Geschwindigkeitsunterschied bezeichnet sind. Somit ist die Schubspannung proportional der Geschwindigkeitsänderung normal zur Bewegungsrichtung. Mit diesem Ansatz für die Flüssigkeitsreibung zwischen zwei Schichten folgt der Ausdruck

$$R\,J = \frac{\gamma}{g} \frac{du}{dn} .$$

Das ist die Differentialgleichung für die laminare stationär gleichförmige Strömung.

Für die Bestimmung der Schubspannung bei turbulenter Bewegung kann der empirische Ansatz

$$\tau = \psi \rho \frac{v^2}{2} = \psi\,\gamma \frac{v^2}{2g} = \psi\,\gamma\,k \tag{1.35}$$

verwendet werden. Hierin bedeuten $\psi$ die Widerstandsziffer und $\rho\,v^2/2 = \gamma\,k$ den Staudruck. Die Widerstandsziffer ist keine konstante Größe. Sie ist von den Querschnittsabmessungen, der Fließgeschwindigkeit sowie von Zähigkeit und Dichte der Flüssigkeit, also von der Reynoldsschen Zahl und von der relativen Rauhigkeit des Gerinnes abhängig. Es kann somit

$$f(\psi; \mathrm{Re}; \mathfrak{r}_s) = 0$$

geschrieben werden. Bei technisch glatter Gerinnebeschaffenheit ist die Widerstandsziffer nur von der Reynoldsschen Zahl abhängig, d. h.

$$\psi_0 = \psi(\mathrm{Re}) .$$

Außerhalb eines gewissen Bereiches ist der Einfluß der Reynolds-Zahl ohne praktische Bedeutung. Es gilt dann für rauhe Gerinne bei voll ausgebildeter Rauhigkeitsströmung

$$\psi_I = \psi(r_s) .$$

In vielen praktischen Fällen liegt jedoch die Widerstandsziffer in dem sogenannten Übergangsbereich zwischen hydraulisch glatter und hydraulisch rauher Zone.

Mit dem Ansatz für die Schubspannung folgen aus der allgemeinen Gleichung die Beziehungen

$$J = \psi \frac{v^2}{2g\,R} \quad \text{bzw.} \quad v = \sqrt{\frac{2g}{\psi}}\,\sqrt{R\,J} . \tag{1.36}$$

Hierfür sind in der Praxis zwei andere Schreibweisen gebräuchlich. Mit $1/\psi = c^2$ oder mit $2g/\psi = C^2$ (Brahms–Chézy) folgt

$$J = \frac{v^2}{2g\,c^2 R} = \frac{v^2}{C^2 R} \quad \text{bzw.} \quad v = c\sqrt{2g}\,\sqrt{R\,J} = C\,\sqrt{R\,J} \tag{1.37}$$

und mit $\lambda = 4\psi$ (Weisbach–Darcy) werden die Gleichungen

$$J = \lambda \frac{1}{4R}\frac{v^2}{2g} = \lambda \frac{k}{4R} \quad \text{bzw.} \quad v = \sqrt{\frac{8g}{\lambda}}\,\sqrt{R\,J} \tag{1.38}$$

erhalten. Zwischen den Beiwerten C und $\lambda$ bestehen die Beziehungen

$$C = \sqrt{\frac{8g}{\lambda}} \quad \text{und} \quad \lambda = \frac{8g}{C^2} . \tag{1.39}$$

Beide Koeffizienten sind natürlich ebenso von der Reynoldsschen Zahl und von der relativen Rauhigkeit abhängig.

Die von R. de Prony angegebene Formel zur Erfassung der Widerstände besteht – in Anlehnung an Untersuchungen von C. A. Coulomb – aus zwei Gliedern und lautet in allgemeiner Schreibweise

$$R\,J = a\,v + b\,v^2 . \tag{1.40}$$

Bei sehr kleinen Fließgeschwindigkeiten (laminare Strömung) gilt die lineare Abhängigkeit R J = a v und bei den technisch vorherrschenden Fließvorgängen (turbulente Strömung) gilt die dem Quadrat der Geschwindigkeit proportionale Abhängigkeit $R\,J = b\,v^2$ mit $b = 1/C^2$. Mit dieser zusammengesetzten Formel werden vor allem die Verhältnisse im unteren Turbulenzbereich, d. h. nahe der laminaren Zone, noch gut erfaßt.

### 1.2.12 Profilwiderstand

Der Widerstand von bewegten oder angeströmten Körpern in Flüssigkeiten ist vom Reibungswiderstand an der Körperoberfläche und vom Druckunterschied zwischen Vorder- und Rückseite des Körpers abhängig. Der Gesamtwiderstand setzt sich somit aus zwei Anteilen, dem Reibungswiderstand und dem Druck- oder Formwiderstand, zusammen.

Der Reibungswiderstand ist abhängig von der Größe des Körpers, der Geschwindigkeit, den physikalischen Eigenschaften der Flüssigkeit und von den Rauhigkeitsverhältnissen der umströmten Oberfläche. Der Druck- oder Formwiderstand wird durch die Ablösung der Strömung verursacht. Er ist von der Größe der Wirbelzone und somit von der Körperform abhängig.

Eine theoretische Erfassung dieser Verhältnisse ist nur in einigen Sonderfällen möglich. Deshalb erfolgt die Bestimmung der Widerstandskraft nach der allgemeinen Formel

$$W = c_w\,F\,\rho\,\frac{v^2}{2} = \gamma\,c_w\,F\,k \qquad (1.41)$$

wofür der dimensionslose Beiwert $c_w$ auf dem Versuchswege zu ermitteln ist. Hierbei ist mit F die größte Querschnittsfläche des Körpers normal zur Bewegungsrichtung (Hauptspant) bezeichnet. Der Widerstandsbeiwert ist abhängig von der Körperform mit besonderer Berücksichtigung der rückwärtigen Ausbildung, der Reynoldsschen Zahl und der Oberflächenrauhigkeit.

Wenn der Reibungswiderstand im Verhältnis zum Druck- oder Formwiderstand relativ klein ist, bleibt die Größe des Widerstandsbeiwertes für den betreffenden Körper nahezu konstant. Dies gilt zum Beispiel für Platten normal zur Bewegungsrichtung. Anderenfalls ist der Beiwert nur konstant für geometrisch ähnliche Körper bei gleicher Reynoldsscher Zahl.

Im allgemeinen ist der Wert $c_w$ klein, wenn die Größe der Wirbelzone möglichst klein ist. Das ist der Fall bei stromlinienförmiger Ausbildung des Körpers. Die Widerstandsbeiwerte bewegen sich somit zwischen dem Bereich der Platten und demjenigen stromlinienförmiger Rotationskörper. Das Verhältnis der $c_w$-Werte von Luftschiffmodell und Kreisplatte mit gleicher Querschnittsfläche F liegt in der Größenordnung von 1 : 20.

## 1.3 Potentialströmung

### 1.3.1 Allgemeines

Wenn bei einer Flüssigkeitsbewegung der Wirbelvektor im betrachteten Gebiet überall zu Null wird, so ist diese Bewegung wirbel- oder drehungsfrei. In diesem Falle können die Geschwindigkeitskomponenten als die partiellen Ableitungen einer Funktion $\varphi$ nach den Ortskoordinaten ausgedrückt werden. Die Funktion $\varphi$ wird nach H. v. Helmholtz Geschwindigkeitspotential genannt. Bei stationärer Strömung ist es unabhängig von der Zeit und somit eine reine Ortsfunktion. Da die Bedingungen der Wirbelfreiheit gleichzeitig das Vorhandensein eines Geschwindigkeitspotentiales beinhalten, werden wirbelfreie Strömungen auch Potentialströmungen genannt.

### 1.3.2 Ebene Potentialbewegung

Wird die x-y-Ebene als Bezugsebene angesehen, so geht mit den Ausdrücken für die beiden Geschwindigkeitskomponenten

$$v_x = \frac{\partial \varphi}{\partial x} \quad \text{und} \quad v_y = \frac{\partial \varphi}{\partial y} \tag{1.42}$$

die Kontinuitätsgleichung (Gl. 1.4)

$$\frac{\partial v_x}{\partial x} + \frac{\partial v_y}{\partial y} = 0$$

über in die Laplacesche Form

$$\frac{\partial^2 \varphi}{\partial x^2} + \frac{\partial^2 \varphi}{\partial y^2} = \Delta\varphi = 0 . \qquad (1.43)$$

Als Bedingung der Wirbelfreiheit gilt schließlich noch

$$\frac{\partial v_y}{\partial x} - \frac{\partial v_x}{\partial y} = 0 . \qquad (1.44)$$

Durch Verbindung der Punkte, für welche das Geschwindigkeitspotential konstante Werte hat, werden die Linien gleichen Potentials oder Äquipotentiallinien erhalten. Da entlang einer solchen Linie keine Änderung von $\varphi$ eintritt, gilt hierfür

$$d\varphi = 0 = \frac{\partial \varphi}{\partial x} dx + \frac{\partial \varphi}{\partial y} dy = v_x dx + v_y dy \qquad (1.45)$$

wobei dx und dy die Komponenten des Streckenelementes der Potentiallinie sind. Somit kann auch $\vec{v}\, d\vec{s} = 0$ geschrieben werden. Dies bedingt, daß die beiden Vektoren senkrecht zueinander stehen. Demnach verläuft eine Äquipotentiallinie an jedem beliebigen Orte normal zu dem dort vorhandenen Geschwindigkeitsvektor. Die Richtung des Geschwindigkeitsvektors entspricht aber zugleich der Richtung der Stromlinie. Daraus folgt, daß Stromlinien und Äquipotentiallinien ein orthogonales Netz von Kurvenscharen bilden.

Die Kontinuitätsgleichung wird auch erfüllt, wenn für die Geschwindigkeitskomponenten die Ausdrücke

$$v_x = \frac{\partial \psi}{\partial y} \quad \text{und} \quad v_y = - \frac{\partial \psi}{\partial x} \qquad (1.46)$$

gesetzt werden. Die Stromfunktion $\psi$ ist, ebenso wie das Geschwindigkeitspotential $\varphi$, von den Ortskoordinaten abhängig. Mit diesen

Beziehungen geht die Bedingung der Wirbelfreiheit über in

$$\frac{\partial^2\psi}{\partial x^2} + \frac{\partial^2\psi}{\partial y^2} = \Delta\psi = 0\,. \tag{1.47}$$

Die Stromfunktion genügt also auch der Laplaceschen Gleichung.
Mit den Komponenten dx und dy eines Linienelementes der Stromlinie folgt aus der Ähnlichkeitsbeziehung die Gleichung der Stromlinie

$$v_x\,dy = v_y\,dx\,. \tag{1.48}$$

Werden in diese Gleichung die Geschwindigkeiten $v_x$ und $v_y$ nach der Ableitung aus der Stromfunktion eingesetzt, so folgt

$$\frac{\partial\psi}{\partial y}\,dy + \frac{\partial\psi}{\partial x}\,dx = d\psi = 0. \tag{1.49}$$

Daraus ist zu ersehen, daß entlang einer Stromlinie $\psi$ = const ist.

Ein Vergleich der Beziehungen für die Geschwindigkeitskomponenten führt zu den Cauchy–Riemannschen Differentialgleichungen

$$\frac{\partial\varphi}{\partial x} = \frac{\partial\psi}{\partial y} \quad \text{und} \quad \frac{\partial\varphi}{\partial y} = -\frac{\partial\psi}{\partial x}\,. \tag{1.50}$$

Diese Ausdrücke haben besondere Bedeutung für die mathematische Behandlung der ebenen Potentialströmung.

Wenn für einen Ort im orthogonalen Netz der Strom- und Äquipotentiallinien lokale Koordinaten eingeführt werden (Fig. 1-6), so folgt unter Beachtung der Cauchy–Riemannschen Gleichung

$$v = \frac{\partial\varphi}{\partial s} = \frac{\partial\psi}{\partial n} \quad \text{und} \quad 0 = \frac{\partial\varphi}{\partial n} = \frac{\partial\psi}{\partial s} \tag{1.51}$$

da $\varphi$ entlang der Äquipotentiallinie und $\psi$ längs der Stromlinie jeweils konstant sind.

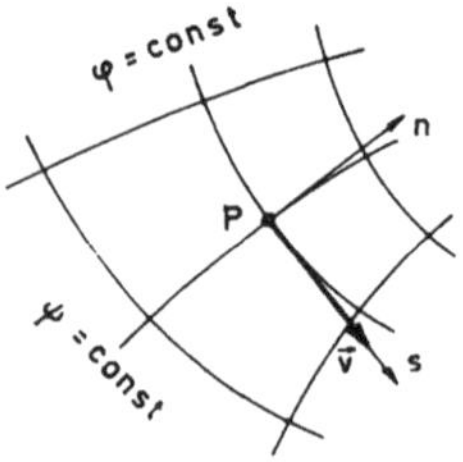


Fig. 1-6 Strom- und Äquipotentiallinien

Wird der Durchfluß in der Zeiteinheit zwischen zwei im Abstand $\delta n$ liegenden benachbarten Stromlinien $\psi$ und $\psi + \delta\psi$ für die Tiefeneinheit betrachtet, so folgt mit $v\,\delta n = \delta\psi$ der allgemeine Ausdruck

$$\int_{\psi_L}^{\psi_R} v\,\delta n = \psi_R - \psi_L\,. \tag{1.52}$$

Der sekundliche Durchfluß zwischen den beiden betrachteten Stromlinien ist also gleich der Differenz $\psi_R - \psi_L$, welche die Stromfunktion längs der betreffenden Stromlinie hat.

### 1.3.3 Komplexes Strömungspotential

Die Differentialgleichungen von Cauchy–Riemann werden erfüllt durch den Ansatz

$$\varphi + i\,\psi = w = w(z) \tag{1.53}$$

sofern $w(z) = f(x + i\,y)$ eine analytische Funktion der komplexen Veränderlichen $z = x + i\,y$ ist. Ferner sollen das Geschwindigkeitspotential $\varphi$ und die Stromfunktion $\psi$ sowie die entsprechenden partiellen Ableitungen stetige, reelle Funktionen von x und y sein. Die Funktion $w = \varphi + i\psi$ wird komplexes Strömungspotential genannt. Da eine analytische Funktion an jedem Ort des betreffenden

Bereiches differenzierbar ist, muß der Quotient dw/dz an jeder Stelle der z-Ebene von Größe und Richtung des Elementes dz unabhängig sein.

Die komplexe Zahl $z = x + i\,y$ entspricht einem Punkt der z-Ebene (Gaußsche Zahlenebene), wobei x die reelle und y die imaginäre Achse bezeichnen. Ebenso wird die komplexe Größe $w = \varphi + i\psi$ in einer w-Ebene dargestellt, mit $\varphi$ als reeller und $\psi$ als imaginärer Achse. Einem bestimmten Punkt in der z-Ebene entspricht ein zugeordneter Punkt in der w-Ebene (Fig. 1-7).

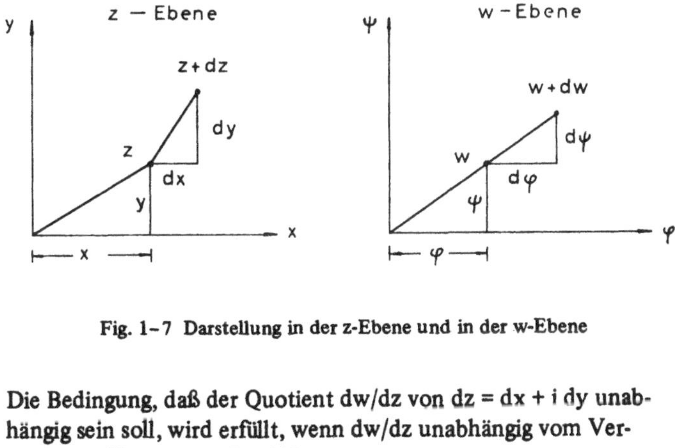


Fig. 1-7 Darstellung in der z-Ebene und in der w-Ebene

Die Bedingung, daß der Quotient dw/dz von $dz = dx + i\,dy$ unabhängig sein soll, wird erfüllt, wenn dw/dz unabhängig vom Verhältnis dx/dy ist. Aus der Ableitung

$$\frac{dw}{dz} = \frac{d\varphi + i\,d\psi}{dx + i\,dy} = \frac{\frac{\partial\varphi}{\partial x}dx + \frac{\partial\varphi}{\partial y}dy + i\frac{\partial\psi}{\partial x}dx + i\frac{\partial\psi}{\partial y}dy}{dx + i\,dy}$$

folgt unmittelbar, daß die gestellte Bedingung mit

$$\frac{\partial\varphi}{\partial x} + i\frac{\partial\psi}{\partial x} = \frac{1}{i}\frac{\partial\varphi}{\partial y} + \frac{\partial\psi}{\partial y} \qquad (1.54)$$

erfüllt wird. Werden die reellen und die imaginären Glieder jeweils einander gleichgesetzt, so folgen die Beziehungen

$$\frac{\partial \varphi}{\partial x} = \frac{\partial \psi}{\partial y} = v_x \quad \text{und} \quad \frac{\partial \varphi}{\partial y} = -\frac{\partial \psi}{\partial x} = v_y \tag{1.55}$$

die identisch mit den Gleichungen von Cauchy–Riemann sind.

Somit können Real- bzw. Imaginärteil einer analytischen Funktion der komplexen Veränderlichen $z = x + i\,y$ als Geschwindigkeitspotential $\varphi$ bzw. als Stromfunktion $\psi$ einer ebenen, wirbelfreien Strömung betrachtet werden. Mit $\varphi = \text{const}$ werden die Äquipotentiallinien und mit $\psi = \text{const}$ die Stromlinien erhalten. Da sich die Kurvenscharen rechtwinkelig schneiden, können die Linien für $\varphi = \text{const}$ auch als Stromlinien und diejenigen für $\psi = \text{const}$ als Potentiallinien angesehen werden. Dies geht auch daraus hervor, daß die Gleichungen (1.55) unverändert bleiben, wenn im Ansatz (Gl. 1.53) anstatt $\varphi + i\,\psi$ der Ausdruck $i\,(\varphi + i\,\psi) = i\,\varphi - \psi$ eingeführt wird.

Ausgehend von Gleichung (1.54) folgt die Beziehung

$$\frac{dw}{dz} = v_x - i\,v_y = \bar{v}\,.$$

Diese als konjugierte Geschwindigkeit bezeichnete Größe entspricht der Spiegelung des Geschwindigkeitsvektors

$$v_x + i\,v_y = v$$

an der reellen Achse (Fig. 1-8).

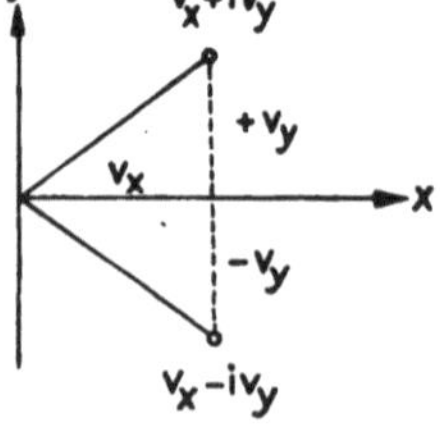


Fig. 1-8 Konjugierte Geschwindigkeit

Beide Vektoren sind sonach von gleicher Größe.

Die Geschwindigkeit ist an jeder Stelle des betrachteten Flüssigkeitsbereiches bekannt, sofern die Funktion $w = w(z)$ gegeben ist.

# 2. Hydrostatik

## 2.1 Gleichgewichtsbedingungen und Niveauflächen

Die Gleichgewichtsbedingungen für eine Flüssigkeit im Ruhezustand können unmittelbar aus den Bewegungsgleichungen von Euler (Gl. 1.1) abgelesen werden. Danach folgt

$$X = \frac{1}{\rho}\frac{\partial p}{\partial x}; \quad Y = \frac{1}{\rho}\frac{\partial p}{\partial y}; \quad Z = \frac{1}{\rho}\frac{\partial p}{\partial z}. \tag{2.1}$$

Hierbei sind der Flüssigkeitsdruck mit p, die Dichte der Flüssigkeit mit $\rho$ und die Komponenten der auf die Masseneinheit bezogenen Massenkraft mit X, Y, Z bezeichnet. Für die gesamte Druckänderung folgt

$$dp = \frac{\partial p}{\partial x}dx + \frac{\partial p}{\partial y}dy + \frac{\partial p}{\partial z}dz = \rho(X\,dx + Y\,dy + Z\,dz). \tag{2.2}$$

Flächen gleichen Druckes heißen Niveauflächen. Dafür gilt sodann die Bedingung

$$dp = 0 = X\,dx + Y\,dy + Z\,dz\,. \tag{2.3}$$

An jedem Orte eines Flüssigkeitsgebietes verläuft die Niveaufläche normal zur Richtung der dort wirkenden resultierenden Massenkraft.

## 2.2 Druckverhältnisse bei freiem Spiegel

In einer ruhenden, raumbeständigen Flüssigkeit ist der Druck an jedem beliebigen Punkt eine ortsgebundene, richtungslose Größe.

Unter Einwirkung der Schwere nimmt er linear mit der Tiefe zu (Fig. 2-1). Somit gilt

$$p = \gamma z \quad \text{und} \quad \alpha = 45°. \tag{2.4}$$

Fig. 2-1 Flüssigkeitsdruck

Bei Berücksichtigung des über der Spiegelfläche wirkenden atmosphärischen Luftdruckes wird der Gesamtdruck erhalten.

Auf ein Flächenelement dF in der Tiefe z unter dem Flüssigkeitsspiegel wirkt in normaler Richtung die Kraft

$$d\vec{W} = p\, d\vec{F} = \gamma\, z\, d\vec{F}$$

die nach den Richtungen der Koordinatenachsen in drei Komponenten zerlegt werden kann (Fig. 2-2). Für diese Kräfte folgt sodann

$$W_x = \int_{(F)} dW_x = \gamma \int z\, dF_{yz} = \gamma \int z\, dF_x$$

$$W_y = \int_{(F)} dW_y = \gamma \int z\, dF_{xz} = \gamma \int z\, dF_y \tag{2.5}$$

$$W_z = \int_{(F)} dW_z = \gamma \int z\, dF_{xy} = \gamma \int z\, dF_z\,.$$

Die Kräfte entsprechen dem Gewicht des betreffenden Flüssigkeitskörpers.

Die Horizontalkräfte sind diejenigen Druckkräfte, welche auf die normal zur betreffenden Richtung stehenden Projektionen der betrachteten Fläche wirken. Mit den Schwerpunktsabständen vom Spiegel folgen die Ausdrücke

$$W_x = \gamma\, z_{sx}\, F_x \quad \text{und} \quad W_y = \gamma\, z_{sy}\, F_y\,. \tag{2.6}$$

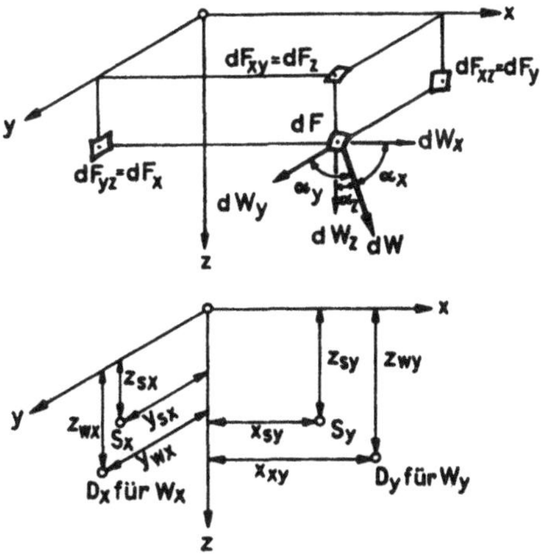


Fig. 2-2 Druckkraft

Die Wirkungslinie dieser Kräfte entspricht jeweils der horizontalen Schwerachse des entsprechenden Druckkörpers. Die betreffenden Durchstoßpunkte zwischen Angriffslinie und Bezugsfläche werden Druckmittelpunkt genannt. Nach dem Momentensatz folgen beispielsweise in der y-z-Ebene für die Koordinaten dieser Punkte die Beziehungen

$$z_{wx} = \frac{I_y}{z_{sx}\, F_x} \quad \text{und} \quad y_{wx} = \frac{I_{yz}}{z_{sx}\, F_x} \,. \tag{2.7}$$

Es bedeuten $I_y$ das Trägheitsmoment der Fläche $F_x$ bezogen auf die y-Achse und $I_{yz}$ das Zentrifugalmoment bezogen auf die Achsen y und z. Der Ausdruck im Nenner stellt das statische Moment der Fläche $F_x$ bezüglich der y-Achse dar.

Die Vertikalkräfte entsprechen dem Gewicht des über der betrachteten Fläche vorhandenen oder verdrängten Flüssigkeitskörpers. Die Wirkungslinie dieser Kraft geht durch den Schwerpunkt dieses

Körpers. Die Angriffsrichtung verläuft nach unten, wenn die Flüssigkeit auf der Fläche ruht (Auflast) und nach oben, falls die Druckwirkung an der Unterseite (Verdrängung) erfolgt.

## 2.3 Druckkraft auf gekrümmte Flächen

Im allgemeinen gehen die drei Kraftkomponenten nicht durch einen Punkt. Sie können dann auch nicht durch eine Kraft allein ersetzt werden. Nach den Regeln der räumlichen Kräftezusammensetzung lassen sich die Teilkräfte jedoch stets auf eine Einzelkraft und ein Moment zurückführen. Die Wahl des Reduktions- bzw. Bezugspunktes ist dabei freigestellt. Während die Resultierende von der Wahl des Bezugspunktes unabhängig ist, wird sich das Moment mit der Lage des Reduktionspunktes im allgemeinen nach Größe und Richtung ändern.

Bei einfach gekrümmten Flächen hat die Form der belasteten Fläche auf die horizontale Komponente der Druckkraft keinen Einfluß. Die vertikale Komponente ist hingegen von der Gestalt dieser Fläche abhängig (Fig. 2-3). Die resultierende Druckkraft ist mit

$$|\vec{W}| = \sqrt{W_x^2 + W_z^2}$$

und

$$\tan \alpha_W = W_z / W_x$$

nach Größe und Richtung bestimmt.

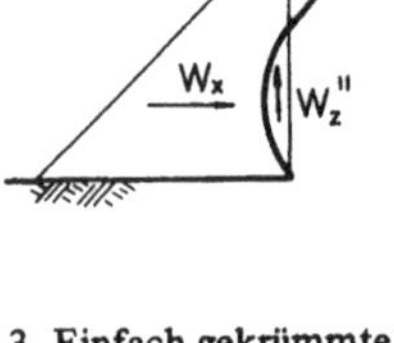


Fig. 2-3 Einfach gekrümmte Wandung

Wenn die Druckkraft lediglich für zylindrische Wandungen zu ermitteln ist, so geht die Resultierende $\vec{W}$, wie alle Einzelkräfte $d\vec{W}$, durch den Kreismittelpunkt (Fig. 2-4).

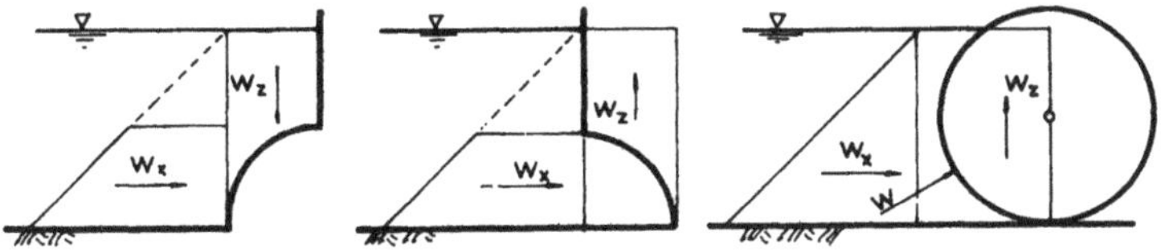


Fig. 2-4 Zylindrische Wandungen

## 2.4 Druckkraft auf ebene Flächen

Für die Betrachtung einer beliebigen Fläche (Fig. 2-5) auf einer geneigten Ebene werden die Größen auf das lokale $\xi$-$\zeta$-Koordinatensystem bezogen. Die $\xi$-Achse entspricht dabei der Benetzungslinie.

Die resultierende Kraft steht senkrecht zur belasteten Fläche. Sie kann entweder über die beiden Komponenten in horizontaler und vertikaler Richtung ermittelt oder direkt zu

$$W = \gamma \int_{(F)} z \, dF = \gamma \, z_s \, F = \gamma \sin \epsilon \, \zeta_s \, F \tag{2.8}$$

bestimmt werden. Für die Abstände des Druckmittelpunktes gilt

$$\xi_W = \frac{\int_{(F)} \xi \zeta \, dF}{\zeta_s F}$$

und (2.9)

$$\zeta_W = \frac{\int_{(F)} \zeta^2 dF}{\zeta_s F} = \zeta_s + \frac{I_s}{\zeta_s F} .$$

Der Abstand zwischen Druckmittelpunkt und Flächenschwerpunkt wird in der $\zeta$-Richtung mit zunehmenden Relativzahlen

$$\zeta_s / (\zeta_2 - \zeta_1) = \zeta_s / h$$

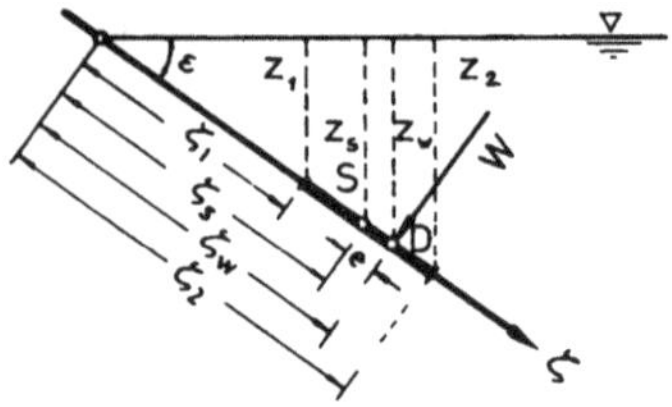

Fig. 2-5 Ebene Fläche

immer kleiner, so daß in Fällen $\zeta_s >> h$ mit hinreichender Genauigkeit $\zeta_w = \zeta_s$ gesetzt werden kann.

Bei Flächen symmetrisch zur $\zeta$-Richtung liegen sowohl Druckmittelpunkt als auch Flächenschwerpunkt auf der Symmetrieachse. Somit sind die Verhältnisse nur bezüglich der Tiefenlage zu untersuchen.

Für Trapezflächen (Fig. 2-6) gelten zur Bestimmung der belasteten Fläche und ihres Schwerpunktabstandes von der unteren Begrenzung die Beziehungen

$$F = (b + s)\frac{h}{2} \quad \text{und} \quad \eta_s = \frac{h}{3}\frac{2b + s}{b + s}\,.$$

Der entsprechende Abstand von der Spiegelschnittlinie ist dann mit $\zeta_s = \zeta_2 - \eta_s$ gegeben. Die folgenden Beziehungen sind ebenfalls mit den Formgrößen b - h - s und den beiden Randabständen $\zeta_1$ und $\zeta_2$ aufgestellt. Bei den entsprechenden Ausdrücken mit s - m - h oder b - m - h ist zu beachten, daß für die schräge Fläche $m = (b - s)/2h$ einzuführen ist.

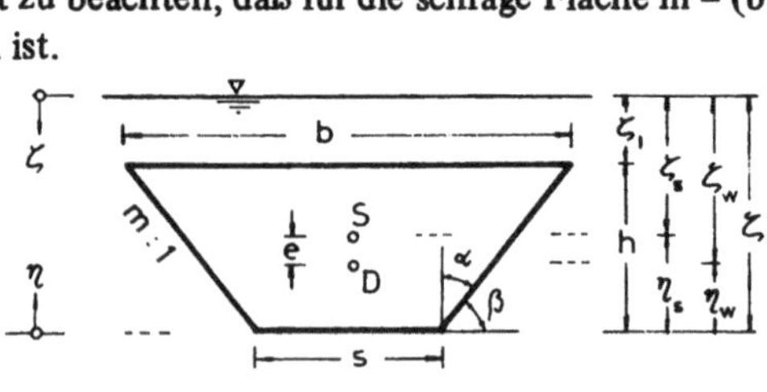

Fig. 2-6 Trapezfläche

$$\frac{W}{\gamma\, h \sin\epsilon} = \frac{1}{2}\zeta_1(b+s) + \frac{1}{6}h(b+2s) = \frac{1}{2}\zeta_2(b+s) - \frac{1}{6}h(2b+s)$$

$$\eta_W = \frac{\zeta_1(2b+s) + \frac{1}{2}h(b+s)}{\frac{3}{h}\zeta_1(b+s) + (b+2s)} = \frac{\zeta_2(2b+s) - \frac{1}{2}h(3b+s)}{\frac{3}{h}\zeta_2(b+s) - (2b+s)} \tag{2.10}$$

Mit $\alpha = 0$ bzw. $\beta = 90°$ folgen die Ausdrücke für Rechtecksflächen und mit $s = 0$ diejenigen für Dreiecksflächen.

Für Kreisflächen (Fig. 2-7) folgen mit den genannten Bezeichnungen die nachstehenden Ausdrücke

$$W = \gamma \sin\epsilon\,(\zeta_1 + r)\,r^2\pi$$

$$\eta_W = \frac{r}{4}\,\frac{4\zeta_1 + 3r}{\zeta_1 + r} = r\left(1 - \frac{r}{4\zeta_s}\right). \tag{2.11}$$

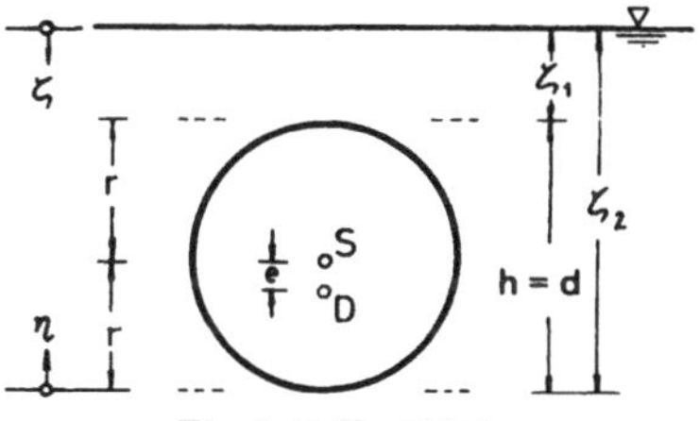


Fig. 2-7 Kreisfläche

Bei Betrachtung einer gesamten Böschungsfläche (Fig. 2-8) ist es vorteilhaft, alle Kräfte auf die Breiteneinheit ($b = 1$) zu beziehen.

$$W_x = \gamma\, b\, \frac{z^2}{2}\,; \quad W_z = \gamma\, b\, \frac{xz}{2}$$

$$|\vec{W}| = \sqrt{W_x^2 + W_z^2} = \gamma\, b\, h\, \frac{z}{2}$$

$$\zeta_W = \frac{2}{3}h\,; \quad \eta_W = \frac{1}{3}h \tag{2.12}$$

$$z_W = \frac{2}{3}z\,; \quad x_W = \frac{2}{3}x\,.$$

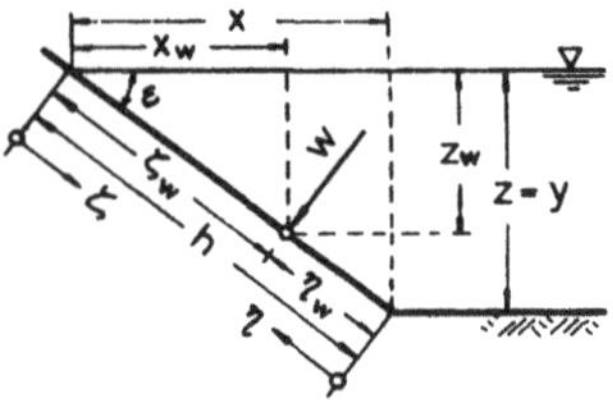


Fig. 2-8 Fläche ab Benetzungslinie

Wenn die Berechnungen für verschiedene Wasserstände durchzuführen sind, so ist es zweckmäßig, die Bezugsgrößen ab Schnittpunkt von Böschung und Sohle zu wählen.

Auf horizontale Flächen (z = const) wirkt an allen Orten der gleiche Flüssigkeitsdruck $p = \gamma z = \gamma h$. Demzufolge gilt für die resultierende Kraft auf die Grundfläche $W = \gamma h F$. Da der Bodendruck nur vom Flüssigkeitsstand abhängig ist, wird die Druckkraft auf die Grundfläche von der Form der seitlichen Wandungen nicht beeinflußt.

Bei einer vertikalen Wandung ($\epsilon = 90°$) folgen für die Abstände ab Spiegelschnittlinie $\zeta = z$ und für diejenigen ab unterer Flächenbegrenzung $\eta = y$. Die bisherigen Gleichungen sind in entsprechender Weise anzuwenden.

## 2.5 Beidseitige Druckwirkung auf eine Wand

Für den Spiegelunterschied gilt $\Delta h = \nabla OW - \nabla UW$. Wenn die Tiefen auf den untersten Ort der beidseitigen Druckwirkung bezogen werden, so ist $\Delta h = \Delta y$, gleichgültig ob eine durchgehende oder eine abgestufte Sohle vorliegt (Fig. 2-9). Es gilt hierzu

$$p = \gamma z \quad \text{für} \quad z \leq \Delta h$$

$$p = \gamma \Delta h \quad \text{für} \quad z \geq \Delta h$$

sowie

$$W = \frac{1}{2} \gamma b (y_o + y_u) \Delta h$$

und (2.13)

$$y_w = \frac{1}{3}\frac{y_o^3 - y_u^3}{y_o^2 - y_u^2} = \frac{y_{wo}^3 - y_{wu}^3}{y_{wo}^2 - y_{wu}^2} \; .$$

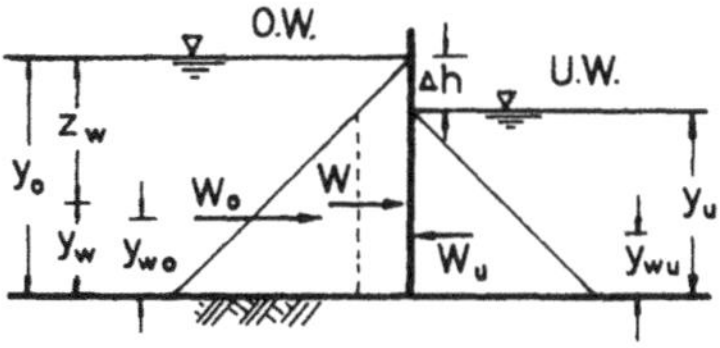


Fig. 2-9 Beidseitige Belastung

## 2.6 Teilung einer Stauwand in Felder gleicher Belastung

Die gesamte Druckkraft auf eine Stauwand von konstanter Breite (Fig. 2-10) soll in gleichgroße Anteile aufgeteilt werden.

$$W = \frac{1}{2}\gamma\, b\, y^2 = n\,\Delta W \tag{2.14}$$

Die Größen können ebenso je Breitenmeter betrachtet werden.

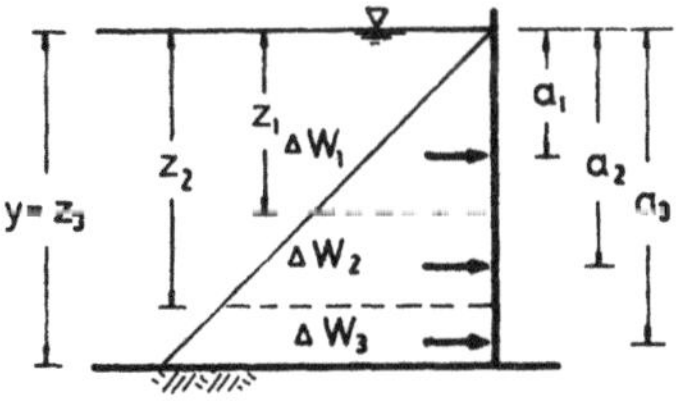


Fig. 2-10 Senkrechte Stauwand

Das Abstandsmaß für die Begrenzung eines Belastungsfeldes wird aufgrund der Beziehung

$$W_i = i\,\Delta W = \frac{1}{2}\gamma\, b\, z_i^2 \tag{2.15}$$

bestimmt, wobei i = 1, 2, 3 ... n ist. Mit $\gamma = 1$ und b = 1 folgt

$$z_i = \sqrt{2i\,\Delta W}\,.$$

Für die Bestimmung des Angriffspunktes der Teilkräfte gilt

$$a_i = z_{i-1} + \frac{\Delta z_i}{3}\,\frac{z_{i-1} + 2z_i}{z_{i-1} + z_i} \tag{2.16}$$

wobei $\Delta z_i = z_i - z_{i-1}$ ist.

## 2.7 Druckverhältnisse in einer gepreßten Flüssigkeit

Wirkt auf eine raumbeständige Flüssigkeit ein Druck $p_a$, so gilt für jeden Ort in beliebiger Tiefe z die Bedingung

$$p = p_a + \gamma z\,. \tag{2.17}$$

Wenn der Belastungsdruck gegenüber dem Einfluß der Schwere sehr groß ist, so kann $p = p_a$ gesetzt werden. Bei zwei miteinander verbundenen Gefäßen mit dicht abschließenden Kolben muß ein Gleichgewichtszustand $q/f = Q/F$ erfüllt sein, wobei q die Belastung des kleineren und Q diejenige des größeren Kolbens ist. Wird der kleine Kolben um das Maß h herabgedrückt, so erfolgt unter Voraussetzung raumbeständiger Flüssigkeit und starrer Gefäßwandungen eine Hebung des größeren Kolbens um die Höhe H. Diese Betrachtung findet bei der hydraulischen Presse Anwendung.

## 2.8 Auftrieb

Bei völlig eingetauchten festen Körpern in ruhender Flüssigkeit (Fig. 2-11) ist die Summe der horizontalen Druckkräfte gleich Null. Zur Bestimmung der Resultierenden sind daher nur die vertikalen Druckkräfte maßgebend. Da die aufwärts wirkende Teilkraft größer ist als die Auflast, folgt, daß die Resultierende – nach dem Prinzip von Archimedes auch Auftrieb genannt – ebenfalls nach oben gerichtet ist.

$$A = W_z = W_z'' - W_z' = \gamma\, V_k\,. \qquad (2.18)$$

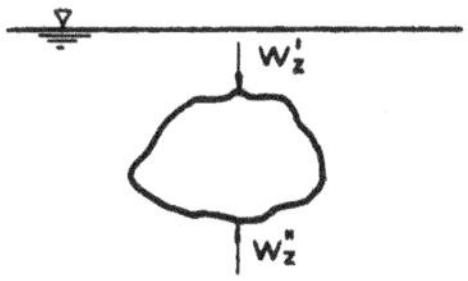


Fig. 2-11 Völlig eingetauchter Körper

Die Größe entspricht dem Gewicht der vom Körper verdrängten Flüssigkeit.

Bei einem teilweise eingetauchten Körper (Fig. 2-12) muß im Gleichgewichtszustand das Körpergewicht gleich dem Auftrieb sein. Daher folgt

$$\gamma_k\, V_k = \gamma\, V_v = \gamma\,(V_k - V_f)$$

und für das freie Volumen (2.19)

$$V_f = (1 - \frac{\gamma_k}{\gamma})\, V_k\,.$$

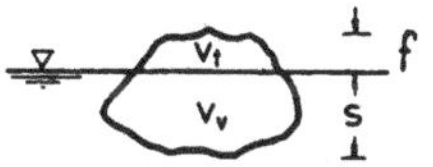


Fig. 2-12 Teilweise eingetauchter Körper

Daraus sind Freibordmaß f und Tiefgang oder Schwimmtiefe s zu bestimmen. Wenn sich auf dem Schwimmkörper eine Last L befindet, so folgt als Gleichgewichtsbedingung G + L = A. Die theoretisch größte Belastungsmöglichkeit ist für f = 0 gegeben.

## 2.9 Stabilität schwimmender Körper

Die Gleichgewichtsbedingungen erfordern, daß das Körpergewicht gleich dem Gewicht der verdrängten Flüssigkeit ist und daß weiterhin die beiden Schwerpunkte ($S_k$ und $S_v$) lotrecht untereinander liegen.

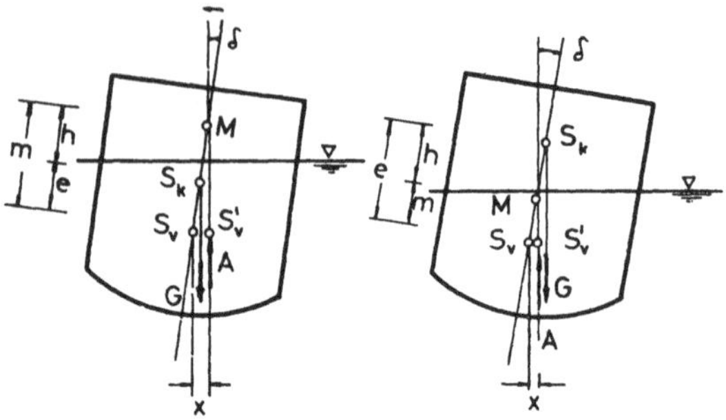


Fig. 2-13 Stabile und labile Schwimmlage

Der Schnittpunkt zwischen der Vertikalen durch den Verdrängungsschwerpunkt bei Querneigung und der normalen Schwimmachse heißt Metazentrum (M). Die Gleichgewichtsformen sind von der Größe der metazentrischen Höhe ($h = m - e$) abhängig (Fig. 2-13).

Stabil: $h > 0$. Die Kräfte G und A bewirken die Wiederherstellung des normalen Gleichgewichtszustandes.

Labil: $h < 0$. Die Kräfte G und A bewirken die Vergrößerung der Querneigung.

Indifferent: $h = 0$. Das Drehmoment der Kräfte ist in jeder Lage gleich Null.

Im Querschnitt einseitig ausgelastete Schwimmkörper erleiden eine Krängung. Ungleiche Gewichtsverteilungen in der Längsrichtung bedingen eine Trimmlage.

## 2.10 Spiegellage in bewegten Gefäßen

Im Beharrungszustand gelangt die Flüssigkeit in den Zustand relativer Ruhe. Die Spiegelfläche stellt in jedem Falle eine Niveaufläche dar.

Bei geradliniger Bewegung eines Behälters und gleichmäßiger Beschleunigung (b = const) gelten die folgenden Beziehungen (Fig. 2-14):

$$z = \frac{b\,x \cos\alpha}{g + b \sin\alpha}$$

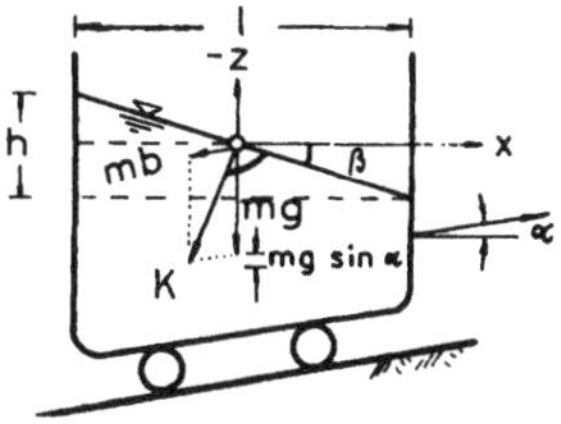


Fig. 2-14 Geradlinige Bewegung eines Behälters

$$h = l \tan\beta = l\,\frac{b \cos\alpha}{g + b \sin\alpha}$$

$$p = p_s + p_z = \gamma\, z\,(1 + \frac{b}{g} \sin\alpha)$$

Bei konstanter Geschwindigkeit (b = 0) sind die Niveauflächen horizontale Ebenen. Es ist dann lediglich der hydrostatische Druck vorhanden.

Bei gleichförmiger Bewegung eines zylindrischen Gefäßes um seine lotrechte Achse und somit konstanter Winkelgeschwindigkeit $\omega$ (Fig. 2-15) gilt

$$z = z_1 + \frac{x^2 \omega^2}{2g}$$

und

$$\tan\beta = \frac{x\,\omega^2}{g}$$

sowie

$$h = \frac{r^2 \omega^2}{2g}$$

und

$$z_1 = z_o - \frac{h}{2}$$

bzw.

$$z_2 = z_o + \frac{h}{2}.$$

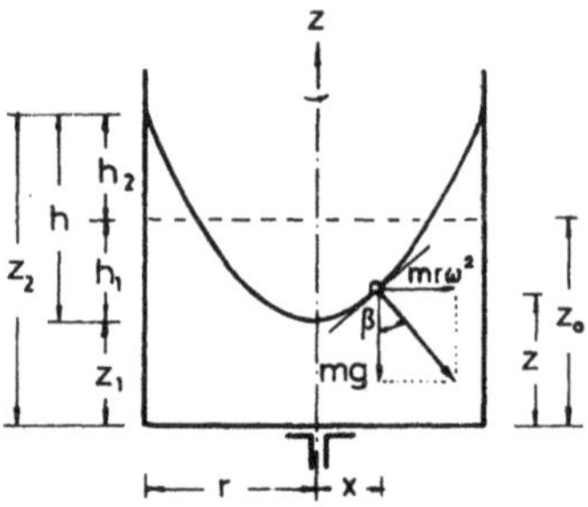


Fig. 2–15 Rotation eines zylindrischen Behälters

Die Flüssigkeitsoberfläche entspricht somit einem Rotationsparaboloid.

Sinngemäß ist die Bewegung eines Behälters um eine beliebige Drehachse zu behandeln.

# 3. Ausfluß und Überfall

## 3.1 Beiwerte für Berechnungen

Als Beiwerte kommen für die Berechnung von Ausfluß und Überfall die Geschwindigkeitsziffer $\varphi$, die Kontraktionsziffer $\psi$ und die Abflußziffer $\mu$ in Betracht. Für die Größe der einzelnen Beiwerte sind die Querschnittsabmessungen, die wirksame Druckhöhe, sowie die Lage der Ausflußöffnung bzw. des Überfalles von Bedeutung.

### 3.1.1 Geschwindigkeitsziffer

Die Bedeutung dieses Beiwertes kann anschaulich am Beispiel des Abflusses durch ein ausgerundetes Mundstück erklärt werden (Fig. 3-1). Das kurze Ansatzstück soll entsprechend der Strahlform ausgebildet sein. Dies bedeutet, daß der Austrittsquerschnitt voll gefüllt ist und an den Wandungen kein Druck auftritt. Bezogen auf die Mitte der Öffnung lautet der Energiehöhenvergleich nach D. Bernoulli

$$H_o = H_s + \Delta e \quad \text{bzw.} \quad h + k_o = k_s + \Delta e \,.$$

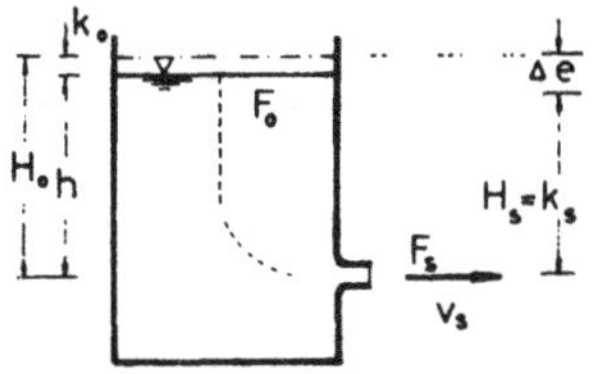


Fig. 3-1 Öffnung mit Mundstück

Unter Berücksichtigung der Kontinuitätsbedingung $v_o F_o = v_s F_s$ wird für die Austrittsgeschwindigkeit

$$v_s = \frac{F_o}{\sqrt{F_o^2 - F_s^2}} \sqrt{2g(h - \Delta e)} \tag{3.1}$$

erhalten. Bei Vernachlässigung der Verlusthöhe geht diese Beziehung, unter den sogenannten idealen Verhältnissen, über in

$$v_{si} = \frac{F_o}{\sqrt{F_o^2 - F_s^2}} \sqrt{2g\,h}$$

wie schon Bernoulli gezeigt hat. Die tatsächliche Ausflußgeschwindigkeit ist stets kleiner als der theoretische Größtwert. Somit kann in allgemeiner Form

$$v_s = \varphi v_{si} = \varphi \frac{F_o}{\sqrt{F_o^2 - F_s^2}} \sqrt{2g\,h} \tag{3.2}$$

gesetzt werden, wobei die Geschwindigkeitsziffer $\varphi < 1$ den Einfluß der örtlichen Verlusthöhe berücksichtigt. Die Bestimmung der Größe $\varphi = v_s/v_{si}$ erfolgt auf empirischem Wege. Als allgemeine Größenordnung gilt $0{,}99 \gtrsim \varphi \gtrsim 0{,}95$.

Im Falle kleiner Zuströmgeschwindigkeiten kann die Geschwindigkeitshöhe im Oberwasser unberücksichtigt bleiben und somit $v_s = \varphi \sqrt{2g\,h}$ gesetzt werden. Da für

$$F_o/F_s > 10 \quad \text{Werte im Bereich } 1{,}005 > F_o/\sqrt{F_o^2 - F_s^2} > 1$$

folgen, ist in diesen Fällen die genannte vereinfachte Beziehung zutreffend. Anderenfalls müßte der vernachlässigte Einfluß im empirischen $\varphi$-Wert mit enthalten sein. Dies würde allerdings eine gelinde Verfälschung des eindeutig definierten Beiwertes darstellen.

### 3.1.2 Kontraktionsziffer

Bei scharfrandigen Austrittsöffnungen erfolgt an den Kanten eine Ablösung des Strahles, weil die Strombahnen der plötzlichen Richtungsänderung nicht folgen können. Somit ist der Querschnitt des Strahles stets kleiner als derjenige der Öffnung. Folglich kann

$$F_s = \psi\, F \tag{3.3}$$

gesetzt werden, wobei die Kontraktions- oder Einschnürungsziffer $\psi < 1$ den betreffenden Flächenunterschied berücksichtigt (Fig. 3-2).

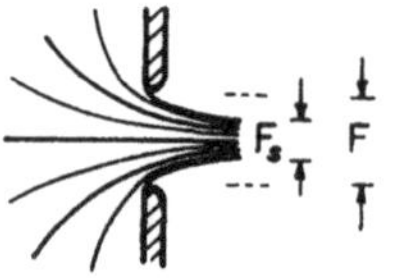


Fig. 3-2 Scharfrandige Öffnung

Der hydrodynamische Vorgang der Strahlkontraktion ist einer theoretischen Behandlung zugängig. Grundlegende Untersuchungen mit

Hilfe der konformen Abbildungen haben H. v. Helmholtz und G. Kirchhoff durchgeführt. Die Ergebnisse einer solchen Betrachtung sollen beispielsweise für den Abfluß aus einer langen spaltförmigen Bodenöffnung aufgezeigt werden. Hierbei wird nur eine Hälfte des scharfkantigen Spaltes (Fig. 3-3) betrachtet. Ferner werden nach R. v. Mises bezüglich der Flüssigkeitsbewegung noch folgende Vereinfachungen getroffen:

(1) Stationärer Fließvorgang
(2) Reibungsfreie Flüssigkeit
(3) Wirbelfreie Bewegung
(4) Ebene Strömung
(5) Ausfluß ohne Wirkung der Schwerkraft.

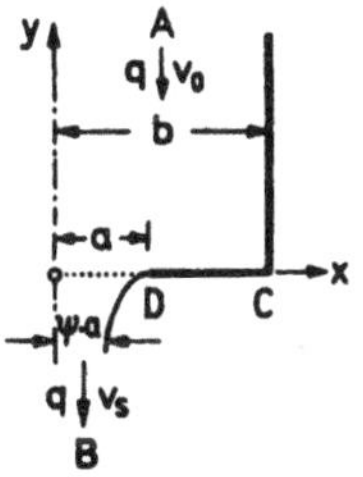


Fig. 3-3 Halbe Öffnung eines Bodenspaltes

Unter Berücksichtigung der Randbedingungen wird mit Hilfe der konformen Abbildung die Beziehung

$$\frac{1}{n} = \frac{\psi}{n} + \frac{2}{\pi}\left(1 - \frac{\psi^2}{n^2}\right) \arctan \frac{\psi}{n} \tag{3.4}$$

erhalten, wobei $n = b/a$ ist. In Tabelle 3-1 sind einige Werte hierzu enthalten. Für den Fall des sehr weiten Gefäßes ($n \to \infty$) gilt

$$\psi = \frac{\pi}{\pi + 2} = 0{,}6110 .$$

Diese Größe folgt auch aus den Untersuchungen von Kirchhoff.

| n | ∞ | 10 | 5,0 | 4,0 | 3,0 | 2,5 | 2,0 | 1,5 |
|---|---|---|---|---|---|---|---|---|
| $\psi$ | 0,6110 | 0,6121 | 0,6157 | 0,6186 | 0,6250 | 0,6314 | 0,6444 | 0,6775 |

Tab. 3-1 Theoretische $\psi$-Werte für Spaltöffnungen

Mit hinreichender Genauigkeit kann für die Ermittlung der Kontraktionsziffer die Näherungsformel

$$\psi = \frac{1}{2}\left(0{,}611 + \psi \frac{n}{\sqrt{n^2 - \psi^2}}\right) \tag{3.5}$$

gesetzt werden. Die Werte stimmen mit den exakten Größen im Bereich $n \geq 3$ überein.

### 3.1.3 Abflußziffer

Unter Berücksichtigung von Geschwindigkeitsziffer und Kontraktionsziffer folgt für die sekundliche Abflußwassermenge die Beziehung

$$Q = F_s v_s = \varphi\, \psi\, F\, v_{si} = \mu\, Q_i \tag{3.6}$$

wobei der Zahlenfaktor $\mu = \varphi\, \psi$ als Abflußziffer bezeichnet wird. Damit lautet die Abflußgleichung

$$Q = \mu \frac{F_o}{\sqrt{F_o^2 - \psi^2 F^2}} F \sqrt{2g\,h} \tag{3.7}$$

und bei Vernachlässigung der Geschwindigkeitshöhe in vereinfachter Form

$$Q = \mu\, F \sqrt{2g\,h}\,. \tag{3.8}$$

Die Abflußziffern $\mu = Q/Q_i$ liegen vorwiegend im Bereich $0{,}7 > \mu > 0{,}6$.

Die Festlegung der Abflußziffern erfolgt aufgrund von Versuchsergebnissen, indem die wirkliche Abflußwassermenge gemessen und ins Verhältnis zum theoretisch größtmöglichen Wert gesetzt wird.

Diese Bestimmungsart kann an und für sich zu jeder Abflußformel erfolgen, gleichgültig, ob es sich dabei um die genaue oder eine vereinfachte Beziehung handelt. In der Abflußformel vernachlässigte Einflüsse sind dann naturgemäß im Abflußbeiwert mit berücksichtigt.

## 3.2 Freier Ausfluß

Beim freien Ausfluß sind die Strömungsverhältnisse nur von den Randbedingungen vor der Öffnung abhängig. Im Ausflußstrahl wird dabei bis zum Erreichen des Querschnittes kleinster Abmessung, d. h. größter Kontraktion, die vorhandene Druckhöhe in Geschwindigkeitshöhe umgesetzt. Störungen des Strahles nach diesem Querschnitt verursachen keine Beeinträchtigung des Ausflußvorganges. Charakteristisch für den freien Ausfluß ist weiterhin, daß an der Berandung des Strahles der atmosphärische Druck herrscht. In den folgenden Betrachtungen wird vorausgesetzt, daß der Wasserspiegel bzw. Wasserdruck oberstrom konstant bleibt und für die Größe des Korrektionsfaktors der mittleren Geschwindigkeitshöhe $\alpha = 1$ gesetzt werden kann.

### 3.2.1 Abfluß durch Öffnungen

Beim Ausfluß aus größeren Öffnungen ist es infolge der unterschiedlichen Druckhöhe im Austrittsquerschnitt nicht angebracht, die Verhältnisse des mittleren Stromfadens als stellvertretend für den gesamten Abflußvorgang zu betrachten. Ohne Berücksichtigung der Verlusthöhe und der Strahleinschnürung gilt für den Abfluß durch ein horizontales Streifenelement

$$d\overline{Q}_i = d\overline{F}_z \, v_z = x \, \frac{dz}{\sin \epsilon} \, v_z$$

wobei $x = x(z)$ und $v_z = \sqrt{2g(z + k_o)}$ sind (Fig. 3-4). Sodann folgt für den gesamten Abfluß die Beziehung

$$Q_i = \frac{1}{\sin \epsilon} \sqrt{2g} \int_{z=h_1}^{z=h_2} x (z + k_o)^{1/2} \, dz \, . \tag{3.9}$$

Meistens sind die Ausflußöffnungen in vertikalen Wänden angeordnet. Hierfür gilt

$$Q_i = \sqrt{2g} \int_{h_1}^{h_2} x (z + k_o)^{1/2} \, dz$$

und bei Vernachlässigung des Einflusses der Zuströmgeschwindigkeit

$$Q_i = \sqrt{2g} \int_{h_1}^{h_2} x \, z^{1/2} \, dz \, .$$

Bei Anwendung der einfachen Gebrauchsformel

$$Q_i = F \sqrt{2g \, h}$$

wird die Druckhöhe h auf die Schwerpunktslage der Öffnungsfläche bezogen.

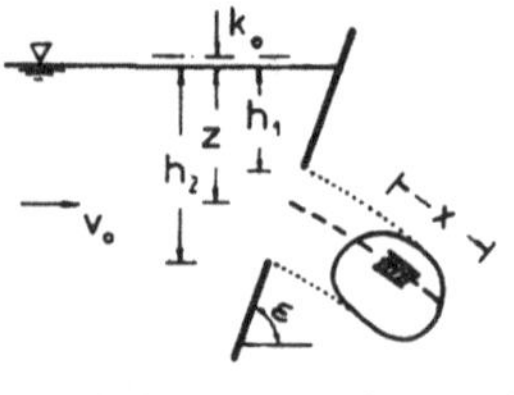


Fig. 3-4 Abfluß durch eine Wandöffnung

Die Bestimmung der sekundlichen Abflußwassermenge erfolgt nach der Beziehung

$$Q = \varphi \, \psi \, Q_i = \mu \, Q_i \, . \qquad (3.10)$$

Die Abflußziffern der einzelnen Gleichungen sind naturgemäß von verschiedener Größe.

Für rechteckige Ausflußöffnungen mit $x = b = \text{const}$ und $h_2 - h_1 = 2a$ folgt bei lotrechter Wand für den Abfluß

$$Q = \frac{2}{3} \mu \, b \sqrt{2g} \, [(h_2 + k_o)^{3/2} - (h_1 + k_o)^{3/2}] \qquad (3.11)$$

und bei Vernachlässigung der Geschwindigkeitshöhe

$$Q = \frac{2}{3}\,\mu\, b\,\sqrt{2g}\,(h_2^{3/2} - h_1^{3/2})\;.$$

Werden in dieser Gleichung die Druckhöhen auf den Mittelwert bezogen und somit durch

$$h_2 = h + a \quad \text{und} \quad h_1 = h - a$$

ausgedrückt, so folgt nach Reihenentwicklung und Umformung die Beziehung

$$Q = \mu\,[1 - \frac{1}{24\,n^2} - \frac{1}{128\,n^4} - \frac{3}{1024\,n^6} - \ldots]\,F\,\sqrt{2g\,h}$$

wobei $n = h/a$ ist. Wenn der Abminderungsfaktor in die Abflußziffer einbezogen wird, so wird wieder die einfache Formel (Gl. 3.8) erhalten. Nach Versuchen von J. V. Poncelet und J. A. Lesbros liegen die Abflußziffern bei scharfkantigen Öffnungen mit 20 [cm] und 60 [cm] Breite im Bereich $0{,}66 \geq \mu \geq 0{,}60$. Näherungsformeln, denen ein linearer Verlauf der Geschwindigkeitskurve im Bereich der Öffnung zugrunde liegt, sind nur für große Verhältniszahlen $n = h/a$ zutreffend.

Analog wird bei einer kreisförmigen Öffnung in vertikaler Wand mit $h_2 - h_1 = 2r$ unter Vernachlässigung der Geschwindigkeitshöhe

$$Q = \mu\,[1 - \frac{1}{32\,n^2} - \frac{5}{1024\,n^4} - \frac{105}{65536\,n^6} - \ldots]\,F\,\sqrt{2g\,h}$$

erhalten, wobei $n = h/r$ ist. Für die vereinfachte Gebrauchsformel (Gl. 3.8), d. h. ohne den Abminderungsfaktor, liegen nach Versuchsergebnissen von J. Weisbach sowie von H. Smith und M. Merriman die Abflußziffern im Bereich $0{,}65 \geq \mu \geq 0{,}60$. Die $\mu$-Werte nehmen mit steigendem Durchmesser ab.

Bei kleinen Öffnungen wird der Abminderungsfaktor praktisch zu $A = 1$. Ferner ist die Fläche der Austrittsöffnung gegenüber derjenigen des Spiegels im Behälter sehr gering, so daß der Einfluß der

Zuströmgeschwindigkeit ohne Bedeutung ist und vernachlässigt werden kann. Für die Bestimmung der Abflußwassermenge gilt demzufolge Gleichung (3.8). Für symmetrische Öffnungen sind Abflußziffern im Bereich $0{,}64 \gtrsim \mu \gtrsim 0{,}61$ ermittelt worden.

### 3.2.2 Abfluß durch Ansatzstücke

Bei Ansatzröhren kann gegenüber der freien Öffnung ein Ansteigen der Abflußleistung auftreten. Voraussetzung hierfür ist, daß in der Zone der Strahleinschnürung eine Druckminderung auftritt und der Strahl am Stutzenende den Querschnitt wieder ausfüllt.

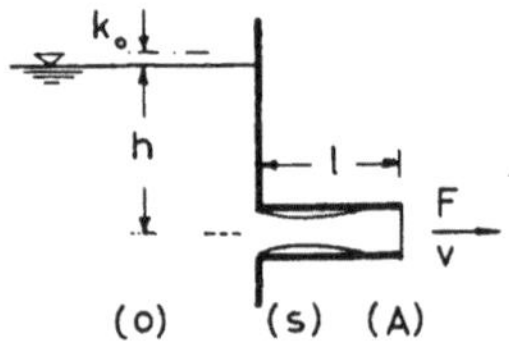


Fig. 3-5 Horizontales Ansatzrohr

Nach Versuchsergebnissen ist bei horizontal angeordneten zylindrischen Ansatzröhren (Fig. 3-5) mit Längenverhältnissen im Bereich $2{,}5 \leq l/d \leq 3{,}0$ die mittlere Abflußziffer $\mu = 0{,}82$. Dies bedeutet eine Abflußsteigerung von rd. 30% gegenüber dem Ausfluß aus einer scharfrandigen Öffnung vom gleichen Durchmesser. Bei größeren Rohrlängen ($l > 3d$) nimmt die Abflußziffer infolge der Reibungseinflüsse wieder ab. Für $l \leq d$ gelten die Beiwerte wie beim Ausfluß aus scharfrandigen Öffnungen. Aufgrund theoretischer Untersuchungen mit den Annahmen, daß die Verlusthöhe zwischen Oberwasser und Einschnürungsstelle gleich der Geschwindigkeitshöhe oberstrom ist und für die Verlusthöhe in der Verzögerungsstrecke $\Delta e = (v_s - v)^2/2g$ gesetzt wird, liegt zur Kontraktionsziffer $\psi = 0{,}62$ die Abflußziffer im Bereich $0{,}85 \geq \mu \geq 0{,}82$.

Der Abflußvorgang durch kurze Rohrstutzen, die in das Gefäß hineinragen, wurde theoretisch und versuchstechnisch erstmals von J. Ch. Borda behandelt. Daher werden solche Anordnungen auch Bordasche Öffnung genannt. Für Ansatzstücke am Boden des Gefäßes sind empirische Werte $0{,}51 \leq \mu \leq 0{,}55$ ermittelt worden. Bei horizontalen Ansatzstücken mit sehr schmaler Ringfläche gilt nach G. Bidone und J. Weisbach $\mu = 0{,}71$ sofern der Strahl den Stutzen ausfüllt und $\mu = 0{,}53$ falls der Strahl nicht anliegt. Im ersten Falle sprüht der Strahl beim Verlassen des Rohrstückes auseinander, während er im zweiten Falle unmittelbar nach dem Austritt noch geschlossen bleibt.

### 3.2.3 Ausflußstrahl

#### 3.2.3.1 Querschnittsform

Der Strahlquerschnitt ist abhängig von der Gestalt der Ausflußöffnung und von der Austrittsrichtung. Seine Form ändert sich mit dem Abstand vom Ausgangsort.

Beim Ausfluß aus einer kreisförmigen Öffnung in lotrechter Wand geht der Strahlquerschnitt allmählich in eine elliptische Form über. Die Veränderung des Querschnittes ist bei einer quadratischen Öffnung unter gleichen Verhältnissen besonders deutlich zu erkennen. Die Form wird zunächst achteckig und dann sternförmig. Dabei gehen Kanten in Flächen und diese alsdann in Rippen über. Bei einem senkrecht aufsteigenden Strahl nimmt die Steiggeschwindigkeit mit der Höhe ab. Demzufolge muß die Querschnittsfläche des Strahles gleichermaßen zunehmen.

Aufgrund dieser Schwierigkeiten in der Erfassung der Strahlform wurde vorwiegend der senkrecht nach unten fallende Strahl untersucht.

#### 3.2.3.2 Bahnkurve des Strahles

Bei Vernachlässigung des Luftwiderstandes entspricht die Bahnkurve der parabelförmigen Wurfbahn (Fig. 3-6). Die danach erhaltenen Weiten und Höhen sind stets etwas größer als die wirklichen Werte.

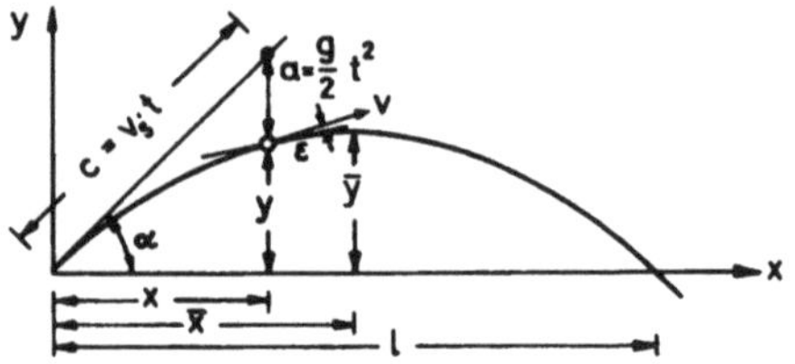


Fig. 3–6 Freie Wurfbahn

Wird eine gleichförmige Bewegung mit der Austrittsgeschwindigkeit $v_s$ unter dem Elevationswinkel $\alpha$ betrachtet, so folgt nach dem Zeitintervall t ein Punkt im Abstand c vom Ausgangspunkt. Infolge der Fallbeschleunigung liegt der wirkliche Bahnpunkt jedoch um das Maß a tiefer. Somit folgen die Ausdrücke

$$x = v_s\, t \cos \alpha \quad \text{und} \quad y = v_s\, t \sin \alpha - \frac{g}{2} t^2$$

sowie

$$t = \frac{x}{v_s \cos \alpha} = \sqrt{\frac{2}{g}(x \tan \alpha - y)}\,.$$

Mit den Komponenten der Ausgangsgeschwindigkeit sowie denjenigen der Fallbewegung werden für die Bahngeschwindigkeit die Komponenten

$$v_x = v_s \cos \alpha \quad \text{und} \quad v_y = v_s \sin \alpha - g\, t$$

und somit

$$v = \sqrt{v_s^2 \cos^2 \alpha + (v_s \sin \alpha - g\, t)^2} \tag{3.12}$$

erhalten. Die Richtung der Tangente in einem beliebigen Ort der Bahnkurve folgt aus der Beziehung

$$\tan \epsilon = \frac{dy}{dx} = v_y / v_x = \tan \alpha - \frac{g\, t}{v_s \cos \alpha}\,. \tag{3.13}$$

Für den Scheitelpunkt der Bahnkurve gelten aufgrund der Bedingung $\tan \epsilon = 0$ die Ausdrücke

$$\overline{t} = \frac{v_s}{g} \sin \alpha \quad \text{sowie} \quad \overline{x} = k_s \sin 2\alpha \quad \text{und} \quad \overline{y} = k_s \sin^2 \alpha \, .$$

Der Schnittpunkt zwischen Bahnkurve und x-Achse ist für Austrittswinkel $0 < \alpha < 90°$ durch die Verhältnisse $y = 0$ und $x = l = 2\overline{x}$ gegeben. Damit folgen die Beziehungen.

$$l = 2k_s \sin 2\alpha \quad \text{sowie} \quad t_l = 2\frac{v_s}{g} \sin \alpha \quad \text{und} \quad v_l = v_s \, .$$

Die größte Sprungweite ist unter den betrachteten Verhältnissen bei einem Anstellwinkel von

$$\alpha = \pi/4 \quad \text{mit} \quad l = l_{max} = 2k_s$$

gegeben. Für den Kulminationspunkt gilt hierzu $\overline{x} = k_s$ und $\overline{y} = k_s/2$.

Bei horizontalem Strahlaustritt ($\alpha = 0$) ist lediglich der fallende Ast der Bahnkurve ($y < 0$) vorhanden. Der Koordinatenursprung kann demzufolge im Scheitel der allgemeinen Kurve angenommen werden. Die entsprechenden vereinfachten Bestimmungsgleichungen sind aus den generellen Beziehungen unmittelbar abzulesen.

Infolge des Luftwiderstandes sind Steighöhe und Sprungweite naturgemäß kleiner als die genannten Größen bei Vernachlässigung dieses Einflusses. Nach Versuchsergebnissen von J. R. Freeman werden die Maximalwerte unter den in Tabelle 3-2 angegebenen Verhältnissen erreicht. Steighöhe und Sprungweite sind unter jedem Strahlwinkel noch von Durchmesser und Geschwindigkeitshöhe am Austritt abhängig.

| $k_s$ [m] | 3,5 | 7,0 | 10 | 35 |
|---|---|---|---|---|
| $\alpha°$ | 45 | 40 | 35 | 34–30 |

Tab. 3-2 Verhältnisse für Maximalwerte des freien Strahles

Die Abhängigkeit der Bahnkurve von Durchmesser, Anstellwinkel und Druck- bzw. Geschwindigkeitshöhe setzt außer Windstille noch voraus, daß beim Austritt des Strahles aus der Düse kein Drall auftritt. In diesem Falle können große Wurfweiten (z. B. Löschstrahl) erzielt werden, weil die geschlossene Form des Strahles am längsten erhalten bleibt. Wird hingegen eine baldige Zerteilung und Versprühung des Wassers (z. B. Beregnung) gewünscht, so muß eine ausgeprägte Drallwirkung vorhanden sein. Daraus ist zu erkennen, daß die Düsenform von ausschlaggebender Bedeutung ist.

#### 3.2.3.3 Stoßkraft des Strahles

Wenn ein Flüssigkeitsstrahl normal auf eine feste Platte von genügend großer Abmessung trifft, so erfolgt der Abfluß auf der Platte – abgesehen von Spritzverlusten – gleichmäßig nach allen Seiten. Nach dem Impulssatz für stationäre Strömung ist die resultierende äußere Kraft gleich dem Unterschied der Bewegungsgrößen. Für diese Betrachtung wird das Flüssigkeitsgebiet durch einen von der Wand noch nicht beeinflußten Strahlquerschnitt und einen Querschnitt im Bereich der völlig umgelenkten Strombahnen abgegrenzt. Die Bewegungsgröße des ankommenden Strahles (Schnitt L) ist $P_L = \rho\, Q\, v$ und diejenige nach der Umlenkung (Schnitt R) ist in Strahlrichtung $P_R = 0$. Somit wirkt

$$P = \rho\, Q\, v = \frac{\gamma}{g} F\, v^2 = 2\, \gamma\, F\, k\,. \tag{3.14}$$

Dieser Stoßdruck des Strahles ist ebenso groß wie die äußere Kraft K, die auf die Wassermasse in entgegengesetzter Richtung einwirkt.

Mit der Beziehung für die Strahlgeschwindigkeit bei kleinen abgerundeten Mundstücken folgt $P = 2\varphi^2 \gamma\, F\, h$. Bei verschlossener Öffnung wirkt auf diese Fläche im Ruhezustand lediglich die Druckkraft $D = \gamma\, F\, h$. Die hydrodynamische Kraft des Strahles hat somit nahezu die doppelte Größe der hydrostatischen Druckkraft.

Trifft der Strahl schräg auf eine ebene feste Platte von ausreichender Ausdehnung (Fig. 3-7), so wirkt normal zur Platte die Kraft

$$P_N = \rho\, Q\, v_N = \rho\, Q\, v \sin\alpha\ . \qquad (3.15)$$

Eine ausführliche Behandlung dieses Problemes hat F. Wittenbauer durchgeführt.

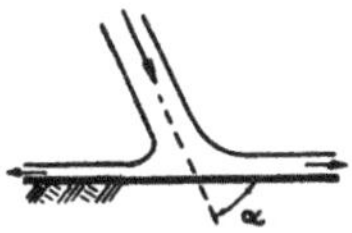

Fig. 3-7 Schräge Anströmung

Wird der Strahl symmetrisch geteilt und nach jeder Seite um den Winkel $\alpha$ abgelenkt, so gilt bezüglich der Hauptrichtung die Beziehung

$$P = \rho\, Q\, (v_L - v_R \cos\alpha)\ . \qquad (3.16)$$

Mit den Größen $v_R = v_L = v$ geht dieser Ausdruck über in

$$P = \rho\, Q\, v\, (1 - \cos\alpha)\ .$$

Die Größe von P nimmt unter sonst gleichen Verhältnissen mit der Größe des Ablenkungswinkels zu, und zwar wird $0 \leq P \leq 2\rho\, Q\, v$ für $0 \leq \alpha \leq 180°$ erhalten. In entgegengesetzter Richtung wirkt die resultierende äußere Festhaltekraft K, die naturgemäß von gleicher Größe ist. Wenn der Körper in Richtung des Strahles mit der konstanten Geschwindigkeit u bewegt wird, so ist die Relativgeschwindigkeit des Strahles $w = v - u$. Damit wird die Beziehung

$$P = \rho\, Q\, w\, (1 - \cos\alpha) = \rho\, Q\, (v - u)\, (1 - \cos\alpha) \qquad (3.17)$$

erhalten, wobei Q wiederum die in der Zeiteinheit auftreffende Wassermenge ist. Als Größtwert der Stoßkraft ($\alpha = \pi$) folgt

$$P = 2\, \rho\, Q\, w = 2\, \frac{\gamma}{g}\, Q\, (v - u) \qquad (3.18)$$

wie schon L. Euler angegeben hat.

Ein austretender Flüssigkeitsstrahl übt auf das Gefäß eine Rückstoßkraft aus, die naturgemäß entgegengesetzt der Ausflußrichtung wirkt. Bei gut ausgerundeten Mundstücken haben Strahl und Öffnung gleiche Querschnittsflächen. Für die Kraftwirkung gilt dann Gleichung (3.14). Ein fahrbar angeordneter Behälter wird durch diese Reaktionskraft in Bewegung gesetzt. Zum Festhalten des Gefäßes ist die gleichgroße aber entgegengesetzt wirkende Kraft K erforderlich, sofern von der rollenden Reibung abgesehen wird.

### 3.2.4 Abfluß unter Planschützen

Der unter einer Schütze austretende Wasserstrom erreicht nach einer gewissen Entfernung seine größte Geschwindigkeit und somit seine geringste Tiefe (Fig. 3-8). Für diesen Ort am Übergang von der beschleunigten in die verzögerte Fließbewegung gilt bezüglich des Abstandes von der Stauwand $1{,}5 < l_s/a \leq 2{,}0$ und bezüglich der Wassertiefe $y_s = \psi\, a$. Die Kontraktionsziffer $\psi \leq 1$ ist bei konstanter Gerinnebreite im Bereich der Schütze eine Funktion der Verhältniszahl $n = y_0/a$. Für theoretische Betrachtungen zur Strahlkontraktion kann vom Abfluß durch eine spaltförmige Bodenöffnung ausgegangen werden. Der Geschwindigkeitsplan stellt jedoch eine Viertelellipse dar.

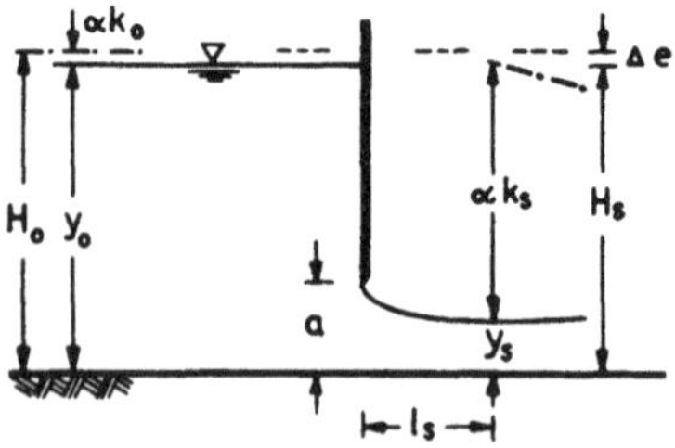


Fig. 3-8 Abfluß unter einer Schütze

Nach dem Vergleich der Energiehöhen zwischen Senke und Oberwasser folgt

$$H_s = H_o - \Delta e$$

bzw.

$$y_o - y_s = \alpha(k_s - k_o) + \Delta e \;.$$

Mit dem Ansatz für die zusätzliche Verlusthöhe $\Delta e = \zeta\, \alpha\, \Delta k$ und der Schreibweise $\varphi = 1/\sqrt{\alpha(1+\zeta)}$ wird für die Strahlgeschwindigkeit in der Senke

$$v_s = \varphi \sqrt{2g}\, \frac{y_o}{\sqrt{y_o + y_s}} = C\, \frac{y_o}{\sqrt{y_o + y_s}} \tag{3.19}$$

erhalten. Sodann folgt für den sekundlichen Abfluß je Breitenmeter

$$q = y_s\, v_s = C\, \frac{y_o\, y_s}{\sqrt{y_o + y_s}} \tag{3.20}$$

oder mit $y_s = \psi\, a$ und $y_o = n\, a$ die umgeformte Beziehung

$$q = \mu \sqrt{2g}\, a\, \frac{y_o}{\sqrt{y_o + \psi\, a}} = \mu\, \frac{n}{\sqrt{n + \psi}} \sqrt{2g}\; a^{3/2}$$

bzw.

$$q = C\, \frac{n\, \psi}{\sqrt{n + \psi}}\; a^{3/2} = C_a\, a^{3/2} \;. \tag{3.21}$$

Einige Hilfswerte hierzu sind in Tabelle 3-3 zusammengestellt.

Mit hinreichender Genauigkeit können somit die Einschnürungsziffern zwischen den Werten

$\psi = 0{,}63$ für $n = 2$
$\psi = 0{,}625$ für $n = 3$
$\psi = 0{,}62$ für $n = 10$

| $n = \frac{y_o}{a}$ | $\varphi$ | $\psi$ | $\mu$ | C | $C_a$ |
|---|---|---|---|---|---|
| 2,00 | 0,946 | 0,630 | 0,596 | 4,192 | 3,255 |
| 2,20 | 0,949 | 0,628 | 0,596 | 4,205 | 3,453 |
| 2,40 | 0,952 | 0,626 | 0,596 | 4,217 | 3,643 |
| 2,60 | 0,955 | 0,626 | 0,597 | 4,228 | 3,832 |
| 2,80 | 0,957 | 0,625 | 0,598 | 4,239 | 4,010 |
| 3,00 | 0,959 | 0,625 | 0,599 | 4,248 | 4,183 |
| 3,50 | 0,964 | 0,625 | 0,602 | 4,270 | 4,597 |
| 4,00 | 0,967 | 0,624 | 0,604 | 4,285 | 4,977 |
| 4,50 | 0,970 | 0,624 | 0,605 | 4,296 | 5,331 |
| 5,00 | 0,972 | 0,624 | 0,607 | 4,305 | 5,664 |
| 10,00 | ≈0,982 | ≈0,620 | ≈0,610 | ≈4,350 | ≈8,275 |

Tab. 3-3 Empirische Werte zum Abfluß unter Planschützen

interpoliert und in guter Annäherung die Abflußziffern

$\mu = 0{,}60$ im Bereich $n \leq 3{,}5$
$\mu = 0{,}605$ im Bereich $3{,}5 < n < 5{,}0$
$\mu = 0{,}61$ im Bereich $n \geq 5{,}0$

angenommen werden.

Für beliebige Gebrauchsformeln, wie beispielsweise $q = \mu\, a \sqrt{2gy_o}$, sind die vorgenannten Abflußziffern nicht ohne weiteres zutreffend, weil in solchen Fällen der $\mu$-Wert auch alle anderen im Ausdruck nicht berücksichtigten Einflüsse enthalten muß.

### 3.2.5 Behälterentleerung und Ausflußzeit

Bisher wurde vorausgesetzt, daß die Druckhöhe durch entsprechenden Zufluß konstant gehalten wird. Wenn der Druck infolge des Abflusses absinkt, so gelten die Formeln für Austrittsgeschwindigkeit und sekundliche Abflußwassermenge nur zu den jeweils betrachteten zeitlichen Verhältnissen.

Für den mit der Zeit veränderlichen Ausfluß (Fig. 3-9) gilt die generelle Beziehung

$$Q = F\,v = F\,\frac{dz}{dt} = -F\,\frac{dy}{dt}\,. \tag{3.22}$$

Bezogen auf den Abflußstrahl folgt

$$Q = F_s\,v_s = \psi\,f\,v_s$$

mit (3.23)

$$v_s = \varphi\,\frac{F}{\sqrt{F^2 - F_s^2}}\,\sqrt{2g\,y}\,.$$

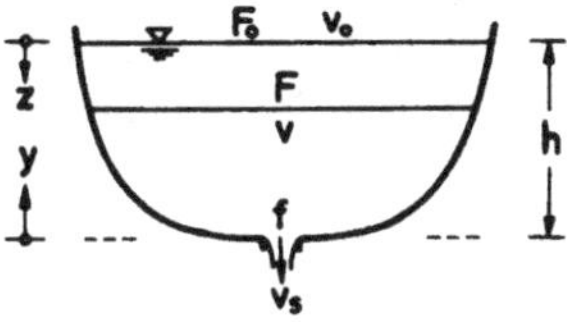


Fig. 3-9 Gefäß mit freiem Ausfluß

Wenn die Querschnittsfläche des Strahles gegenüber derjenigen des Spiegels im Gefäß sehr klein ist, so kann $v_s = \varphi\sqrt{2g\,y}$ gesetzt werden. Damit wird für die sekundliche Abflußwassermenge

$$Q = \psi\,f\,v_s = \mu\,f\sqrt{2g\,y} \tag{3.24}$$

erhalten. Sodann folgen die Beziehungen

$$\mu\,f\sqrt{2g}\;dt = -\frac{F}{\sqrt{y}}\,dy \quad \text{und} \quad t = -\frac{1}{\mu\,f\sqrt{2g}}\int\frac{F}{\sqrt{y}}\,dy + C \tag{3.25}$$

wobei streng genommen $\mu = \mu(y)$ ist. Bei gut ausgerundeten Mundstücken ist $\psi = 1$ und somit $\mu = \varphi$ zu setzen.

Für den Abfluß aus einem zylindrischen Gefäß mit konstanter Querschnittsfläche F folgt dann beispielsweise nach Integration und Berücksichtigung der Randbedingungen die Gleichung

$$\mu \frac{f}{F} \sqrt{2g}\; t = 2(\sqrt{h} - \sqrt{y}) .$$

Erfolgt während der Spiegeländerung ein konstanter Zufluß, so ist in der Ausgangsbeziehung $Q = Q_a - Q_z$ einzusetzen, wobei $Q_z$ die sekundliche Zuflußwassermenge ist. Für den Abfluß $Q_a$ gelten die entsprechenden Beziehungen am Austritt.

Bei Behältern mit Abflußrohr wird die Ausflußgeschwindigkeit durch die Reibungsverluste in der Rohrstrecke beeinflußt (Fig. 3-10). Unter der Voraussetzung $F \gg f$ kann die Geschwindigkeitshöhe im Behälter und für $y > y_u$ das instationäre Glied der Bewegungsgleichung vernachlässigt werden. Somit kann

$$y = \frac{v_s^2}{2g} + \Delta e = (1 + \lambda \frac{l}{d}) \frac{v_s^2}{2g} = c^2 \frac{v_s^2}{2g}$$

und

$$Q = f\, v_s = \frac{f}{c} \sqrt{2g\, y}$$

gesetzt werden. Für den zeitlichen Abflußvorgang im Bereich $y_0 \geq y \geq y_u$ lautet sodann der allgemeine Ausdruck

$$\frac{f}{c} \sqrt{2g}\; dt = - \frac{F}{\sqrt{y}}\, dy . \qquad (3.26)$$

Mit F = const folgt schließlich die Gleichung

$$\frac{f}{F} \frac{\sqrt{2g}}{2c}\, t = \sqrt{y_0} - \sqrt{y} . \qquad (3.27)$$

Die Größe des Reibungsbeiwertes $\lambda = \lambda\,(Re;\, r_s)$ muß zunächst geschätzt und evtl. aufgrund der Re-Zahl für die mittleren Verhältnisse im betreffenden Bereich verbessert werden.

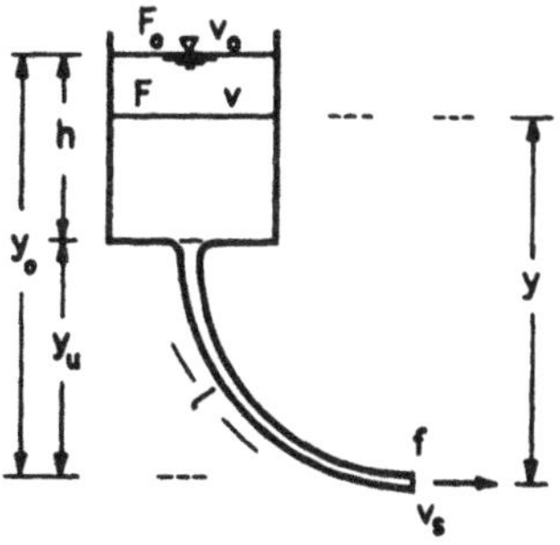


Fig. 3-10 Gefäß mit Abflußrohr

## 3.3 Behinderter Ausfluß

Im Gegensatz zum freien Ausfluß kann beim behinderten Ausfluß die vorhandene potentielle Energie nicht vollständig in Bewegungsenergie umgesetzt werden. Dies ist dann der Fall, wenn die Ausflußöffnung so weit unter Wasser liegt, daß kein freier Ausflußstrahl mehr gebildet werden kann bzw. an der Oberfläche des Ausflußstrahles ein größerer Druck wirkt als dies dem atmosphärischen Luftdruck entspricht.

### 3.3.1 Abfluß unter Wasser

Die Verlusthöhe $\Delta e$ zwischen dem gleichförmigen Abfluß im Ober- und Unterwasser soll in zwei Teile gegliedert werden, wobei $\Delta e_1$ den Anteil der beschleunigten Bewegung und $\Delta e_2$ denjenigen im Bereich der verzögerten Bewegung darstellt (Fig. 3-11). Erfahrungsgemäß ist $\Delta e_1 < \Delta e_2$. Eine genaue Bestimmung der beiden Größen ist jedoch im vorliegenden Falle nicht ohne weiteres möglich. Aus dem Vergleich der Energiehöhen zwischen Ober- und Unterwasser folgt für den Spiegelunterschied

$$\Delta h = k_u - k_o + (\Delta e_1 + \Delta e_2) .$$

Unter Berücksichtigung der Kontinuitätsbedingung und der Beziehung $\varphi^2 = 1 - \Delta e/\Delta h$ wird für den sekundlichen Abfluß der Ausdruck

$$Q = F_u v_u = \varphi \frac{F_o F_u}{\sqrt{F_o^2 - F_u^2}} \sqrt{2g\,\Delta h} \tag{3.28}$$

erhalten. Die Größe des Beiwertes $\varphi$ ist im wesentlichen von der Länge der Verzögerungsstrecke, d. h. vom Spiegelunterschied, abhängig.

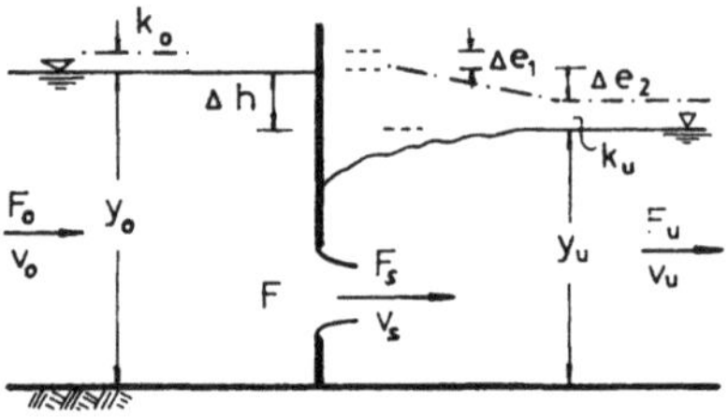


Fig. 3-11 Ausfluß unter Wasser

Bei kleinen Spiegelunterschieden kann bereits im Bereich der Verzögerungsstrecke der ungestörte Unterwasserstand angenommen werden. Mit der Voraussetzung $\Delta e = k_o$ folgt dann die einfache Formel

$$Q = F_s v_s = F_s \sqrt{2g\,\Delta h} = \psi F \sqrt{2g\,\Delta h} \tag{3.29}$$

wonach die sekundliche Durchflußwassermenge ausreichend genau zu ermitteln ist.

Für den vom Unterwasser beeinträchtigten Abfluß unter Planschützen ist die Bestimmung der Wasserführung je Breitenmeter mit Hilfe der von F. Valentin aufgestellten Formel

$$q = a\sqrt{g\,a}\,\sqrt{\frac{2n^2}{\kappa^2 n^2 - 1}\left(n - \frac{p_a}{\gamma a}\right)} \tag{3.30}$$

möglich. Hierbei ist $p_a/\gamma$ die Höhe des Sohlendruckes unter der Stauwand. Für Öffnungsverhältnisse $n \geq 2$ kann $\kappa^2 = 1{,}16$ eingesetzt werden. Weiterhin gilt in diesem Bereich

$$0{,}575\,n + 0{,}325 \leq \frac{p_a}{\gamma\, a} \leq n$$

wobei der untere Randwert bei freiem Ausfluß gilt und der obere dem Spiegelausgleich entspricht.

## 3.3.2 Füllung und Entleerung von Becken

### 3.3.2.1 Allgemeines

Maßgebend für die Fließgeschwindigkeit in der Verbindungsleitung zwischen zwei Becken (A) und (B) ist der jeweilige Spiegelunterschied

$$z = h - (x + y)$$

wonach $dx + dy = -dz$ ist (Fig. 3-12). Unter Beachtung der Kontinuitätsbedingung

$$F_A \frac{dx}{dt} = F_B \frac{dy}{dt} = \mu f \sqrt{2gz}$$

wird die Differentialgleichung

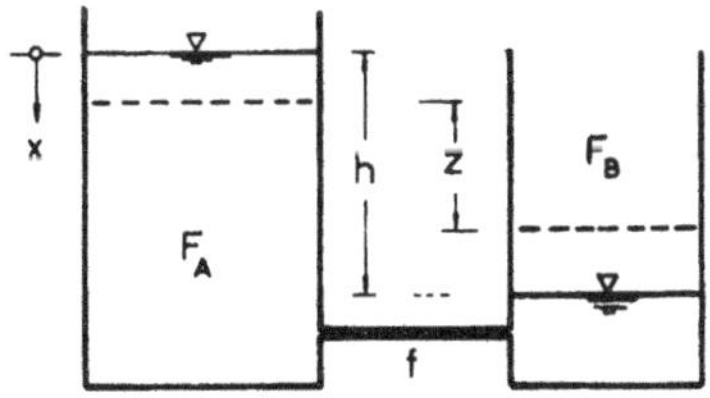


Fig. 3-12 Becken mit Verbindungsleitung

$$\mu f \sqrt{2g} \left(\frac{1}{F_A} + \frac{1}{F_B}\right) dt = -\frac{dz}{\sqrt{z}} \qquad (3.31)$$

erhalten. Nach Integration und Berücksichtigung der Bedingung $z = h$ für $t = 0$ folgt die Beziehung

$$t = \frac{2\,F_A F_B}{\mu\, f \sqrt{2g}\,(F_A + F_B)} \left(\sqrt{h} - \sqrt{z}\right). \tag{3.32}$$

Die Sonderfälle gleichgroßer Spiegelflächen ($F_A = F_B = F$) oder Vernachlässigung dei Spiegeländerung eines Beckens gegenüber der anderen ($F_A \to \infty$ bzw. $F_B \to \infty$) oder auch des freien Ausflusses ($F_B = 0$) sind daraus abzuleiten.

Die größtmögliche Fließgeschwindigkeit im Verbindungsstück – auch bei strömungstechnisch günstiger Ausbildung – ist von der gesamten Druckhöhe abhängig, die theoretisch bis auf diejenige der Dampfspannung absinken kann. Ein sicherer Abflußvorgang ist jedoch nur dann gewährleistet, wenn der vorhandene Druck größer ist als der Dampfdruck.

### 3.3.2.2 Schleusungsvorgänge

Unter Vernachlässigung der Geschwindigkeitshöhe oberstrom folgt für die Durchflußwassermenge

$$Q = \varphi\, \psi\, f_t \sqrt{2g\,z} = \mu\, f_t \sqrt{2g\,z} \tag{3.33}$$

wobei die wirksame Druckhöhe $z = z(t)$ ist. Ferner gilt für die freigegebene Umlauffläche $0 \leq f_t \leq f$ in der Zeit $0 \leq t \leq t_1$ und $f_t = f = \text{const}$ für $t_1 \leq t \leq T$, wenn die Gesamtzeit der Schleusung mit T bezeichnet wird.

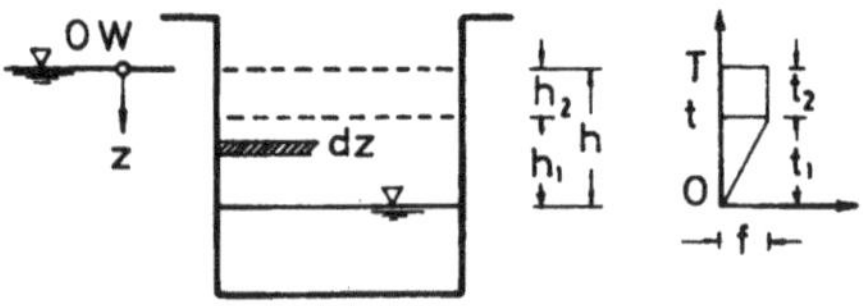


Fig. 3-13 Füllvorgang in einer Schleusenkammer

Bei Füllung einer Schleusenkammer (Fig. 3-13) und linearem Öffnungsvorgang gilt im Zeitabschnitt $t_1$ für die freigegebene Umlauffläche

$$f_t = \frac{f}{t_1}\, t = n\, t$$

und somit für den Durchfluß

$$Q = \mu\, n\, t \sqrt{2g\, z} = -F\, dz/dt.$$

Das negative Vorzeichen zeigt an, daß die Druckhöhe mit der Zeit abnimmt. Mit dem Randwert z = h für t = 0 folgt der Ausdruck

$$t^2 = \frac{4F}{\mu\, n \sqrt{2g}} (\sqrt{h} - \sqrt{z}) = \frac{4F\, t_1}{\mu\, f \sqrt{2g}} (\sqrt{h} - \sqrt{z})$$

und mit $z = h_2$ für $t = t_1$ werden die Beziehungen

$$t_1 = \frac{4F}{\mu\, f \sqrt{2g}} (\sqrt{h} - \sqrt{h_2}) \quad \text{sowie} \quad h_1 = h - [\sqrt{h} - \frac{\mu\, f\, t_1}{4F} \sqrt{2g}\,]^2 \qquad (3.34)$$

erhalten.

Im Zeitabschnitt $t_2$ gilt für die sekundliche Durchflußwassermenge

$$Q = \mu\, f \sqrt{2g\, z} = -F\, dz/dt\,.$$

Mit z = 0 für $t = t_1 + t_2$ folgt dann

$$t = t_1 + t_2 - \frac{2F}{\mu\, f \sqrt{2g}} \sqrt{z}$$

und mit $z = h_2$ für $t = t_1$ werden die Beziehungen

$$t_2 = \frac{2F}{\mu\, f \sqrt{2g}} \sqrt{h_2} \quad \text{sowie} \quad h_2 = [\frac{\mu\, f\, t_2}{2F} \sqrt{2g}\,]^2 \qquad (3.35)$$

erhalten.

Sinngemäß können für den Entleerungsvorgang die gleichen Berechnungsformeln herangezogen werden, sofern die Druckhöhe ab

Unterwasserspiegel gezählt wird und dadurch ebenfalls mit der Zeit abnimmt.

### 3.3.2.3 Flutung von Schwimmkästen

Nach der Gleichgewichtsbedingung für Schwimmkörper muß $A = G + L$ sein, wobei mit A der Auftrieb, mit G das Eigengewicht und mit L die zusätzliche Last bezeichnet wird. Erfolgt die Belastung durch Wasser, so gilt

$$F_a\, s = \frac{G}{\gamma} + y\, F = F_a\, s_o + y\, F$$

wenn $s_o$ die Schwimmtiefe im unbelasteten Zustand ist (Fig. 3-14). Hierbei werden senkrechte Wände und somit konstante Flächen $F_a$ und F vorausgesetzt. Ausgehend von den Beziehungen

$$z = s - a - y \quad \text{d. h.} \quad dz = ds - dy$$

und

$$F_a \frac{ds}{dt} = F \frac{dy}{dt} = \mu\, f \sqrt{2g\, z}$$

folgt

$$dz = \frac{\mu\, f \sqrt{2g}}{F} \sqrt{z} \left(\frac{F}{F_a} - 1\right) dt\, .$$

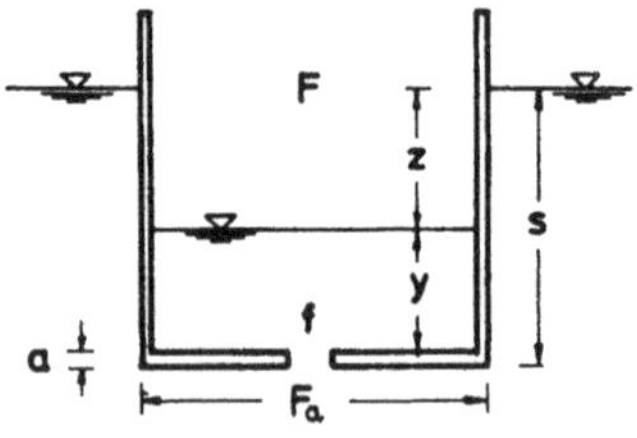


Fig. 3-14 Flutung eines Schwimmkastens

Nach Integration und Berücksichtigung der Randbedingung ($z = z_o$ für $t = 0$) wird

$$\frac{\mu f \sqrt{2g}}{2F} \left(1 - \frac{F}{F_a}\right) t = \sqrt{z_o} - \sqrt{z} \tag{3.36}$$

erhalten. Wenn zur Zeit $t = 0$ der Kasten noch leer ist, so entspricht $z_o = s_o - a$.

### 3.3.3 Tauchstrahl im unbegrenzten Raum

Ein Tauchstrahl tritt im Gegensatz zum freien Strahl in ein Medium gleicher oder höherer Dichte ein. Aufgrund des großen Geschwindigkeitsunterschiedes zur ruhenden Umgebung wird der Strahl aufgeweitet. Die turbulenten Querschwankungen bewirken ein Austreten von Flüssigkeitsteilchen hoher Geschwindigkeit in die Umgebung, wo Teilchen mit erheblich geringerer Geschwindigkeit verdrängt werden, in das Strahlinnere dringen und dort die Geschwindigkeit abmindern. Die im Strahl beförderte Flüssigkeitsmenge nimmt mit der Lauflänge zu, wodurch sich der Strahl um die sogenannte Vermischungsschicht verbreitert, in welcher der Geschwindigkeitsausgleich erfolgt. Die Strahlveränderung erfolgt etwa linear unter den Winkeln $12° \leq \alpha_a \leq 16°$ und $4{,}0° \leq \alpha_i \leq 5{,}5°$. Ausgehend vom Ende der Kernströmung werden die Bereiche mit $v_{max} = v_o$ als Zone 1 und $v_{max} < v_o$ als Zone 2 bezeichnet, wobei $v_o$ die Anfangsgeschwindigkeit am Orte $x = 0$ ist (Fig. 3-15).

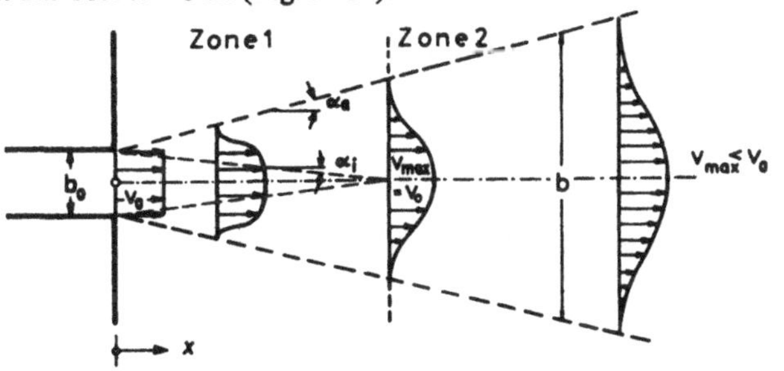


Fig. 3-15 Tauchstrahl

Unter Anwendung der Wahrscheinlichkeitsdichte von K. F. Gauß auf die Geschwindigkeitsverteilung folgt sodann der Ausdruck

$$v_x = v_{max}\, e^{-\frac{y^2}{2\sigma^2}} \quad . \tag{3.37}$$

Dabei ist $\sigma$ ein Parameter der Verteilungsfunktion. Für

$$y = \sigma \quad \text{wird} \quad v_x = \frac{v_{max}}{\sqrt{e}} = 0{,}6065\ v_{max}$$

erhalten (Fig. 3-16). Nach den Ähnlichkeitsbedingungen für die Geschwindigkeitsprofile folgt $\sigma/x = C = \text{const}$. Die Größe dieser Konstanten ist aus Messungsergebnissen zu ermitteln.

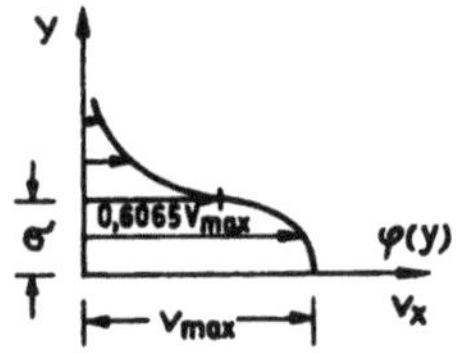


Fig. 3-16 Geschwindigkeitsverteilung

Aufgrund von experimentellen Ergebnissen kann, wie bei anderen verzögerten Bewegungsvorgängen, die Impulsgröße $J = \rho\, Q\, v$ als unveränderlich angenommen werden. Im Bereich des Ausbreitungsvorganges gilt in Bezug auf die Verhältnisse am Orte $x = 0$ sodann

$$\frac{J_x}{J_o} = \frac{\int_0^\infty v_x^2\, dF}{v_o^2\, F_o} = 1 \ . \tag{3.38}$$

Infolge des zunehmenden Durchflusses $Q = v\, F$ folgt die Beziehung

$$\frac{Q_x}{Q_o} = \frac{\int_0^\infty v_x\, dF}{v_o\, F_o} > 1 \ . \tag{3.39}$$

Gemäß der Verminderung an Strömungsenergie $E = m\, v^2/2 = \rho\, Q\, v^2/2$ wird die analoge Beziehung

$$\frac{E_x}{E_o} = \frac{\int_0^\infty v_x^3\, dF}{v_o^3\, F_o} < 1 \qquad (3.40)$$

erhalten.

Für den ebenen Strahl und den kreisrunden Strahl sind experimentelle Mittelwerte für die Berechnung der Geschwindigkeitsverteilung bestimmt worden.

## 3.4 Abfluß bei Überfallwehren

### 3.4.1 Strahlform

Liegt die Wehrkrone höher als der Wasserspiegel des ungestörten Unterwassers, so spricht man vom Überfallwehr.

Bei einer scharfrandigen schmalen Überfallkrone steigt die Unterseite des freien Überfallstrahles zunächst etwas an bevor der Abfall in das Unterwasser erfolgt (Fig. 3-17). Voraussetzung für die Strahlbildung ist ein vollständig freier Luftzutritt an der Unterseite, so daß dort ebenfalls atmosphärischer Druck herrscht. Für Verhältnisse mit $h \ll w$ gelten folgende Näherungswerte:

$$x_1 = \frac{4}{15}\, h\,; \quad h_1 = \frac{2}{3}\, h\,;$$

$$x_2 = \frac{6}{15}\, h\,; \quad h_s = \frac{1}{8}\, h;$$

$$x = \frac{2}{3}\, h\,; \quad h_K = \frac{17}{20}\, h\,.$$

Für verhältnismäßig schmale Stauwände mit $a \lesssim x/2$ bleibt bei voller Belüftung der freie Sprungstrahl erhalten. Bei Kronenbreiten $x/2 \lesssim a < x$ stellt sich ein schwankender Zustand ein, da Luft aus dem schmalen Spalt zwischen Wehrkrone und Strahlunterseite mit-

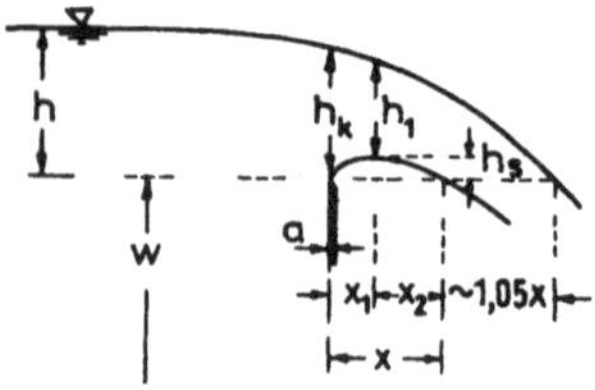


Fig. 3-17 Überfall mit freiem Strahl

gerissen wird und nach Druckverminderung wieder Luft eintritt. Dadurch wird der Strahl gesenkt und wieder angehoben. Die höchste Lage des vollständig belüfteten Strahles wird hierbei nicht unbedingt erreicht, weil je nach Größe der Belüftungsöffnung das Luftkissen einen geringeren Druck als die Außenluft hat. Erst bei Kronenbreiten $a > x$ legt sich der Strahl vollständig an die Krone an.

Ist der Staukörper breiter als die Sprungweite der Strahloberseite in Kronenhöhe, also $a > 2x$, so wird die Anlage als Wehr mit breiter Krone bezeichnet. Hierbei treten über einem Teil der Wehrkrone nahezu parallele Strombahnen auf.

Aus diesen Betrachtungen ist zu erkennen, daß bei Überfällen im Bereich der Krone die Grenzverhältnisse durchlaufen werden. Sie können etwa dort angenommen werden, wo die Unterseite des Überfallstrahles eine horizontale Tangente hat. Der genaue Ort ist infolge der gekrümmten Strombahnen nicht ohne weiteres anzugeben. Liegt der Strahl bei horizontaler Krone auf, so stellt sich die rechnerische Grenztiefe (parallele Strombahnen) unmittelbar vor dem Absturz ein. Über der Absturzkante selbst ist eine etwas geringere Tiefe vorhanden.

Die Form des freien vollständig belüfteten Überfallstrahles kann aufgrund von Versuchsergebnissen dargestellt werden. Einige Angaben hierzu (Fig. 3-18) für Verhältnisse mit $w \gg h$ enthält Tabelle 3-4.

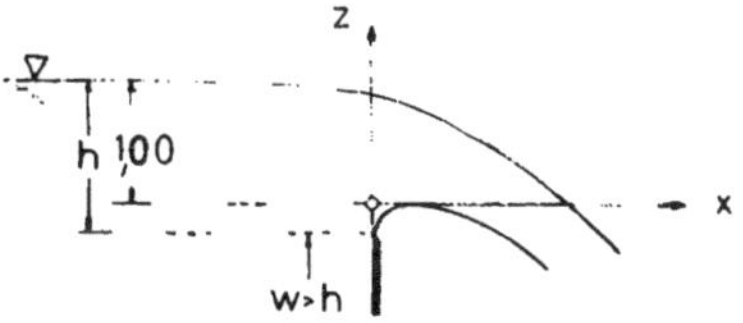


Fig. 3-18 Form des freien Überfallstrahles

| x | z | | x | z | |
|---|---|---|---|---|---|
| | Unterseite | Oberseite | | Unterseite | Oberseite |
| - 3,00 | – | 1,000 | 0,30 | 0 | 0,745 |
| - 2,00 | – | 0,985 | 0,40 | - 0,010 | 0,705 |
| - 1,00 | – | 0,950 | 0,50 | - 0,030 | 0,665 |
| 0 | - 0,125 | 0,830 | 0,60 | - 0,060 | 0,620 |
| 0,10 | - 0,035 | 0,805 | 0,80 | - 0,155 | 0,510 |
| 0,20 | - 0,005 | 0,775 | 1,00 | - 0,270 | 0,380 |
| 0,30 | 0 | 0,745 | 2,00 | - 1,310 | - 0,700 |

Tab. 3-4 Empirische Werte des freien Strahles

Wird der Koordinaten-Nullpunkt auf die Ablösungskante verlegt, so sind die Abmessungen des sogenannten Strebenprofiles mit den Verhältnissen Länge : Dicke = 3 : 1 aufgrund der Werte für die Strahlunterseite zu ersehen (Fig. 3-19).

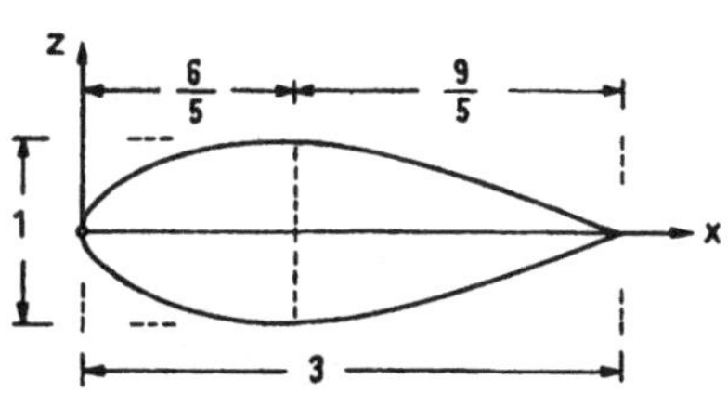


Fig. 3-19 Strebenprofil mit $l/d = 3/1$

Eine Darstellung der Strom- und Potentiallinien für den Abflußvorgang sowie der Druckverteilung im Strahl über der Kante ist in Figur 3-20 gegeben. Analog können an anderen Orten des Überfallstrahles die Druck- und Geschwindigkeitsverhältnisse ermittelt werden. Für die Ober- und Unterseite gilt jeweils p = 0.

Fig. 3-20 Strom- und Potentiallinien

Bei unvollständiger Belüftung tritt naturgemäß eine Veränderung der Druckverhältnisse und somit auch der Strahlform auf.

Infolge Druckverminderung im Raume zwischen Abfallwand und Strahl entsteht die gesenkte Strahlform. Bei teilweiser Belüftung ist der Druck der eingeschlossenen Luft kleiner als der Außendruck. Es entsteht eine teilweise Unterfüllung mit Wasser. Die Strahlart ist nur von geringer Beständigkeit, sofern keine dauernde Luftzufuhr erfolgt. Bei weiterer Druckverminderung entsteht eine vollständige Unterfüllung des Strahles mit Wasser. Diese Strahlform tritt sehr häufig auf, insbesondere bei relativ großen Überfallbreiten und bei Abstürzen zwischen senkrechten Seitenwänden. Die angeschmiegte Strahlform entsteht bei fehlender Belüftung und relativ kleinen Wasserführungen. Der Abfluß erfolgt entlang der Abfallwand und ist fast geräuschlos. Bei scharfkantigen Überfallkronen löst sich der obere Teil des Strahles vorübergehend vom Wehrkörper ab. Hierbei sind die wenig beständigen Abflußvorgänge mit luftgefülltem Kopf oder mit teilweise wassergefülltem Kopf sowie der meistens stabile Abfluß mit wassergefülltem Kopf möglich. Die Form ohne Ablösung vom Wehrkörper kommt nur bei abgerundeter Krone und geringer Wasserführung vor. Wie schon H. Bazin feststellte, kann hierbei der

Abfluß bis zu 30 % größer sein als derjenige mit freiem Strahl bei gleichem Oberwasserstand.

Unterstrom des Überfallbauwerkes sind zwei Arten des Überganges in den strömenden Fließvorgang möglich, und zwar der Strahl mit freiem Fuß und der Strahl mit verdecktem Fuß. Bei der ersten Art kann sich die geringste Tiefe des Abflußstrahles frei, d. h. ohne Beeinflussung vom Unterwasserstand, einstellen. Dies ist der Fall, wenn die Zunge der Deckwalze stromabwärts der Senke liegt oder gerade bis zur Senke reicht. Der Übergang in die stationär gleichförmige Strömung des Unterwassers erfolgt durch einen Wechselsprung mit freier Deckwalze. Im anderen Falle kann die geringste Tiefe des Schußstrahles infolge zu hohen Unterwasserstandes nicht mehr frei auftreten, sondern wird von einem Teil der Deckwalze überlagert. Es entsteht der Wechselsprung mit rückgestauter Deckwalze.

## 3.4.2 Abflußformeln

### 3.4.2.1 Allgemeine Ableitung

Es wird ein vollkommen freier Überfall angenommen und für den Korrektionsfaktor der Geschwindigkeitshöhe $\alpha = 1$ gesetzt. Als Maß für die Bestimmung der Abflußwassermenge dient die Höhe des ungestörten Oberwasserstandes über der unteren Begrenzung der Überfallöffnung. Diese Höhe wird im Abstand $3h \leq L \leq 4h$ oberstrom des Überfalles gemessen (Fig. 3-21). Unter Vernachlässigung der Verlusthöhe und der Strahleinschnürung folgt für den sekundlichen Abfluß in einem horizontalen Streifenelement

$$d\overline{Q}_i = d\overline{F} \cdot v_i = x \, v_i \, ds \, .$$

Hierbei sind $x = x(y) = x(z)$ und

$$v_i = \sqrt{2g(H - y)} = \sqrt{2g(z + k_o)} \, .$$

Danach gilt für den theoretisch größtmöglichen Abfluß die Beziehung

$$Q_i = \frac{1}{\sin \epsilon} \sqrt{2g} \int_0^h x\,(H-y)^{1/2}\, dy = \frac{1}{\sin \epsilon} \sqrt{2g} \int_0^h x\,(z+k_o)^{1/2}\, dz$$

und ohne Berücksichtigung des Einflusses der Zuströmgeschwindigkeit wird bei vertikaler Stauwand

$$Q_i = \sqrt{2g} \int_0^h x\,(h-y)^{1/2}\, dy = \sqrt{2g} \int_0^h x\, z^{1/2}\, dz \tag{3.41}$$

erhalten. Diese Gleichungen sind ebenso aus den Beziehungen für den Abfluß aus Öffnungen (Abschn. 3.2.1) abzulesen.

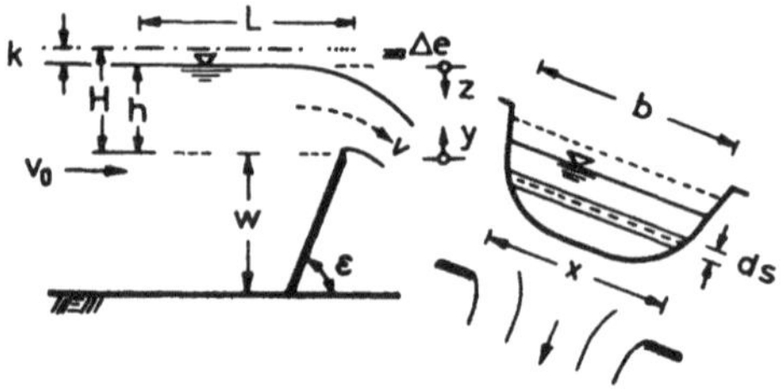


Fig. 3-21 Freier Überfall

Die Ermittlung der wirklichen Abflußwassermenge $Q < Q_i$ erfolgt wieder nach Formel (3.10). Die Größe der Abflußziffer wird aufgrund von Versuchsergebnissen ermittelt. Die empirische Bestimmungsart $\mu = Q/Q_i$ kann an und für sich zu jeder Abflußformel erfolgen. Daraus ist zu ersehen, daß vereinfachte Ausdrücke durchaus anwendbar sind, weil vernachlässigte Einflüsse in den betreffenden empirischen Abflußziffern naturgemäß berücksichtigt sind. Jeder Formeltyp hat somit seine eigenen Abflußziffern.

#### 3.4.2.2 Rechtecksquerschnitt

Für Rechtecksquerschnitte folgen mit x = b = const bei vertikaler Stauwand für den Abfluß je Breitenmeter q = Q/b die Ausdrücke nach J. A. Eytelwein und J. Weisbach

$$q = \frac{2}{3} \mu \sqrt{2g} \, [(h + k_o)^{3/2} - k_o^{3/2}] \tag{3.42}$$

bzw. nach L. G. Du Buat

$$q = \frac{2}{3} \mu \sqrt{2g} \, (h + k_o)^{3/2} = c \, H^{3/2} \tag{3.43}$$

und nach G. Poleni

$$q = \frac{2}{3} \mu \sqrt{2g} \, h^{3/2} = c \, h^{3/2} \, . \tag{3.44}$$

Die Beiwerte haben jeweils spezielle Größen. Danach folgen für die Verhältnisse zwischen den Formeln von Du Buat und Weisbach ($q_B/q_W = 1$) Werte $\mu_B/\mu_W \leq 1$ und für diejenigen zwischen den Formeln von Poleni und Weisbach ($q_P/q_W = 1$) Werte $\mu_P/\mu_W \geq 1$. Einzelgrößen für verschiedene Überfallhöhen bei der Zuflußgeschwindigkeit $v_o$ = 1,0 [m/s] sind in Tabelle 3-5 zusammengestellt.

| h [m] | 0,5 | 1,0 | 1,5 | 2,0 | 2,5 |
|---|---|---|---|---|---|
| $\mu_B/\mu_W$ | 0,972 | 0,989 | 0,994 | 0,996 | 0,997 |
| $\mu_P/\mu_W$ | 1,124 | 1,066 | 1,045 | 1,034 | 1,028 |

Tab. 3-5 Verhältniszahlen der Abflußziffern

#### 3.4.2.3 Abflußziffer und Kronenform

Für eine scharfkantige schmale Wehrkrone (Fig. 3-22a) liegen bei vollständiger Belüftung des Strahles die empirischen Abflußziffern im Bereich $0{,}60 \leq \mu \leq 0{,}63$. Mit $\mu = 0{,}63$ geht die Abflußgleichung nach Poleni in die Form

$$q = 1{,}860\, h^{3/2}$$

über, während mit $\mu = 0{,}60$ der Faktor $c = 1{,}772$ ist. Die Einzelgrößen sind hierbei mit den Dimensionen Metern und Sekunden einzusetzen.

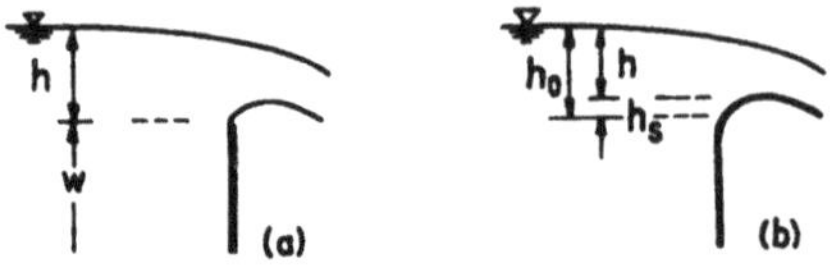


Fig. 3-22 Kronenform und Überfallhöhe

Wird die Krone entsprechend der unteren Strahlbegrenzung des freien Strahles ausgebildet (Fig. 3-22b), so kann ausgehend von den vorgenannten Verhältnissen – für die jetzt zur Unterscheidung $h_o$ und $\mu_o$ gesetzt wird – die Abflußformel aufgestellt werden. Bei gleichem Oberwasserstand und somit geringerer Überfallhöhe (h anstatt $h_o$) muß der Abflußbeiwert ($\mu$ anstatt $\mu_o$) bei gleicher Leistung entsprechend größer eingeführt werden. Nach der Beziehung $h = h_o - h_s$ folgt gemäß der Bedingung

$$q = \frac{2}{3}\, \mu_o \sqrt{2g}\; h_o^{3/2} = \frac{2}{3}\, \mu \sqrt{2g}\; h^{3/2}$$

für das Verhältnis der Abflußziffern

$$\mu/\mu_o = (h_o/h)^{3/2} = \left(\frac{8}{7}\right)^{3/2} = 1{,}2$$

und somit in analoger Weise $0{,}72 \leq \mu \leq 0{,}75$. Mit der oberen Grenze des Abflußbeiwertes wird sodann

$$q = 2{,}215\; h^{3/2}$$

erhalten, während für $\mu = 0{,}72$ der Faktor $c = 2{,}126$ ist.

Abflußziffern im Bereich $0{,}75 < \mu < 0{,}85$ sind nur dann möglich, wenn die Kronenform stärker gekrümmt ist als es die Unterkante des freien Strahles bedingt und der Überlaufstrahl ohne Ablösungserscheinung die Form annimmt und somit infolge einer Druckminderung über der Krone die Leistung gesteigert wird.

### 3.4.3 Wehre mit scharfer Überfallkante

#### 3.4.3.1 Freier belüfteter Strahl

Für den charakteristischen Fließquerschnitt mit höchster Lage der Strahlunterseite sind Druck- und Geschwindigkeitsverteilung in Fig. 3-23 dargestellt. Daraus ist zu ersehen, daß die örtlichen Geschwindigkeiten nicht nach der Beziehung für den Ausfluß $v = \sqrt{2g\,z}$ verteilt sind, sondern nahezu der Bedingung $v\,r = \text{const}$ entsprechen.

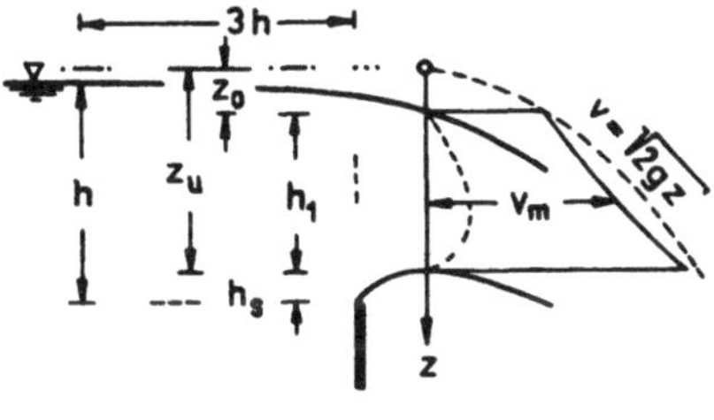


Fig. 3-23 Überfall mit freiem belüfteten Strahl

Die verschiedenen im Gebrauch befindlichen Formeln erbringen nahezu gleiche Ergebnisse. Einige Beziehungen mit zugehörigem Gültigkeitsbereich werden nachstehend genannt.

Nach den Betrachtungen von H. Bazin kann die Abflußformel von Du Buat in guter Annäherung durch die Beziehung

$$q = \frac{2}{3}\,\mu\,\sqrt{2g}\;h^{3/2}\left(1 + \frac{3}{2}\,\frac{k_0}{h}\right) \tag{3.45}$$

ersetzt werden. Danach ist eine Verbindung zur Formel von Poleni gegeben. Mit dem Ausdruck der Zuströmgeschwindigkeit

$$v_o = \frac{q}{h+w} = \frac{c\,h^{3/2}}{h+w}$$

folgt für den Erweiterungsfaktor sodann die Beziehung

$$1 + \frac{3}{2}\frac{k_o}{h} = 1 + \frac{3}{2}\frac{c^2}{2g}\left(\frac{h}{h+w}\right)^2$$

wobei mit hinreichender Genauigkeit $3c^2/4g = \text{const}$ gesetzt werden kann. Zur Poleni-Formel hat Bazin die Beziehung

$$\frac{2}{3}\mu = \left[0{,}405 + \frac{0{,}003}{h}\right]\left[1 + 0{,}55\left(\frac{h}{h+w}\right)^2\right] \tag{3.46}$$

angegeben, die im Bereich $0{,}1 \leq h \leq 0{,}6$ [m] anwendbar ist. Der zweite Klammerausdruck stellt den aus der Formel von Du Buat folgenden Erweiterungsfaktor dar. Für Überfallhöhen $0{,}1 \leq h \leq 0{,}3$ [m] kann mit guter Annäherung

$$\frac{2}{3}\mu = 0{,}425 + 0{,}212\left(\frac{h}{h+w}\right)^2 \tag{3.47}$$

gesetzt werden. Von F. Frese wurde der Ausdruck

$$\frac{2}{3}\mu = \left[0{,}410 + \frac{0{,}0014}{h}\right]\left[1 + 0{,}55\left(\frac{h}{h+w}\right)^2\right] \tag{3.48}$$

aufgestellt. Mit den Abflußbeiwerten nach Bazin und Frese werden etwas zu große Abflußwassermengen erhalten, wie Th. Rehbock und G. W. Rafter festgestellt haben.

Für die Anwendung der Abflußformel von Poleni hat sodann Rehbock den Ausdruck

$$\mu = 0{,}605 + \frac{1}{1000\,h} + 0{,}08\,\frac{h}{w} \tag{3.49}$$

angegeben. Von H. Rouse wurde festgestellt, daß die Näherung

$$\mu = 0{,}611 + 0{,}075\,\frac{h}{w} \tag{3.50}$$

ausreicht. Später hat Rehbock aufgrund eigener und fremder Versuche die Beziehung

$$\mu = 0{,}6035 + 0{,}0813 \frac{h_e}{w} \tag{3.51}$$

aufgestellt, wobei $h_e = h + 0{,}0011$ [m] ist.

#### 3.4.3.2 Wasserunterfüllter Strahl

Bei gleicher Überfallhöhe ist die Abflußwassermenge mit gesenktem Strahl stets größer als der Abfluß mit freiem Strahl (Fig. 3-24). Die Form des gesenkten Strahles ist stabil, wenn der Unterraum vollständig mit wirbelndem Wasser gefüllt ist. Für den Überfall ohne seitliche Strahleinschnürung hat Bazin die Verhältnisse

$$1 \leq q/q_o \leq 1{,}2$$

festgestellt und hierzu zwei Formeln angegeben.

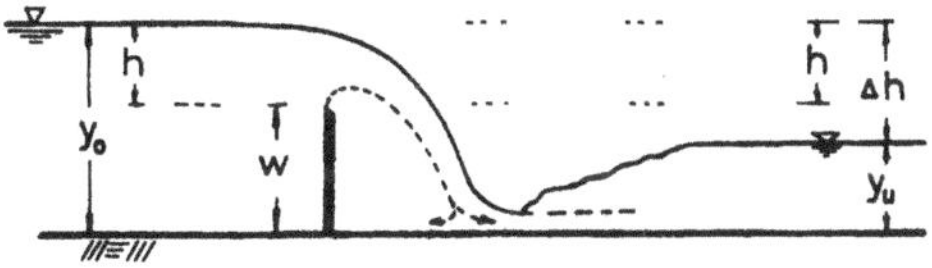


Fig. 3-24 Überfall mit wasserunterfülltem Strahl

### 3.4.4 Wehre mit horizontaler Krone

#### 3.4.4.1 Dammbalkenwehr

Ein Wehr mit horizontaler Krone, dessen Breite $a < 3h/2$ ist, wird im allgemeinen Dammbalkenwehr genannt (Fig. 3-25). Zur Bestimmung des Abflusses gelten die Formeln des freien Überfalles, sofern die betreffenden Voraussetzungen erfüllt sind. Für den Bereich $h/a \leq 2$ hat H. Bazin die empirische Beziehung

$$q/q_o = 0{,}70 + 0{,}185 h/a$$

aufgestellt, wobei mit $q_o$ der Abfluß mit freiem Strahl bei gleicher Überfallhöhe bezeichnet ist. Im Bereich $2 \geq h/a \geq 8/5$ treten infolge des schwankenden Abflußvorganges Relativzahlen $q/q_o > 1$ auf. Für $h/a > 2$ ist auf jeden Fall $q/q_o = 1$.

Eine Abrundung der Kronenkanten erhöht selbstverständlich die Leistungsfähigkeit. Dies ist besonders für Holzbalken zu beachten, bei denen im Gebrauch eine Kantenabnutzung eintritt.

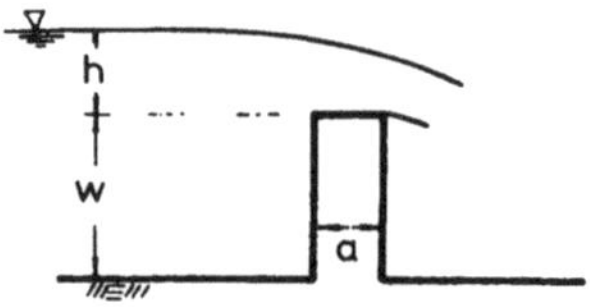


Fig. 3-25 Dammbalkenwehr mit horizontaler Krone

### 3.4.4.2 Wehr mit breiter Krone

Über einem Wehr mit breiter Krone stellen sich nahezu parallele Strombahnen ein. Es kann somit eine statische Druckverteilung zugrunde gelegt werden. Dadurch ist die energetische Behandlung der Wehrüberströmung in einfacher Weise möglich. Für diese Voraussetzung ist es erforderlich, daß das Verhältnis zwischen Kronenlänge in Fließrichtung und Oberwasserhöhe $a/h \gtrsim 3/2$ ist (Fig. 3-26). Im folgenden wird lediglich der vollkommene Überfall mit $w + H_{min} > H_u$, d. h. $H_w = H_{min}$ und $y_w = y_c$, betrachtet, wobei $H_{min}$ die zur betreffenden Wasserführung gehörige minimale Energiehöhe und $y_c$ die entsprechende Grenztiefe sind.

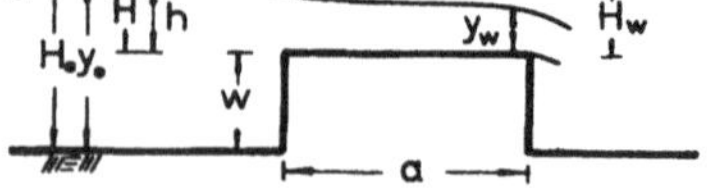


Fig. 3-26 Wehr mit breiter Krone

Ausgehend von den Grenzverhältnissen (s. a. Abschn. 4.2) über der Wehrkrone gilt für den Abfluß

$$q = y_w \sqrt{g\, y_w} = \frac{2}{3}\sqrt{\frac{1}{3}}\ \sqrt{2g}\ H_w^{3/2}\ . \qquad (3.52)$$

Wird die zusätzliche Verlusthöhe vernachlässigt, so folgt mit der auf die Wehrkrone bezogenen Energiehöhe des Oberwassers die Beziehung

$$q = \frac{2}{3}\sqrt{\frac{1}{3}}\ \sqrt{2g}\ H^{3/2}\ .$$

Diese Wasserführung wird jedoch nicht vollständig auftreten, weil $\Delta e = 0$, d. h. also $\varphi = 1$, gesetzt wurde. Ein Vergleich mit der Formel von Du Buat (3.43) erbringt

$$\psi = \sqrt{\frac{1}{3}} = 0{,}577 \quad \text{bzw.} \quad \frac{2}{3}\,\psi = 0{,}385$$

als Randwerte. Danach kann die Abflußformel auch in der Form

$$q = 1{,}705\varphi\ H\sqrt{H}$$

geschrieben werden, wobei die Größen in Metern und Sekunden einzusetzen sind.

Ausgehend von der Beziehung $Q = b\, y_w\ \sqrt{2g\,(h - y_w)}$ hat bereits J. B. Belanger den Maximalabfluß berechnet. Die Bedingung $\partial Q/\partial y = 0$ wird daher als Prinzip von Belanger bezeichnet. Von A. Flamant wurde bewiesen, daß beim Abfluß über ein Wehr mit breiter Krone auch die Bedingung $\partial H/\partial y = 0$ erfüllt ist.

Die Wassertiefe im Oberwasser kann nach der Beziehung für die Energiehöhe entweder durch schrittweise Annäherung oder direkt mit Hilfe des Flierlschen $\sigma$-$\rho$-Verfahrens (s. a. Abschn. 4.2.12) ermittelt werden.

Unter Vernachlässigung der zusätzlichen Verlusthöhe ($\Delta e = 0$) folgt als Näherung mit $H_o = H_w$ bei Rechtecksprofilen die Relativzahl

$$\sigma = \frac{q}{\sqrt{2g}\, H_o \sqrt{H_o}} = \frac{y_o}{H_o} \sqrt{1 - \frac{y_o}{H_o}} = \rho \sqrt{1 - \rho}\,.$$

Danach wird $\rho > 2/3$ bestimmt und sodann $y_0 = \rho H_0$ berechnet. Bei Berücksichtigung der Verlusthöhe ($\Delta e > 0$) wird mit $\Delta e = \zeta \Delta k$ und $\varphi = 1/\sqrt{1 + \zeta}$ der Ausdruck

$$y_o + (1 + \zeta)\, k_o = A = w + y_w + (1 + \zeta)\, k_w$$

sowie

$$\sigma = \frac{q}{\varphi \sqrt{2g}\, A \sqrt{A}} = \rho \sqrt{1 - \rho}$$

erhalten. Für den vorausgesetzten Fall des vollkommenen Überfalles ist $y_w = y_c$ und somit $k_w = y_w/2$ zu setzen.

### 3.4.5 Wehre mit abgerundeter Krone

Für die Berechnung der Abflußwassermenge wird im allgemeinen die Formel von Poleni (3.44) verwendet. Die Abflußziffern werden aufgrund von empirischen Beziehungen oder nach Modellversuchen erhalten.

#### 3.4.5.1 Schußwehr

Diese Wehrform hat vertikale Stauwand, gut ausgerundete Krone und geneigten Abfallrücken. Die Wehrkrone ist normalerweise kreisförmig oder elliptisch ausgebildet (Fig. 3-27).

Für die Größe der Abflußziffer wurde von Th. Rehbock nach Versuchen mit $\epsilon = 60°$ Neigung des Schußrückens der Ausdruck

$$\mu = 0{,}845 - 0{,}0206\,(3{,}8 - \frac{h}{r})^2 + \frac{h}{12w} \tag{3.53}$$

Fig. 3-27 Schußwehr

mit dem Gültigkeitsbereich $h \leq 0{,}4w + 0{,}5r$ angegeben. Danach hat er bei Neigung des Schußrückens von $m : 1 = \frac{2}{3} : 1$, d. h. für $\epsilon = 56°$, die empirische Beziehung

$$\mu = 0{,}312 + \sqrt{0{,}30 - 0{,}01\,(5 - \frac{h}{r})^2} + 0{,}09\,\frac{h}{w} \qquad (3.54)$$

mit dem Gültigkeitsbereich $r < w$ und $h \leq r\,(6 - \frac{20\,r}{w + 3r})$ aufgestellt.

Für elliptische Kronenformen wird der Ersatzradius bestimmt.

Der unterschiedliche Aufbau dieser beiden Formeln ist offensichtlich. Inwieweit sie als allgemein zuverlässig anzusehen sind, mag dahingestellt bleiben.

### 3.4.5.2 Standard-Krone

Diejenige Kronenform, die der unteren Begrenzung des freien Überfallstrahles entspricht, wird Standard-Krone genannt (Fig. 3-28; Tab. 3-6). Sie ist von der Abflußgröße abhängig, d. h. die Dimensionierung kann nur für eine bestimmte Wasserführung erfolgen. Bei diesem Abfluß ist dann auf der Krone der Druck $p = 0$ vorhanden.

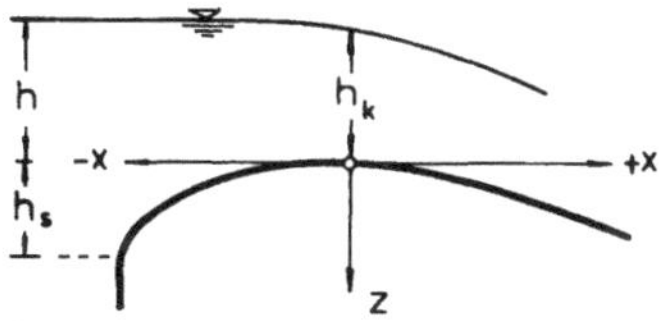


Fig. 3-28 Form der Standard-Krone

| x/h | z/h | x/h | z/h |
|---|---|---|---|
| - 0,30 | 0,125 | 0,30 | 0,060 |
| - 0,20 | 0,035 | 0,40 | 0,105 |
| - 0,10 | 0,005 | 0,45 | 0,125 |
| 0 | 0 | 0,50 | 0,155 |
| 0,10 | 0,010 | 0,60 | 0,210 |
| 0,20 | 0,030 | 0,70 | 0,270 |

Tab. 3-6 Hilfswerte für die Standard-Krone

Im Bereich $x/h < 0$ können die Abmessungen auch nach der angenäherten Beziehung

$$z/h = 0{,}125 - \sqrt{0{,}125 - 0{,}174\,(x/h)^2} \qquad (3.55)$$

bestimmt werden. Für $x/h > 0$ bestehen die Formeln

$$\frac{z}{h} = 0{,}47\,\left(\frac{x}{h}\right)^{1{,}80} \quad \text{und} \quad \frac{z}{h} = 0{,}50\,\left(\frac{x}{h}\right)^{1{,}85}$$

wovon die erste den Angaben von W. Creager und die zweite den Versuchsergebnissen von E. Scimemi entspricht.

Dem Abfluß mit der für die Dimensionierung festgesetzten Überfallhöhe $h_o$ entspricht ein Koeffizient $\mu_o$. Bei Beaufschlagungen mit $h/h_o > 1$ hat der Strahl die Tendenz zur Ablösung. Da eine Belüftung an seiner Unterseite nicht möglich ist, tritt an der Wehrkrone eine Druckminderung auf, die eine erhöhte Abfuhrleistung ($\mu > \mu_o$) zur Folge hat. In den Fällen $h/h_o < 1$ ist auf der Wehrkrone der Druck $p > 0$ vorhanden. Somit muß $\mu < \mu_o$ werden.

### 3.4.5.3 Dachwehr

Das Wehr wird vorwiegend beweglich ausgeführt. Die Konstruktion besteht aus zwei Klappen, die an der Sohle drehbar gelagert sind (Fig. 3-29). Die Neigungen von An- und Ablaufwand ändern sich mit der Wehrhöhe.

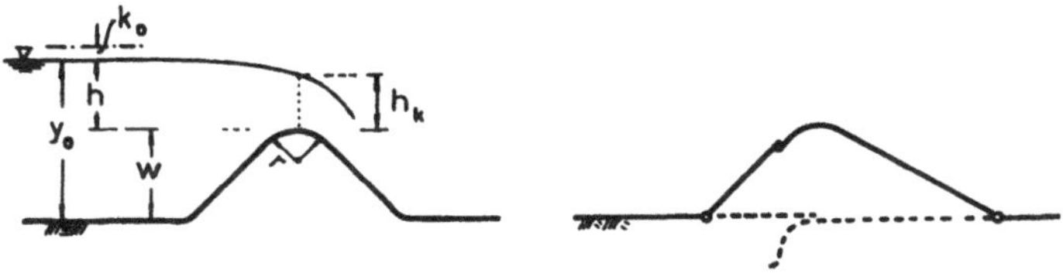


Fig. 3-29 Dachwehr

Zur Bestimmung der Wasserführung je Breitenmeter hat Ch. Keutner die Formel

$$q = A h_K \sqrt{2g} \sqrt{h + k_o - h_K} \tag{3.56}$$

benützt, wobei mit A das Verhältnis zwischen mittlerer Geschwindigkeit und Oberflächengeschwindigkeit des Strahles über der Krone bezeichnet ist. Für den Abfluß mit Überfallstrahl ist diese Formel mit den Werten $A = 1{,}258$ und $h_K = 0{,}73 h \sqrt[5]{h/w}$ angegeben worden. Analoge Ausdrücke wurden für die anderen Strahlformen entwickelt.

### 3.4.6 Überfälle mit Seitenkontraktion

#### 3.4.6.1 Allgemeine Betrachtungen

Wenn die Breite der Überfallöffnung geringer ist als die Breite des Zulaufgerinnes, so tritt eine seitliche Strahleinschnürung ein, die naturgemäß eine Veränderung der Abflußverhältnisse bedingt. Relativ geringe seitliche Querschnittsverengungen, wie zum Beispiel durch Wehrpfeiler, sind praktisch ohne Einfluß auf den Abflußvorgang. Für Meßwehre hingegen ist die Verengung des Überfallquerschnittes zu beachten. Für Meßzwecke muß der Überfallstrahl vollständig belüftet sein, d. h. allseitig unter der Wirkung des atmosphärischen Luftdruckes stehen. In Betracht kommen Ausführungen mit normal zur Fließrichtung stehender vertikaler Stauwand. Für das Überfallprofil werden einfache geometrische Formen bevorzugt. Die Ausbildung der Öffnung erfolgt scharfkantig mit etwa 2 [mm] horizontaler Kantenbreite und luftseitiger Abschrägung unter 45° Neigung.

Die verschiedenen Querschnittsformen für derartige Meßüberfälle und Berechnungsformeln dazu werden nachfolgend behandelt. Inwieweit die eine oder andere Formel zu bevorzugen ist, muß aufgrund des Gültigkeitsbereiches von Fall zu Fall entschieden werden. Gegebenenfalls ist es angebracht, Mittelwerte zu verwenden.

Bezüglich der Genauigkeit von Messungsergebnissen wird die Schranke des Absolutfehlers für die Ablesung der Überfallhöhen mit ± Δh bezeichnet. Dazu korrespondiert ein Betrag ± ΔQ für die Abflußwassermenge. Zur Abschätzung von ΔQ genügt es für alle Arten von Überfällen

$$\Delta Q = \frac{dQ}{dh} \Delta h = Q'(h)\, \Delta h$$

zu setzen. Hierbei ist die Krümmung in der Abflußkurve innerhalb des Intervalles 2Δh vernachlässigt. Für die größtmögliche prozentuale Abweichung oder die Relativfehlerschranke der Wasserführung wird sodann der Ausdruck

$$R_Q = \frac{\Delta Q}{Q} = \frac{dQ}{dh} \frac{\Delta h}{Q} = \frac{Q'}{Q} \Delta h \qquad (3.57)$$

erhalten. Wenn die Beziehung bzw. die Eichkurve Q = Q(h) bekannt ist, so kann $R_Q$ für jede Überfallhöhe rechnerisch oder graphisch ermittelt werden. Die Relativfehlergrenze gibt Aufschluß über die Genauigkeitseigenschaften einzelner Überfallformen und ist deshalb besonders für Meßwehre von Interesse. Es ist zweckmäßig, dafür den Relativfehler $R_{Qi} = (Q_i'/Q_i)\, \Delta h$ zu ermitteln. Als praktisch erreichbare Ablesegenauigkeit kann bei Meßüberfällen etwa Δh = ± 0,2 [mm] angesehen werden.

### 3.4.6.2 Rechtecksquerschnitt

Für die Berechnung der Überfallwassermenge wird die Gleichung von Poleni (3.44) zugrunde gelegt.

Nach J. B. Francis kann die Einwirkung der Seitenkontraktion auf den Abfluß (Fig. 3-30) – entsprechend der geringeren Strahlbreite – durch einen Abminderungsfaktor für die Überfallbreite (h/10 je Seite) berücksichtigt werden. Bei zweiseitiger Einschnürung folgt sodann

$$Q = \frac{2}{3}\,\mu_o\,(b - \frac{h}{5})\,h\,\sqrt{2g\,h} \tag{3.58}$$

wobei $\mu_0$ die Abflußziffer für den Überfall ohne Seitenkontraktion darstellt. Die Versuche wurden mit Überfallhöhen $0{,}06 \leq h \leq 0{,}45$ [m] und Breitenverhältnissen $0{,}08 \leq b/b_o \leq 0{,}72$ durchgeführt.

Fig. 3-30 Rechtecksüberfall

In der Formel von V. M. Hégly wird der Einfluß der Seitenkontraktion im Ausdruck für den Abflußbeiwert

$$\frac{2}{3}\,\mu = (0{,}405 - 0{,}030\,\frac{b_o - b}{b_o} + \frac{0{,}0027}{h})[1 + 0{,}55\,(\frac{b}{b_o})^2\,(\frac{h}{h + w})^2] \tag{3.59}$$

berücksichtigt. Mit $b = b_o$ geht diese Beziehung in die Formel von Bazin (Gl. 3.46) über.

Nach den vom Schweizerischen Ingenieur- und Architektenverein aufgestellten Normen lautet der Ausdruck für die Abflußziffer

$$\mu = [0{,}578 + 0{,}037\,(\frac{b}{b_o})^2 + \frac{3{,}615 - 3\,(b/b_o)^2}{1000\,h + 1{,}6}] \times [1 + \frac{1}{2}\,(\frac{b}{b_o})^4\,(\frac{h}{h + w})^2] \tag{3.60}$$

Diese Beziehung ist für Verhältnisse $w \geq 30$ [cm] und $b/w \leq 1$ sowie im Bereich $2{,}5 \cdot b_o/b \leq h$ [cm] $\leq 80$ anwendbar.

### 3.4.6.3 Dreiecksquerschnitt

Bei Vernachlässigung des Einflusses der Zuströmgeschwindigkeit lautet die Abflußgleichung

$$Q = \frac{8}{15}\,\mu m \sqrt{2g}\; h^{5/2} = \frac{4}{15}\,\mu b \sqrt{2g}\; h^{3/2}\;. \qquad (3.61)$$

Der Ausdruck entspricht sinngemäß der Formel von Poleni.

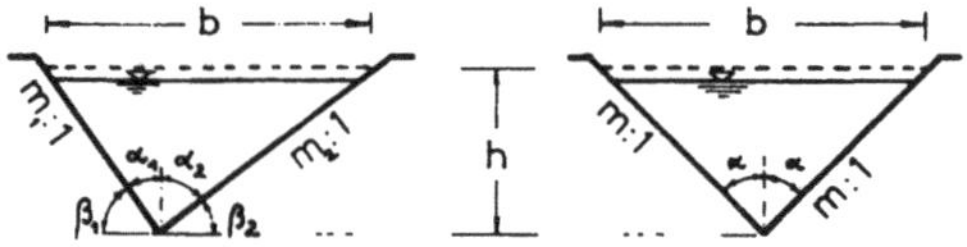


$m_i = \cot \beta_i = \tan \alpha_i$

$m = (m_1 + m_2)/2$

$b = 2m\,h$

Fig. 3-31 Dreiecksüberfall

Für Meßüberfälle wird normalerweise eine symmetrische Querschnittsform mit $\alpha = \beta = 45°$, also $m = 1$, gewählt (Fig. 3-31). Die Abflußformel von J. Thomson für Überfälle mit dem Öffnungswinkel $2\alpha = 90°$ lautet

$$Q = 1{,}45 h^{5/2} = 0{,}73 b\; h^{3/2}\;. \qquad (3.62)$$

Diesem Ausdruck liegt die empirische Abflußziffer $\mu = 0{,}62$ zugrunde. Von J. Barr wurden die Abflußziffern in Abhängigkeit von der Überfallhöhe angegeben (Tab. 3-7).

| h [m] | 0,05 | 0,075 | 0,10 | 0,15 | 0,175 | 0,20 | 0,25 |
|---|---|---|---|---|---|---|---|
| $Q/h^{5/2}$ | 1,43 | 1,41 | 1,40 | 1,39 | 1,38 | 1,38 | 1,375 |
| $\mu$ $\mu$ | 0,603 | 0,595 | 0,592 | 0,588 | 0,584 | 0,582 | 0,581 |

Tab. 3-7 Abflußziffern nach Barr für Dreiecksüberfälle

Diese Werte gelten für Wassertiefen im Zulaufgerinne von $y_o \geq 4h$ bzw. $w \geq 3h$ und Gerinnebreiten $b_o \geq 8h$. Danach hat T. P. Strickland eine Abflußformel aufgestellt, nach welcher zur Bestimmung der Abflußziffer die Beziehung

$$\mu = 0{,}565 + 0{,}0087 h^{-1/2} \tag{3.63}$$

gilt, wobei h in [m] einzusetzen ist.

Nach V. M. Hégly kann für Überfälle mit $\alpha = 45°$ der Abfluß nach der Beziehung

$$Q = (0{,}310 + \frac{0{,}002}{h})(1 + h^4/F_o^2)\sqrt{2g}\; h^{5/2} \tag{3.64}$$

ermittelt werden, wobei mit $F_0 = b_0 (w + h)$ der Querschnitt im Zulaufgerinne bezeichnet ist. Ähnlich ist die Formel von L. Ferroglio aufgebaut.

### 3.4.6.4 Trapezquerschnitt

Die allgemeine Abflußformel kann analog der Schreibweise von Poleni in der vereinfachten Form

$$Q = \frac{2}{3}\mu\sqrt{2g}\; h^{3/2}\,(s + \frac{4}{5}\, m\, h) \tag{3.65}$$

ausgedrückt werden. Die Beziehungen für den Rechtecksquerschnitt (m = 0) und den Dreiecksquerschnitt (s = 0) sind unmittelbar zu ersehen (Fig. 3-32). Die Betrachtungen von C. Cipolletti gehen davon aus, die Verminderung des Abflusses infolge Seitenkontraktion beim Rechtecksquerschnitt mit der Breite s durch Neigung der Seitenbegrenzung zu kompensieren. Durch Gleichsetzen der Reduktionswassermenge nach der Formel von Francis mit dem Abfluß durch die beiden dreieckförmigen Abschnitte des Trapezprofiles folgt für die Neigung der Überfallseiten die Beziehung m = 1/4. Damit wird der Ausdruck

$$Q = \frac{2}{3} \mu s \sqrt{2g}\, h^{3/2} \left(1 + \frac{1}{5} \frac{h}{s}\right) \tag{3.66}$$

erhalten.

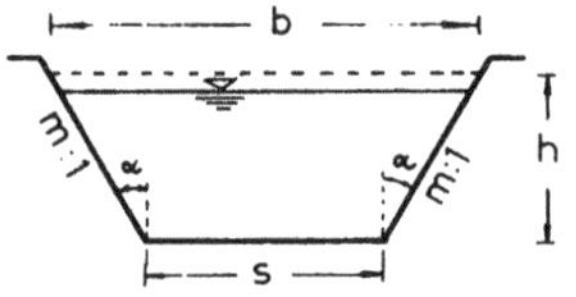


Fig. 3-32 Trapezüberfall

### 3.4.6.5 Kreisquerschnitt

Mit kreisförmigen Überfallöffnungen (Fig. 3-33) ist, ebenso wie mit Dreiecksprofilen, auch bei geringen Beaufschlagungen noch eine zuverlässige Wassermengenbestimmung möglich, da für kleine Ausschnittsflächen noch relativ große Überfallhöhen vorhanden sind. Für die theoretisch größtmögliche Abflußwassermenge ($\mu = 1$) gilt unter Vernachlässigung des Einflusses der Zuströmgeschwindigkeit die Beziehung

$$Q_i = \sqrt{2g} \int_0^h x\,(h-y)^{1/2}\, dy\,. \tag{3.67}$$

Nach entsprechenden Umformungen wird schließlich die endgültige Abflußgleichung

$$Q_i = \frac{4}{15}\sqrt{2g}\; d^{5/2}\,[2(1-k^2+k^4)\,E-(2-3k^2+k^4)\,K] =$$

$$= \frac{4}{15}\sqrt{2g}\; d^{5/2}\;\omega \doteq q_i d^{5/2} \qquad (3.68)$$

erhalten, wobei mit K und E die vollständigen elliptischen Normalintegrale erster und zweiter Gattung, mit $k^2 = h/d$ der Modul und mit $q_i$ die Abflußwassermenge für d = 1 bezeichnet sind. In Tabelle 3-8 sind einige Werte für den lediglich vom Füllungsgrad abhängigen Faktor $\omega = f(k^2) = f(h/d)$ und für $q_i$ zusammengestellt.

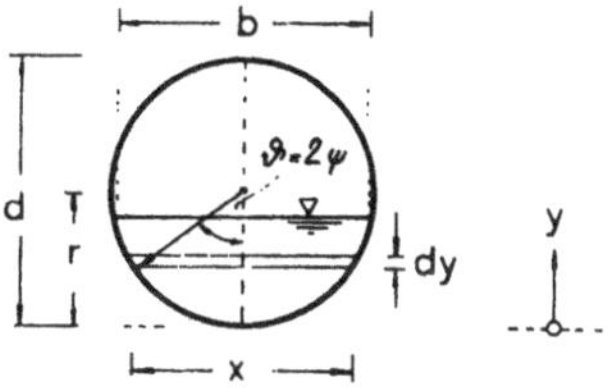


Fig. 3-33 Kreisüberfall

| h/d | $\omega$ | $q_i$ | h/d | $\omega$ | $q_i$ |
|---|---|---|---|---|---|
| 1,00 | 2,0000 | 7,4692 | 0,50 | 0,6354 | 2,3730 |
| 0,90 | 1,7271 | 6,4500 | 0,40 | 0,4207 | 1,5710 |
| 0,80 | 1,4381 | 5,3709 | 0,30 | 0,2441 | 0,9118 |
| 0,70 | 1,1524 | 4,3039 | 0,20 | 0,1117 | 0,4172 |
| 0,60 | 0,8818 | 3,2934 | 0,10 | 0,0287 | 0,1072 |
| 0,50 | 0,6354 | 2,3730 | 0 | 0 | 0 |

Tab. 3-8 Hilfswerte $\omega$ und $q_i$ für Kreisüberfälle

Für die wirkliche Überfallwassermenge wird sodann die Beziehung $Q = \mu Q_i$ erhalten. Einige ermittelte Abflußziffern nach Messungen von A. Staus sowie nach Messungen im Institut für Hydraulik und Gewässerkunde der Technischen Universität München sind in Tabelle 3-9 zusammengestellt.

| h/d | Staus | T. U. M. | h/d | Staus | T. U. M. |
|---|---|---|---|---|---|
| 1,00 | 0,606 | 0,604 | 0,50 | 0,593 | 0,590 |
| 0,90 | 0,602 | 0,597 | 0,40 | 0,595 | 0,592 |
| 0,80 | 0,599 | 0,595 | 0,30 | 0,600 | 0,602 |
| 0,70 | 0,596 | 0,593 | 0,20 | 0,610 | 0,612 |
| 0,60 | 0,594 | 0,592 | 0,10 | 0,650 | 0,662 |
| 0,50 | 0,593 | 0,590 | 0 | 0 | 0 |

Tab. 3-9 Abflußziffern für Kreisüberfälle

Zur Bestimmung der $\mu$-Werte kann die empirische Beziehung

$$\mu = 0{,}542 + \frac{1}{80\,h/d} + 0{,}05\,\frac{h}{d} \tag{3.69}$$

dienen.

## 3.5 Abfluß bei Grundwehren und Abstürzen

### 3.5.1 Grundwehre

Bei Grundwehren liegt die Wehrkrone tiefer als der ungestörte Unterwasserspiegel (Fig. 3-34). Je nach Höhe des Unterwasserstandes sind hiernach drei Arten des Abflußvorganges zu unterscheiden:

(1) Tauchender Abfluß
(2) Gewellter Abfluß
(3) Strömender Abfluß.

Der Überfall mit tauchendem Strahl bleibt beim Ansteigen des Unterwasserspiegels über die Wehrkrone noch in einer relativ kleinen Zone erhalten. Hierbei erfolgt lediglich eine geringe Beeinflussung der Verhältnisse über der Wehrkrone, jedoch nicht der Verhältnisse im Oberwasser.

Der bei etwas höheren Unterwasserständen auftretende Abfluß mit gewelltem Strahl bleibt nur innerhalb eines kleinen Bereiches stabil. Die am stärksten ausgeprägte Wellenform tritt beim entsprechend tiefsten Unterwasserstand auf, d. h. also in unmittelbarer Nähe des Abflusses mit Tauchstrahl. Die Grenzverhältnisse sind im Bereich der Krone noch vorhanden.

Bei durchgehend strömendem Abfluß stellen sich im Bereich der Krone die Grenzverhältnisse nicht mehr ein. Unterstrom des Bauwerkes erfolgt eine verzögerte Bewegung im strömenden Bereich. Bei sehr glatter Gerinnebeschaffenheit kann hierbei ein leichtes Ansteigen des Wasserspiegels eintreten. In solchen Fällen ist es jedoch angebracht, die Wasserspiegellage, bestimmt durch die Unterwassertiefe $y_u$, horizontal anzunehmen.

$$h_o = y_o - w_o$$
$$h_u = y_u - w_u$$
$$\Delta h = h_o - h_u$$

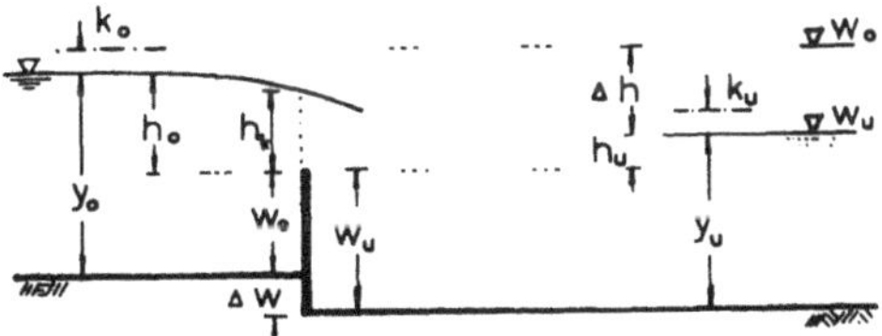


Fig. 3-34 Abfluß bei Grundwehren

Für die Abflußverhältnisse können in bezug auf die Wasserstände über der Krone noch die nachstehenden Werte als Anhalt dienen.

Tauchform des Strahles: $0 \leq h_u/h_o \lesssim 1/4$
Wellenform des Strahles: $1/4 \lesssim h_u/h_o \lesssim 2/3$
Strömender Abfluß: $h_u/h_o > 2/3$

Der Tauchstrahl gehört noch zum Bereich des vollkommenen Überfalles, während der durchaus strömende Abflußvorgang als unvollkommener Überfall bezeichnet wird. Der Abfluß mit gewelltem Strahl ist als Übergangsbereich zwischen beiden Arten anzusehen.

Nach früherer Anschauung wurde der Abfluß bei Überfallwehren als vollkommener Überfall und der Abfluß bei Grundwehren als unvollkommener Überfall bezeichnet.

Zur Bestimmung der Abflußwassermenge bei einem unvollkommenen Überfall hat L. G. Du Buat die Beziehung $Q = Q_1 + Q_2$ angegeben, wonach $Q_1$ als freier Überfall und $Q_2$ als Ausfluß unter Wasser angesehen wird. Die Formel für den Abfluß in Rechtecksgerinnen lautet bei Vernachlässigung des Gliedes $k_o^{3/2}$ und Annahme einer mittleren Abflußziffer sodann

$$q = \mu \sqrt{2g} \left[\frac{2}{3} (\Delta h + k_o)^{3/2} + h_u \sqrt{\Delta h + k_o}\right]. \tag{3.70}$$

Unter Vernachlässigung der Zuströmgeschwindigkeit wird der Ausdruck

$$q = \frac{2}{3} \mu \left(\Delta h + \frac{3}{2} h_u\right) \sqrt{2g\Delta h}$$

erhalten. Gebräuchliche Größen der gemeinsamen Abflußziffer sind Werte $0{,}60 \leq \mu \leq 0{,}65$. Die von A. Fteley und F. P. Stearns angegebene Formel geht nach Umformung ebenfalls in diesen Ausdruck über.

Diese Formeln werden sinngemäß auch für seitliche Querschnittsverengungen, wie beispielsweise durch Pfeiler, angewendet, wobei dann mit $w = 0$ für die Wassertiefe $h_u = y_u$ wird. Grundsätzlich ist jedoch zu bemerken, daß die Voraussetzung von zwei verschiedenen

Wasserströmen den wirklichen Verhältnissen nicht gerecht wird. Formeln dieser Art sind somit nicht vertretbar.

Wird die vereinfachte Beziehung für den freien Überfall, die Poleni-Formel (3.44), mit einem Faktor $A \leq 1$ erweitert, so folgt

$$q = \frac{2}{3} \mu A \sqrt{2g}\, h_o^{3/2} = A q_o \,. \qquad (3.71)$$

Für den Abminderungsfaktor können die empirischen Werte nach R. E. Horton benützt werden (Tab. 3-10).

| $h_u/h_o$ | 0,20 | 0,40 | 0,60 | 0,80 |
|---|---|---|---|---|
| A | 0,98 | 0,96 | 0,91 | 0,78 |

Tab.3-10 Abminderungsfaktoren $A = q/q_o$ für den Abfluß über Grundwehre

Aufgrund von Versuchen an scharfkantigen Wehren hat J. Villemonte die Formel

$$Q = Q_o \left[1 - (h_u/h_o)^n\right]^{0,385} \qquad (3.72)$$

aufgestellt, worin mit $Q_o$ der Abfluß mit freiem Überfall bei gleichem Oberwasserstand bezeichnet ist. Für rechteckige Überfallquerschnitte ist $n = 1,5$ und für Dreiecksquerschnitte $n = 2,5$ zu setzen. Bei Trapezprofilen liegen die Exponenten zwischen diesen beiden Randwerten.

### 3.5.2 Schwellen

Bei Schwellen ist grundsätzlich das Verhältnis von Bauwerkshöhe zu Energiehöhe im Oberwasser klein. Eine scharfe Abgrenzung zum Wehr besteht in dieser Hinsicht allerdings nicht.

Für die folgenden Betrachtungen wird stationärer Fließvorgang in einem Gerinne mit gleichbleibender Querschnittsform vorausgesetzt. Der Normalabfluß erfolgt entweder im strömenden Bereich oder im schießenden Bereich, wobei für die gleichförmige Bewegung unter ungestörten Verhältnissen ($w = 0$) die Beziehungen $J_e = J_w = J_s$ bzw. $\Delta e = \Delta h = \Delta z$ gelten. Die Krone der Schwelle wird in Fließrichtung als so lang angenommen, daß sich darüber parallele Strombahnen einstellen können. Ferner soll die Neigung von An- und Ablaufrücken gering sein, damit der Wasserstrom ohne Ablösungserscheinungen über das Bauwerk fließen kann. Maßgebend für alle Untersuchungen sind, außer der Schwellenhöhe, die Energiehöhe des ungestörten Bereiches und die für den Abfluß erforderliche minimale Energiehöhe.

Diejenige Höhe der Schwelle, bei welcher unter der ursprünglichen Energielinie der Abfluß gerade noch möglich ist, wird mit $w_c$ bezeichnet. Es sind dann drei generelle Fälle

$$w \lesseqgtr w_c \quad \text{bzw.} \quad H_{min} + w \lesseqgtr H_u$$

zu unterscheiden, die im folgenden noch erläutert werden (Fig. 3-35 ÷ 3-37). Dabei wird die infolge des Bauwerkes auftretende zusätzliche Verlusthöhe vernachlässigt.

1. Fall: Es ist $H_u - w = H_w > H_{min}$ und $y_w \neq y_c$.

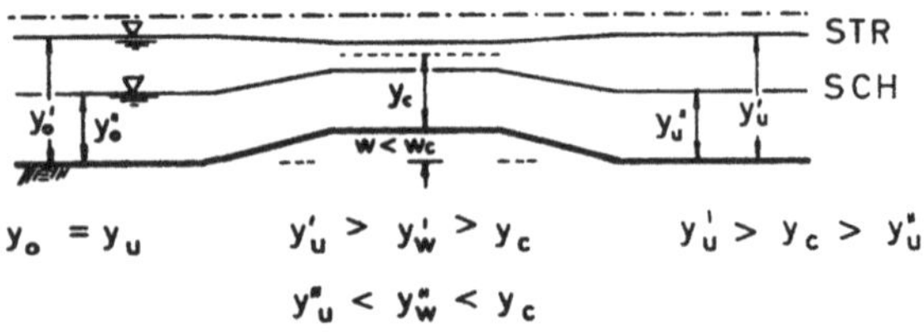


Fig. 3-35 Abfluß über eine Schwelle mit $w < w_c$ bzw. $H_{min} + w < H_u$

Der Abfluß ist unter den gegebenen Energieverhältnissen möglich.

2. Fall: Es ist $H_u - w = H_w = H_{min}$ und $y_w = y_c$.

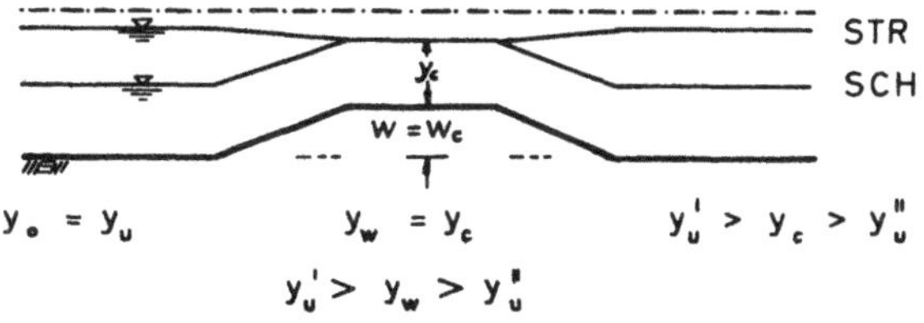


Fig. 3-36 Abfluß über eine Schwelle mit $w = w_c$ bzw. $H_{min} + w = H_u$

In diesem Grenzfall ist der Abfluß unter der Energiehöhe des ungestörten Bereiches gerade noch möglich.

**3. Fall:** Es ist $H_w = H_{min}$ und $y_w = y_c$ .

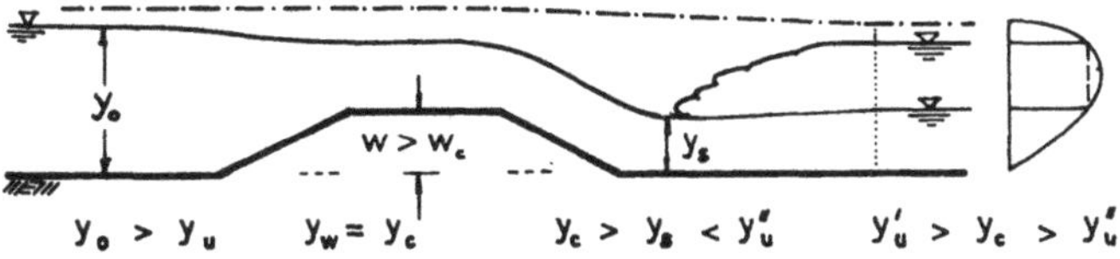


Fig. 3-37 Abfluß über eine Schwelle mit $w > w_c$ bzw. $H_{min} + w > H_u$

Die Energiehöhe des ungestörten Bereiches reicht für den Abfluß nicht aus. Der Wasserstrom muß durch Aufstau vor dem Bauwerk Energie ansammeln bis $H_w = H_{min}$ erreicht ist. Oberstrom des Baukörpers stellt sich somit nur strömender Fließvorgang ein, während im Unterwasser jede der beiden Fließarten möglich ist.

Zur Ermittelung des Aufstaues ist die zusätzliche Verlusthöhe zwischen Oberwasser (Schnitt o) und Schwelle (Schnitt w) zu berücksichtigen. Dies erfolgt mit Hilfe des Ansatzes $\Delta e = \zeta \Delta k = = \zeta (k_w - k_o)$. Es ist dann $H_o = w + H_w + \Delta e$. Für den Beiwert ist die Annahme $\zeta = 0{,}10$ normalerweise ausreichend. Der Aufstau des Oberwassers über dem Unterwasser folgt aus der allgemeinen Beziehung $z = \nabla W_o - \nabla W_u$ bzw. $z = y_o - y_u$. Dieser Gesamtstau besteht aus dem Anteil des Einschnürungsstaues und demjenigen des Reibungsstaues. Es ist also

$$z = z_E + z_R \; .$$

Die Größe des Einschnürungsstaues wird bei Vernachlässigung der zusätzlichen Verlusthöhe erhalten. Dieser Stau tritt naturgemäß nicht auf, wenn $w \leq w_c$, d. h. $w \leq H_u - H_{min}$ ist. Der Reibungsstau ist hingegen nie zu vermeiden. Diese Größe folgt aus der Beziehung $z_R = z - z_E$, wobei für die Ermittelung des Gesamtstaues die zusätzliche Verlusthöhe zu berücksichtigen ist. Für die Bestimmung der Anteile des Aufstaues sind daher zwei Berechnungsgänge erforderlich.

### 3.5.3 Abstürze

Bei Absturzbauwerken (Fig. 3-38) ist der Normalabfluß sowohl im strömenden als auch im schießenden Bereich möglich. Die Sprungweite des freien vollständig belüfteten Strahles ist von der Froudeschen Zahl abhängig. Bei strömendem Zufluß werden vor dem Absturz die Grenzverhältnisse durchlaufen. Diese Strahlform mit der Kennzahl Fr = 1 hat naturgemäß die geringste Sprungweite.

Für die drei Arten des Abflußvorganges gelten bei strömender Fließart im Gerinne folgende Tiefenverhältnisse:

| | |
|---|---|
| Vollkommener Absturz | $y_u < w + y_c$ |
| Gewellter Abfluß | $y_u \approx w + y_c$ |
| Unvollkommener Absturz | $y_u > w + y_c$ . |

Der vollkommene Absturz ist, ebenso wie der vollkommene Überfall, vorhanden, wenn vom Unterwasser kein Rückstau gegen das Oberwasser eintritt. Bei strömendem Zufluß stellt sich unmittelbar vor der Absturzkante die Grenztiefe $y_w = y_c$ ein, während über der Kante selbst eine etwas geringere Tiefe vorhanden ist. Für den freien Absturzstrahl sind die Tiefen im Unterwasser und über der Kante

$$y_u < w \quad \text{und} \quad y_A \approx \frac{2}{3} y_c .$$

Der Abfluß mit Tauchstrahl umfaßt hingegen nur den kleinen Bereich mit

$$w < y_u < w + \frac{2}{3} y_u \quad \text{und} \quad \frac{2}{3} y_c < y_A < \frac{3}{4} y_c .$$

Im Falle des schießenden Zuflusses ist bei Kennzahlen Fr < 6 über der Kante noch eine geringe Absenkung feststellbar.

Der gewellte Strahl tritt unterstrom der Absturzkante auf, wenn $y_w = y_c$ und die Unterwassertiefe

$$w + \frac{2}{3} y_c < y_u \lesssim w + y_c$$

ist. Die Strahldicke über der Kante liegt hierbei im Bereich

$$\frac{3}{4} y_c \lesssim y_A \lesssim y_c .$$

Dieser Vorgang stellt das Übergangsstadium zwischen vollkommenem und unvollkommenem Abfluß dar.

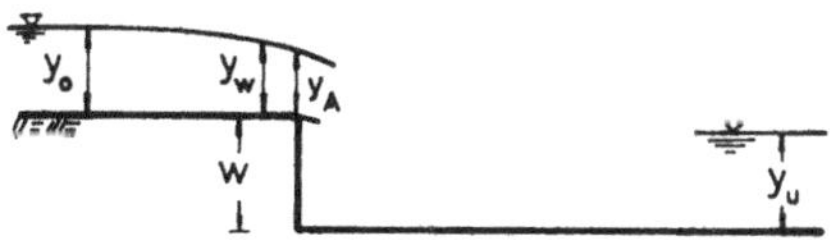


Fig. 3-38 Abfluß bei einem Sohlenabsturz

Bei einem unvollkommenen Absturz wird der Oberwasserstand von unterstrom her beeinflußt. Es ist durchgehend strömender Fließvorgang vorhanden, daher treten im Bereich der Absturzkante die Grenzverhältnisse nicht mehr auf. Es sind $y_w > y_c$ und $y_A > y_c$. Vom Bauwerk nach unterstrom erfolgt eine verzögerte Bewegung bis zur Erreichung der gleichförmigen Verhältnisse. Bei sehr glatter Gerinnebeschaffenheit erfolgt in dieser Zone ein leichtes Ansteigen des Wasserspiegels. Die Verhältnisse oberstrom der Absturzkante sind von der Wasserspiegellage im ungestörten Unterwasser abhängig. Berechnungen können mit den Annahmen

Horizontale Energielinie ($\Delta e = 0$)
Horizontale Wasserspiegellinie ($\Delta h = 0$)
Horizontale Stützkraftlinie ($\Delta s = 0$)

erfolgen. Die Ergebnisse der letztgenannten Art liegen zwischen denjenigen der ersten beiden Annäherungen.

Bei Ablaufstufen oder Kaskaden ist die gesamte Absturzhöhe in mehrere Teilabstürze gegliedert (Fig. 3-39). Eine wirksame Energieumwandlung ist nur dann möglich, wenn vor jedem Absturz eine Gegenschwelle angeordnet und dadurch im Becken ein Wechselsprung mit Deckwalze erzwungen wird. Schwellenhöhe und Sturzbodenlänge sind von Ausbauwassermenge und Fallhöhe abhängig. Die günstigsten Verhältnisse werden erreicht, wenn der Walzenfuß so weit oberstrom liegt, daß über der Beckensohle kein freier Schußstrahl auftritt. Wird die zugehörige Höhe der Schwelle mit $w_c$ bezeichnet, so kann je nach Anordnung und Beaufschlagung $w \lesseqgtr w_c$ sein.

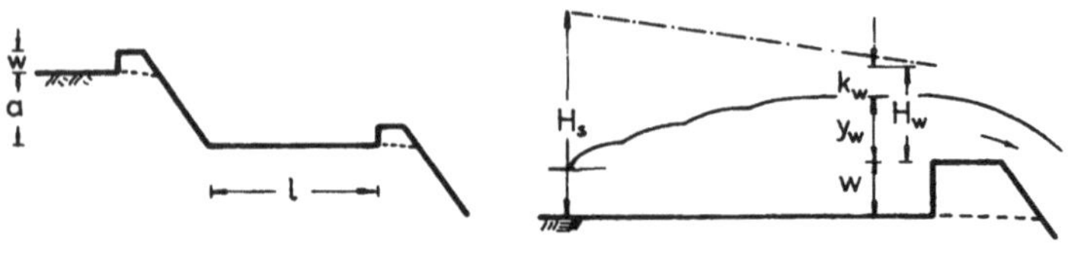


Fig. 3-39 Abfluß bei Ablaufstufen

Es ist ohne weiteres zu erkennen, daß die Grenzgeschwindigkeit die kleinste Fließgeschwindigkeit darstellt, die über einer Absturzschwelle zu erreichen ist. Das größte Energieliniengefälle wird voraussetzungsgemäß nur im Falle $w = w_c$ erzielt. Die beiden anderen Möglichkeiten erfordern für die gewünschte Energieumwandlung eine größere Längenentwicklung des Gesamtbauwerkes.

## 3.6 Sonderformen von Wehren und Überfällen

### 3.6.1 Streichwehr

Das Streichwehr dient zur seitlichen Wasserabfuhr aus Gerinnen. Die Überfallkrone verläuft parallel, oder zumindest nahezu parallel, zur Hauptströmungsrichtung (Fig. 3-40). Die Profilabmessungen des Gerinnes können entweder durchgehend konstant oder oberstrom des Wehres größer als unterstrom sein. Für den Erguß über das Wehr gilt $Q = Q_o - Q_u$ bzw. $0 \leq Q \leq Q_o$. Die größtmögliche Beaufschlagung ist mit $Q = Q_o$ und folglich $Q_u = 0$ gegeben. Dieser Extremfall kann beispielsweise bei Werkkanälen eintreten, wenn das Kraftwerk außer Betrieb geht.

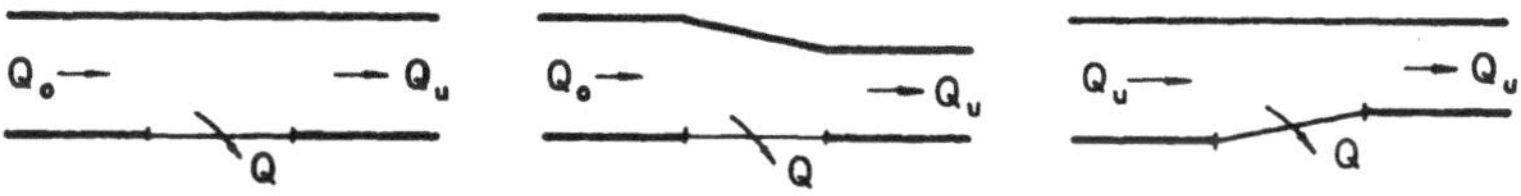


Fig. 3-40 Grundriß von Streichwehren

Für den Unterschied der Energiehöhen zwischen den unbeeinflußten Verhältnissen ober- und unterstrom des Wehres folgt

$$H_o - H_u = y_o - y_u + \frac{1}{2g}(v_o^2 - v_u^2).$$

Durch eine gleichmäßige Verminderung der Gerinnebreite im Bereich des Streichwehres können die Fließverhältnisse von Ober- und Unterwasser einander angepaßt werden. Hierfür gilt

$$\frac{F_u}{F_o} = \frac{v_o}{v_u}\frac{Q_u}{Q_o} = \frac{v_o}{v_u}\left(1 - \frac{Q}{Q_o}\right).$$

Der Energiehöhenunterschied ist bei konstanter Breite des Gerinnes stets größer als bei abnehmender Gerinnebreite. Soll die Wasserführung je Breitenmeter für die Ausbaugrößen konstant sein, so wird für das Breitenverhältnis $b_u/b_o = 1 - Q/Q_o$ bzw. $b_o/b_u = 1 + Q/Q_u$ erhalten. In diesem Falle sind die Energiehöhen von Ober- und Unterwasser praktisch gleichgroß.

Die Wasserspiegellage entlang des Wehres hat bei Anlagen mit konstanter Gerinnebreite ihre ausgeprägteste Form. Sie verläuft entweder leicht ansteigend oder leicht abfallend, je nachdem, ob im Gerinne durchgehend strömender Fließvorgang oder schießender Fließvorgang vorhanden ist. Die Spiegeländerung längs des Wehres kann mit hinreichender Genauigkeit als geradlinig angenommen werden. Bei strömendem Fließvorgang können die Verhältnisse am Wehrende denjenigen des ungestörten Unterwassers gleichgesetzt werden; bei schießendem Normalabfluß sind am Wehranfang die Größen des Oberwassers vorhanden. Außer diesen beiden Grundformen der Spiegellage sind auch Vorgänge mit Fließwechsel oder mit gewellter Oberfläche möglich. In den folgenden Betrachtungen wird lediglich der allgemein vorherrschende Fall des strömenden Fließvorganges längs der Veränderungsstrecke behandelt (Fig. 3-41).

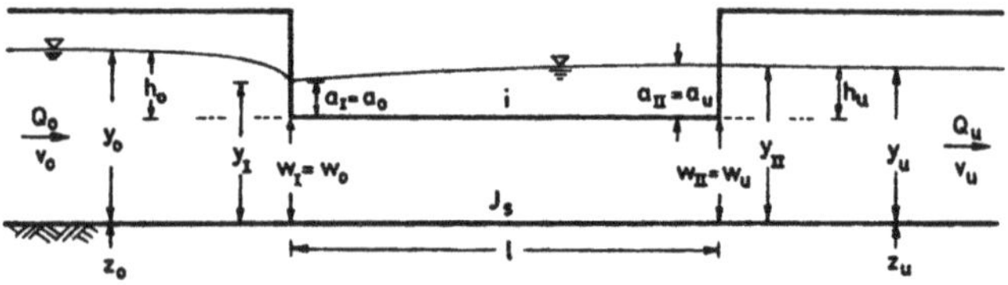


Fig. 3-41 Streichwehr bei strömendem Abfluß im Gerinne

Für die Bestimmung der Wassertiefe $y_I$ besteht die Beziehung

$$y_I - H_I + \frac{1}{2g}\frac{Q_o^2}{F_I^2} = 0 = y_I F_I^2 - F_I^2 H_I + \frac{1}{2g} Q_o^2 \,. \tag{3.73}$$

Somit kann bei bekannter oder angenommener Energiehöhe $H_I$ die Größe $y_I$ durch Iteration ermittelt werden. Für Rechtecksgerinne geht dieser Ausdruck über in

$$y_I^3 - y_I^2 H_I + \frac{1}{2g} q_o^2 = 0 \,. \tag{3.74}$$

Anstatt der Berechnung mit angenommen Werten von $y_I$ ist die Bestimmung auch mit Hilfe der Relativgrößen $\sigma$ und $\rho$ gemäß den Beziehungen

$$\sigma_I = \frac{q_o}{\sqrt{2g}\; H_I \sqrt{H_I}} = \rho_I \sqrt{1 - \rho_I} \quad \text{und} \quad y_I = \rho_I H_I$$

möglich. Mit hinreichender Genauigkeit kann zunächst $H_I = H_u$ angenommen werden. Nach diesem Näherungsansatz ist die ermittelte Größe $y_I$ im allgemeinen etwas zu klein. Die Abweichungen von den wirklichen Größen sind um so geringer, je kleiner der Unterschied $\Delta H = H_o - H_u$ ist.

Für den Abfluß über Streichwehre kann zunächst analog der Formel von Poleni die Beziehung

$$Q = \frac{2}{3} \mu \sqrt{2g}\; l a_m^{3/2} \quad \text{mit} \quad a_m = \frac{1}{2}(a_o + a_u) \tag{3.75}$$

gesetzt werden, wobei als maßgebende Überfallhöhe der entsprechende Mittelwert eingeführt ist. Der Genauigkeitsgrad dieser Formel ist in erster Linie von den Größen $a_o$ und $\mu$ abhängig. Die Annahme der Abflußziffer wird stets mit Unsicherheiten behaftet sein. Als Anhalt dienen hierfür die Beiwerte für normal zur Fließrichtung angeordnete Überfallkronen. Es ist überzeugend, daß die Abflußziffern für Streichwehre etwas kleiner als diese Werte sein können.

Berechnungsverfahren haben beispielsweise H. Engels, F. Schaffernak und Ph. Forchheimer aufgestellt. Hier soll lediglich eine Näherungslösung genannt werden.

Aus der Abflußgleichung (3.75) folgt für die mittlere Beaufschlagung je Längenmeter der Ausdruck $Q/l = \frac{1}{3}\mu\sqrt{g}\ (a_o + a_u)^{3/2}$. Wird ausgehend von den Grenzverhältnissen $Q/l = \sqrt{g}\ a_c^{3/2}$ für die Länge

$$l = A\,\frac{Q}{\sqrt{g}\ a^{3/2}} \tag{3.76}$$

gesetzt, so kann für Näherungsbestimmungen mit $a = a_u$ der Faktor $A = 2{,}5$ eingeführt und $l = 0{,}80\,Q/a_u^{3/2}$ angenommen werden. Dieser Ausdruck ist zumindest für Überschlagsberechnungen brauchbar.

### 3.6.2 Tiroler Wehr

Das Tiroler Wehr, auch Spiegelwehr genannt, besteht aus einem Sohlenrechen im Hauptgerinne und dem darunter liegenden Ableitungskanal. (Fig. 3-42). Der Rechen ist normalerweise in Fließrichtung geneigt. Zwischen dem Abfluß durch den Sohlenrechen und dem Zufluß im Hauptgerinne besteht die Beziehung $0 < Q/Q_o \leq 1$. Die Dimensionierung von Rechen und Sammelrinne erfolgt aufgrund einer festgesetzten Ausbauwassermenge. Wird für die Dimensionierung $Q = Q_o$ gewählt, so folgt $Q_u = 0$. Bei geringerem Zufluß ist dann ebenfalls $Q = Q_o$; der Rechen wird jedoch nicht vollständig benetzt. Führt das Hauptgerinne mehr Wasser als abgezogen werden kann, so verbleibt unterstrom des Rechens eine Restwassermenge $Q_u > 0$. Der Abfluß durch den Rechen wird dann gegenüber der Ausbauwassermenge vergrößert.

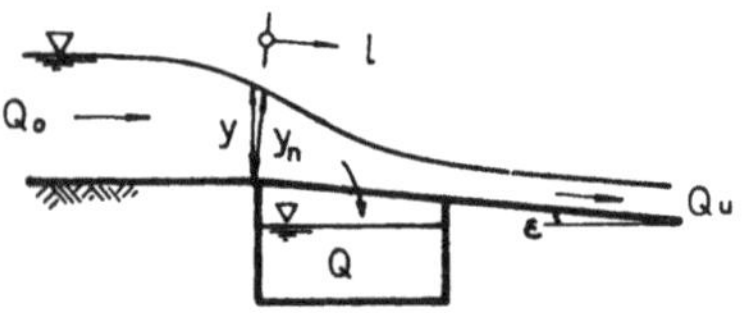


Fig. 3-42 Tiroler Wehr

Im allgemeinen herrscht im Oberwasser strömender Zufluß, während die Neigung des Rechens normalerweise schießenden Fließvorgang bedingt. Beginnt der Rechen am Sohlenknick, so stellen sich dort die Grenzverhältnisse ein. Die Energiehöhe am Rechenanfang ist dann $H_A = H_{min}$. Liegt der Rechenanfang unterstrom des Gefällewechsels, so ist ausgehend vom Sohlenknick die Energiehöhe $H_A > H_{min}$ zu ermitteln.

Für die Berechnung von Abfluß und Wasserspiegellage sind bezüglich des Energielinienverlaufes über dem Rechen zwei einfache Voraussetzungen gebräuchlich, und zwar horizontale Energielinie oder konstante Energiehöhe über der Sohle. Jede dieser Annahmen ist in Anbetracht der verhältnismäßig kleinen Rechenlängen gerechtfertigt. Die Energielinie wird zwar am Ende des Rechens tiefer als an dessen Anfang liegen. Damit ist aber nicht gesagt, daß die Annahme H = const zutreffender ist. Die wirklichen Verhältnisse werden vermutlich zwischen beiden Annahmen liegen.

Die Gleichung für den sekundlichen Durchfluß je Flächeneinheit des schräg liegenden Rechens lautet

$$\overline{q} = \omega\,\mu\,\sqrt{2g\,y_n \cos\epsilon} = \lambda\,\sqrt{y_n}\,. \tag{3.77}$$

Hierin ist $\omega$ die Verhältniszahl zwischen lichter Durchflußfläche und gesamter Fläche des Rechens. Die Abflußziffer ist von der Ausbildung des Rechens und von der Wassertiefe abhängig; sie entspricht hierbei praktisch der Kontraktionsziffer.

Ausgehend von der Gleichung für die Energiehöhe in geneigten Gerinnen wird für den Abfluß je Breitenmeter die Beziehung

$$q = y_n\,\sqrt{2g}\,\sqrt{H - y_n \cos\epsilon} \tag{3.78}$$

erhalten. Danach folgt in dimensionsloser Form

$$\frac{q\cos\epsilon}{\sqrt{2g}\;H\,\sqrt{H}} = \frac{y_n}{H}\cos\epsilon\,\sqrt{1 - \frac{y_n}{H}\cos\epsilon} \quad \text{d. h.} \quad \sigma = \rho\,\sqrt{1-\rho}\,.$$

Die Relativzahlen der Grenzverhältnisse sind bei Rechtecksprofilen $\rho = \rho_c = 2/3$ und $\sigma = \sigma_{max} = 0{,}3849$ (s. a. Abschn. 4.2).

Mit Hilfe der vorgenannten Gleichungen ist die schrittweise Berechnung von Abfluß und Wasserspiegellage möglich. Hierbei sind voraussetzungsgemäß die beiden Vereinfachungen $\nabla E = \text{const}$ oder $H = \text{const}$ gebräuchlich. Bei Annahme einer horizontalen Energielinie wird zu vorgegebenen Abschnittslängen durch Iteration für jedes Intervall der Wasserabzug $\Delta q = \overline{q}_m \, \Delta l$ ermittelt. Hingegen ist bei Annahme einer konstanten Energiehöhe zu vorgegebenen Wassertiefen die zugehörige Abschnittslänge $\Delta l = \Delta q / \overline{q}_m$ ohne Iteration direkt bestimmbar.

Für die Ermittelung der benetzten Rechenlänge bei vollkommener Entnahme hat J. Frank eine Formel aufgestellt. Dabei ist vorausgesetzt, daß der Rechen am Sohlenknick beginnt und dort die Grenzverhältnisse durchlaufen werden. Die Spiegellinie über dem Rechen wird durch eine Viertelellipse mit den Halbachsen L und $y_n$ ersetzt. Danach folgt für die benetzte Rechenlänge die Formel

$$l = \frac{q_o}{0{,}3905 \, \lambda \sqrt{y_n}} = 2{,}56 \, \frac{q_o}{\lambda \sqrt{y_n}} \quad . \tag{3.79}$$

Die Ergebnisse stimmen sehr gut mit den schrittweisen Berechnungen überein. Wird für die Verhältnisse am Rechenanfang

$$y_n = \kappa \, y_c = \kappa \sqrt[3]{q_o^2/g}$$

eingeführt, so folgt für den Abminderungsfaktor die Bedingungsgleichung $2\kappa^3 \cos \epsilon - 3\kappa^2 + 1 = 0$. Im Bereich $0 \leq \epsilon \leq 5°$ sind die Werte $1{,}00 \geq \kappa \geq 0{,}95$ vorhanden.

### 3.6.3 Schachtüberfälle

Die Schachtüberfälle haben normalerweise eine horizontale Krone. Wird der Durchmesser des Kronenscheitels mit d und derjenige des Schachtes mit $d_s$ bezeichnet, so kann zwischen Anordnungen mit $d = d_s$ und $d > d_s$ unterschieden werden (Fig. 3-43). Die einfache

Form mit $d = d_s$ kommt nur für kleine Überläufe in Betracht, während für Entlastungsanlagen vorwiegend ein Einlauf mit $d > d_s$ gewählt wird. Bei der letztgenannten Art kann der Einlaufrücken weitgehend der Strahlform angepaßt werden. Gleichzeitig wird die für den Überfall maßgebende Kronenlänge $l = \pi d$ wesentlich vergrößert.

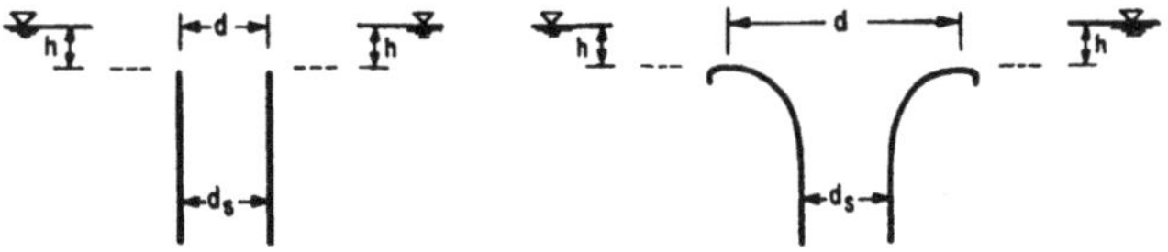


Fig. 3-43 Schachtüberfälle mit $d = d_s$ und $d > d_s$

Für die Bestimmung der Überfallwassermenge wird, analog der Poleni-Formel, die Beziehung

$$Q = \frac{2}{3} \mu \sqrt{2g}\; l\, h^{3/2} = c\, l\, h^{3/2} \tag{3.80}$$

verwendet. Von W. J. Binnie sind für sieben ausgeführte Anlagen die Abflußbeiwerte im Bereich

$$0{,}49 \leq \mu \leq 0{,}81 \quad \text{bzw.} \quad 1{,}46 \leq c \leq 2{,}40\,[\mathrm{m}^{1/2}/\mathrm{sec}]$$

angegeben. Die Werte mit $c \approx 1{,}5$ $[\mathrm{m}^{1/2}/\mathrm{s}]$ gelten zweifellos für kantige stumpfe Einläufe; die großen Werte sind für ausgerundete Kronen und strömungstechnisch gut ausgebildete Einläufe zutreffend. Die Abflußbeiwerte gelten nur bis zu einem gewissen Grenzwert der Überfallhöhe. Bei größeren Oberwasserständen nehmen sie ab.

Umfangreiche Untersuchungen über den Abflußvorgang, insbesondere über die Druckverteilung im Bereich von Einlauf und Krümmer, sowie über Fragen der Belüftung im Ableitungsstrang hat u. a. E. Indri durchgeführt.

Zu erwähnen sind noch einige besondere Einlaufarten. Es sind dies Anordnungen mit radial zum Schacht liegenden Zulaufrinnen sowie Schächte mit Hebereinlauf und solche mit Spiraleinlauf.

# 4. Stationäre Strömung in Freispiegelgerinnen

## 4.1 Allgemeine Beziehungen

Freispiegelgerinne können sowohl offen als auch geschlossen bzw. überdeckt sein. An der freien Oberfläche, der Trennungsfläche zwischen Wasser und Luft, herrscht überall atmosphärischer Druck. Generell wird in natürliche Gerinne und künstliche Gerinne unterteilt. Die natürlichen Gerinne weisen im allgemeinen veränderliche Begrenzungen auf, während die künstlichen Gerinne vorwiegend gleichbleibende Querschnittsformen haben. Für die folgenden Betrachtungen wird vorausgesetzt, daß Sohle und Wandungen fest und praktisch auch undurchlässig sind. Ferner soll kein oder zumindest kein nennenswerter Feststofftransport stattfinden, so daß der Abflußvorgang nicht spürbar beeinträchtigt wird.

Die Abmessungen des benetzten Querschnittes sind mit der Beaufschlagung veränderliche Größen. Spiegelbreite, Fließquerschnitt, benetzter Umfang und hydraulischer Radius sind jeweils vom Wasserstand abhängig (Fig. 4-1).

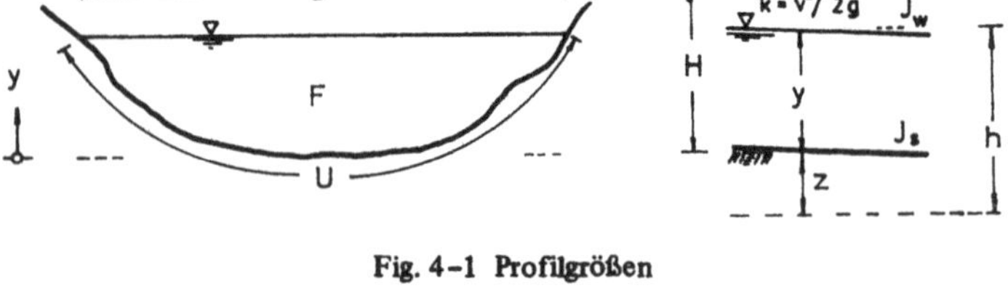


Fig. 4-1 Profilgrößen

Für die Druckhöhe kann bei großem Gefälle nicht unumschränkt die Wassertiefe eingesetzt werden (Fig. 4-2). Es gilt vielmehr die allgemeine Beziehung

$$p/\gamma = y_n \cos\epsilon = y \cos^2\epsilon\,. \tag{4.1}$$

Normalerweise ist jedoch die Neigung der Gerinne klein, so daß meistens $p/\gamma = y_n = y$ gesetzt werden kann. Beispielsweise ist für das relativ starke Gefälle $J = 0{,}10 = \sin\epsilon$ der Wert $\cos\epsilon = 0{,}995$ ohne wesentlichen Einfluß.

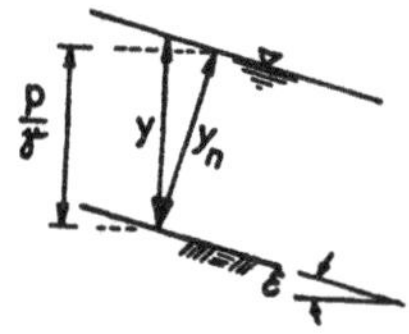


Fig. 4-2 Druckhöhe

Wenn die Gerinnebreite im Verhältnis zur Wassertiefe sehr groß ist (Fig. 4-3), so gilt für die mittlere Wassertiefe $y = y_m = F/b$. Für benetzten Umfang und hydraulischen Radius folgen die Ausdrücke

$$U = b + 2y \approx b$$

und

$$R = \frac{by}{b + 2y} \approx y\,. \tag{4.2}$$

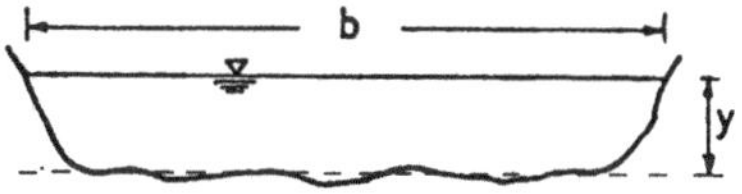


Fig. 4-3 Gerinne mit b ≫ y

Die Unterschiede zwischen den angenäherten und den genauen Werten sind durch die Verhältniszahlen

$$\frac{U}{b} = 1 + 2\frac{y}{b} \quad \text{und} \quad \frac{R}{y} = \frac{1}{1 + 2y/b}$$

gegeben. Für $b/y \to \infty$ wird $U/b = R/y = 1$.

Als hydraulisch günstiges Profil wird diejenige Querschnittsform bezeichnet, bei welcher unter den gegebenen Formgrößen für die betreffende Querschnittsfläche F der zugehörige benetzte Umfang U – und somit der Einfluß der Wandrauhigkeit – ein Minimum ist. Unter dieser Bedingung wird der hydraulische Radius $R = F/U$ ein Maximum und das erforderliche Strömungsgefälle J unter den jeweils zutreffenden Rauhigkeitsverhältnissen zum Kleinstwert. Für Querschnitte mit freiem Wasserspiegel erfüllt der Halbkreis diese Bedingung. Jede andere Profilart hat eigene hydraulisch günstige Abmessungen, die umso besser sind, je mehr die Querschnittsform dem Halbkreis angenähert ist. Als charakteristische Größe hierzu kann die Umfangsentwicklung angesehen werden, d. h. die Verhältniszahl

$$\omega = \frac{U}{U_o} = \frac{1}{\sqrt{2\pi}} \frac{U}{\sqrt{F}} \tag{4.3}$$

zwischen dem vorhandenen benetzten Umfang und dem Umfang des Halbkreises von gleicher Querschnittsfläche. Für jeden Profiltyp gibt es einen Minimalwert $\omega$ und somit eine günstigste Querschnittsgestaltung. Die jeweils günstigste Querschnittsform dient bei Entwurfsbearbeitungen für künstliche Gerinne als Anhalt zur Dimensionierung.

Je nachdem, ob der Fließvorgang innerhalb von zwei betrachteten Querschnitten mit konstanter oder örtlich veränderlicher Geschwindigkeit erfolgt, wird der Abfluß als gleichförmig oder ungleichförmig bezeichnet. Die vom Ort abhängige stationäre oder konvektive Beschleunigung stellt den Grad der Ungleichförmigkeit dar. In natürlichen Gerinnen kommt normalerweise nur die ungleichförmige

Bewegung vor. Die Annahme von abschnittsweiser gleichförmiger Strömung ist eine mehr oder weniger zutreffende Voraussetzung zur vereinfachten Erfassung des Abflußvorganges, die in vielen praktischen Fällen durchaus gerechtfertigt ist. Werden die beiden Bezugsquerschnitte in Fließrichtung mit (L) und (R) bezeichnet, so gelten folgende Verhältnisse (Fig. 4-4):

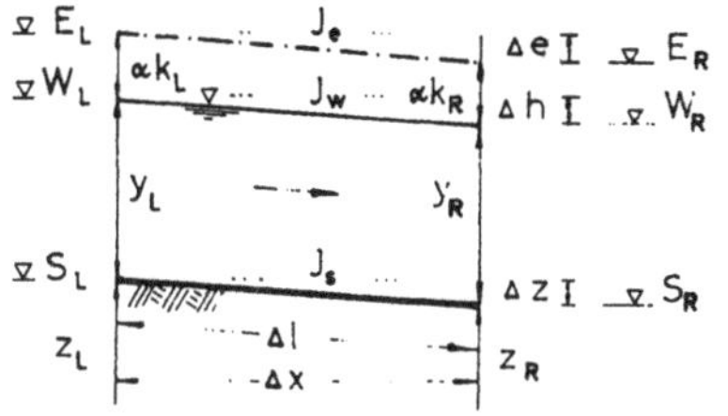


$$\nabla E_L - \nabla E_R = \Delta e = J_e\, l$$
$$\nabla W_L - \nabla W_R = \Delta h = J_w\, l$$
$$\nabla S_L - \nabla S_R = \Delta z = J_s\, l$$

Fig. 4-4 Abflußverhältnisse

Für das absolute Energieliniengefälle zwischen zwei Querschnitten (Abschn. 1.2.8) gilt die Beziehung

$$\Delta e = \Delta z + \Delta y + \alpha \Delta k = \Delta h + \alpha \Delta k\,. \tag{4.4}$$

Bei gleichförmiger Bewegung ($v = \text{const}$) ist $\alpha \Delta k = 0$. Damit folgt

$$\Delta e = \Delta h \quad \text{bzw.} \quad J_e = J_w = J\,.$$

Ist hierbei noch eine gleichbleibende Gerinneform vorhanden, so gilt mit $\Delta y = 0$ für Absolut- und Relativgefälle

$$\Delta e = \Delta h = \Delta z \quad \text{bzw.} \quad J_e = J_w = J_s\,.$$

Dieser Fall wird beispielsweise für Entwurfsberechnungen angenommen.

Die Abflußformen mit kontinuierlicher oder diskontinuierlicher Wasserführung ($\partial Q/\partial x \gtrless 0$) und ebenso diejenigen mit kontinuierlicher oder diskontinuierlicher Gerinneform ($\partial F/\partial x \gtrless 0$) können ohne besondere Schwierigkeit in die beiden Bewegungsarten gleichförmig oder ungleichförmig eingeordnet werden. Eine entsprechende Unterteilung ist daher nicht zwingend notwendig.

Zu erwähnen ist noch, daß die Strömungen mit freiem Wasserspiegel, abgesehen von einer verhältnismäßig kurzen Anlaufstrecke, eine makroskopische Grenzschicht darstellen. Als Dicke der Grenzschicht wird meistens der Wert angenommen, bei welchem die größte Geschwindigkeit u (x, y) nur noch um 1% geringer ist als die Geschwindigkeit $u(x) = u_\infty$ der reibungsfreien Strömung.

## 4.2 Fließzustand und Grenzverhältnisse

### 4.2.1 Energiehöhe

#### 4.2.1.1 Grundgleichungen

Die Energiehöhe über der Gerinnesohle wird bei geradlinigen parallelen Strombahnen und $\alpha = 1$ (Gl. 1.26) durch die Gleichung

$$H = y + k = y + \frac{v^2}{2g} = y + \frac{Q^2}{2g\,F^2} \qquad (4.5)$$

ausgedrückt. Danach folgt für die sekundliche Wasserführung die Beziehung

$$Q = Fv = F\sqrt{2g}\,\sqrt{H - y}\,. \qquad (4.6)$$

Somit können zwei charakteristische Diagramme aufgestellt werden (Fig. 4-5 und 4-6).

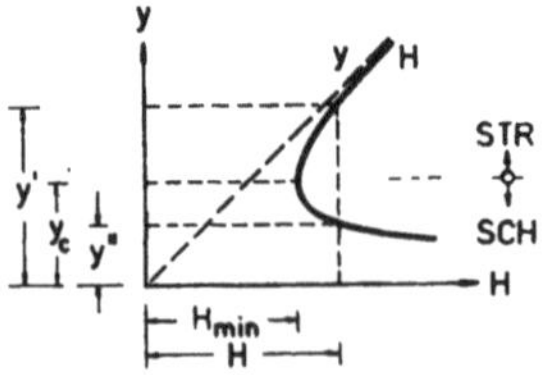


Fig. 4-5 H-Linie für Q = const

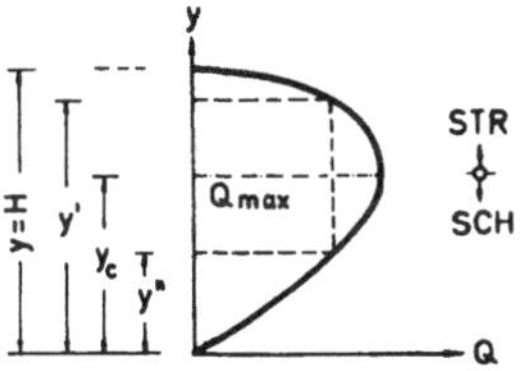


Fig. 4-6 Q-Linie für H = const

Für die Abfuhr einer Wassermenge Q ist eine entsprechende minimale Energiehöhe $H = H_{min}$ erforderlich. Unter jeder größeren Energiehöhe kann die betreffende Wassermenge theoretisch auf zwei Arten abgeführt werden, und zwar entweder im strömenden oder im schießenden Bereich. Sinngemäß ist unter einer Energiehöhe H eine entsprechende maximale Wasserführung $Q = Q_{max}$ möglich. Alle kleineren Wassermengen können sowohl im schießenden als auch im strömenden Bereich abgeführt werden. Zu jeder Abfuhrmöglichkeit ist somit ein anderes Gefälle notwendig, damit die Energiehöhe längs des Gerinnes konstant bleibt.

Für die Grenzverhältnisse folgen aufgrund der Bedingungen $dH/dy = 0$ und $dQ/dy = 0$ die Ausdrücke

$$F^3 - \frac{Q^2}{g} F' = 0 \quad \text{und} \quad F - 2(H - y) F' = 0 \tag{4.7}$$

wobei $F' = dF/dy = b_c$ die entsprechende Spiegelbreite ist. Naturgemäß gilt in diesem Falle auch $Q = Q_c = Q_{max}$, $H = H_c = H_{min}$, $F = F_c$, $y = y_c$ usw. Das zugehörige Strömungsgefälle wird mit $J_c$ bezeichnet. Für Grenzgeschwindigkeit und betreffende Geschwindigkeitshöhe folgt sodann

$$v_c = \sqrt{\frac{g F_c}{b_c}} \quad \text{und} \quad k_c = \frac{1}{2} \frac{F_c}{b_c} . \tag{4.8}$$

Maximaler Abfluß bzw. minimale Energiehöhe sind aufgrund dieser Beziehungen zu bestimmen. Auf den Zusammenhang wiesen schon die Untersuchungen von J. B. Bélanger für den Abflußvorgang über Wehre mit breiter Krone hin. Mit dem Problem befaßten sich u. a. auch J. V. Boussinesq und A. Flamant. Eine vollständige Behandlung dieses Extremalprinzipes wurde von P. Böß durchgeführt.

### 4.2.1.2 Anwendung für Rechtecksprofile

Für den Rechtecksquerschnitt lauten mit dem Abfluß je Breitenmeter $q = Q/b = yv$ die beiden Ausgangsgleichungen

$$H = y + \frac{q^2}{2g\,y^2} \quad \text{und} \quad q = y\sqrt{2g\,(H - y)}\,. \tag{4.9}$$

Die Grenztiefe unter konstanter Energiehöhe wird aus der Ableitung $dq/dy = 0$ erhalten. Es gilt

$$y_c = \frac{2}{3}\,H = \frac{2}{3}\,H_c\,. \tag{4.10}$$

Der maximale Abfluß hierzu ist in allgemeiner Form durch die Beziehung $q_c = y_c\,v_c$ gegeben. Je nach Art der Umformung lauten die Ausdrücke

$$q_c = y_c\sqrt{g\,y_c} \quad \text{oder} \quad q_c = \sqrt{g}\,(\tfrac{2}{3}\,H_c)^{3/2}\,. \tag{4.11}$$

Die Grenzgeschwindigkeit folgt unmittelbar aus den vorgenannten Beziehungen zu

$$v_c = \sqrt{g\,y_c} \quad \text{bzw.} \quad v_c = \sqrt{\tfrac{2}{3}\,g\,H_c}\,. \tag{4.12}$$

Die minimale Energiehöhe unter konstanter Wasserführung bedingt $q = q_c$ und $y = y_c$. Sodann gilt

$$H_c = H_{min} = \frac{3}{2}\,y_c = \frac{3}{2}\sqrt[3]{\frac{q_c^2}{g}}$$

d. h. (4.13)

$$y_c = \sqrt[3]{\frac{q_c^2}{g}} \quad \text{und} \quad v_c = \sqrt[3]{g\,q_c}\,.$$

Die H-Linie für q = const verläuft analog der bereits gegebenen Darstellung (Fig. 4-5). In dimensionsloser Form kann entweder

$$\frac{H}{y_c} = \frac{y}{y_c} + \frac{1}{2}\frac{y_c^2}{y^2} \quad \text{oder} \quad \frac{H}{H_{min}} = \frac{2}{3}\frac{y}{y_c} + \frac{1}{3}\frac{y_c^2}{y^2}$$

gesetzt werden. Für $y/y_c = 1$ folgt $H/y_c = 3/2$.

Die q-Linie für H = const entspricht sinngemäß Figur 4-6. Für die gegenseitige Abhängigkeit der beiden korrespondierenden Wassertiefen gelten die Gleichungen

$$y' = \frac{k''}{2} \underset{(-)}{+} \sqrt{\frac{k''^2}{4} + k''y''} \quad \text{und} \quad y'' = \frac{k'}{2} \underset{(-)}{+} \sqrt{\frac{k'^2}{4} + k'y'} \,. \tag{4.14}$$

Es ist auch gebräuchlich diese Ausdrücke mit Hilfe der Froudeschen Kennzahl $Fr = v/\sqrt{g\,y} = \sqrt{2k/y}$ umzuformen. Danach folgen die Beziehungen

$$y' = \frac{y''}{4} Fr''^2 \left(1 + \sqrt{1 + 8/Fr''^2}\right)$$

und (4.15)

$$y'' = \frac{y'}{4} Fr'^2 \left(1 + \sqrt{1 + 8/Fr'^2}\right) .$$

Ausdrücke für den Spiegel- oder Tiefenunterschied zwischen den beiden Abführungsmöglichkeiten sowie für entsprechende Verhältnisgrößen sind ohne weiteres aufzustellen.

Aus der allgemeinen Abflußgleichung folgt die von K. Flierl verwendete dimensionslose Beziehung

$$\frac{q}{\sqrt{2g}\,H\sqrt{H}} = \rho\sqrt{1-\rho} = \sigma \tag{4.16}$$

mit $\rho = y/H$, d. h. $0 \leq \rho \leq 1$ und $0 \leq \sigma \leq 0{,}38490$, sowie $\rho_c = 2/3$. Die Darstellung dieser Ausdrücke ergibt die sogenannte $\sigma$-Linie, auch

Einheits-q-Linie genannt. Zur Bestimmung des Tiefenunterschiedes dient die Relativgröße

$$\Delta\rho = \frac{3\rho' - 1}{2} - \sqrt{\left(\frac{3\rho' - 1}{2}\right)^2 - \rho'(3\rho' - 2)} =$$

$$= -\frac{3\rho'' - 1}{2} + \sqrt{\left(\frac{3\rho'' - 1}{2}\right)^2 - \rho''(3\rho'' - 2)}\,.$$

Der Abfluß je Breitenmeter folgt nach der allgemeinen Beziehung

$$q = \sigma\sqrt{2g}\; H^{3/2}\,.$$

Zahlenwerte enthält Tabelle 4–1 (s. S. 126/127).

## 4.2.2 Stützkraft

### 4.2.2.1 Grundgleichungen

Nach dem Impulssatz ist die zeitliche Änderung der Bewegungsgröße gleich der geometrischen Summe der am betrachteten Flüssigkeitsgebiet wirkenden äußeren Kräfte.

Werden die Druckkräfte in den beiden Begrenzungsquerschnitten berücksichtigt und die restlichen auf die fließende Wassermasse wirkenden äußeren Kräfte mit R bezeichnet, so wird bei geradliniger Bewegung die Gleichung in Bezug auf die Hauptströmungsrichtung mit $\overline{\alpha} = 1$ (Gl. 1.28)

$$\rho Q (v_R - v_L) = p_L F_L - p_R F_R + R$$

erhalten. Mit dem Ausdruck für die Stützkraft (Gl. 1.18) folgt

$$\gamma\left(\frac{Q}{g} v_R + \frac{p_R}{\gamma} F_R\right) - \gamma\left(\frac{Q}{g} v_L + \frac{p_L}{\gamma} F_L\right) = \gamma (S_R - S_L) = R$$

Unter der Voraussetzung von R = 0 gilt für den betrachteten Wasserstrom S = const. Aus der allgemeinen Beziehung für den S-Wert

$$S = \frac{Q}{g} v + \frac{p}{\gamma} F = F\left(\frac{1}{g}\frac{Q^2}{F^2} + z_s\right) = F\,(2k + z_s) \qquad (4.17)$$

wobei mit $z_s$ der Abstand des Flächenschwerpunktes vom Wasserspiegel bezeichnet ist, wird für die Abflußwassermenge der Ausdruck

$$Q = F\,v = \sqrt{g\,F\,(S - \frac{p}{\gamma}F)} = F\,\sqrt{g\,(\frac{S}{F} - z_s)} \qquad (4.18)$$

erhalten. Danach können zwei charakteristische Diagramme aufgestellt werden (Fig. 4-7 und 4-8).

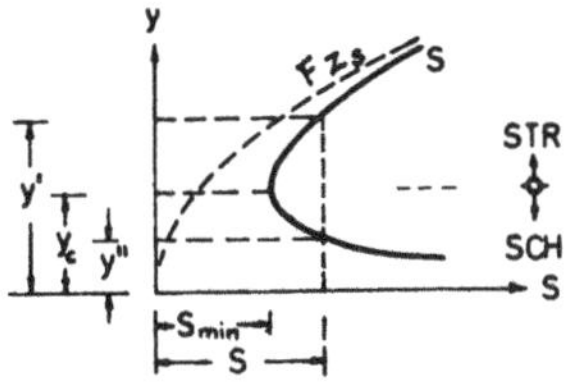


Fig. 4-7 S-Linie für Q = const

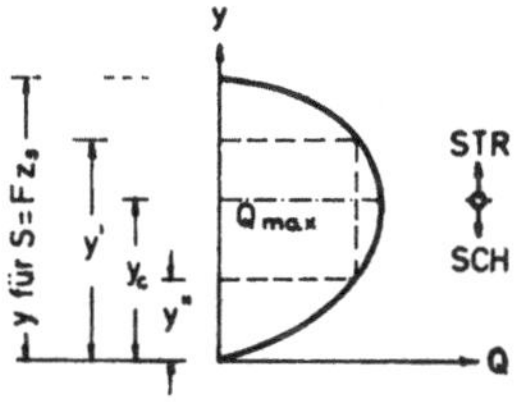


Fig. 4-8 Q-Linie für S = const

Für jede Wasserführung Q ist eine minimale Größe $S_{min}$ erforderlich. Unter allen größeren Werten kann die betreffende Wassermenge entweder im strömenden oder im schießenden Bereich abgeführt werden. Sinngemäß entspricht jedem S-Wert ein maximaler Abfluß $Q_{max}$. Alle kleineren Wassermengen können ebenso auf zwei Arten abgeführt werden. Jede Abflußmöglichkeit bedingt naturgemäß ein anderes Gefälle, damit die Größe S längs des Gerinnes konstant bleibt.

Tab. 4–1 Werte $\sigma = f(\rho)$

| $\rho'$ | $\rho''$ | $\sigma$ | $\rho'$ | $\rho''$ | $\sigma$ | $\rho'$ | $\rho''$ | $\sigma$ |
|---|---|---|---|---|---|---|---|---|
| 1,000 | 0,0000 | 0,0000 | 0,900 | 0,3541 | 0,2846 | 0,800 | 0,5123 | 0,3578 |
| 0,995 | 0,0731 | 0,0704 | 0,895 | 0,3635 | 0,2900 | 0,795 | 0,5190 | 0,3600 |
| 0,990 | 0,1046 | 0,0990 | 0,890 | 0,3727 | 0,2952 | 0,790 | 0,5256 | 0,3620 |
| 0,985 | 0,1293 | 0,1206 | 0,885 | 0,3817 | 0,3001 | 0,785 | 0,5322 | 0,3640 |
| 0,980 | 0,1504 | 0,1386 | 0,880 | 0,3905 | 0,3048 | 0,780 | 0,5386 | 0,3659 |
| 0,975 | 0,1691 | 0,1542 | 0,875 | 0,3991 | 0,3094 | 0,775 | 0,5450 | 0,3676 |
| 0,970 | 0,1862 | 0,1680 | 0,870 | 0,4075 | 0,3137 | 0,770 | 0,5513 | 0,3693 |
| 0,965 | 0,2021 | 0,1805 | 0,865 | 0,4158 | 0,3178 | 0,765 | 0,5575 | 0,3708 |
| 0,960 | 0,2170 | 0,1920 | 0,860 | 0,4240 | 0,3218 | 0,760 | 0,5636 | 0,3723 |
| 0,955 | 0,2310 | 0,2026 | 0,855 | 0,4320 | 0,3256 | 0,755 | 0,5697 | 0,3737 |
| 0,950 | 0,2444 | 0,2124 | 0,850 | 0,4399 | 0,3292 | 0,750 | 0,5757 | 0,3750 |
| 0,949 | 0,2470 | 0,2143 | 0,849 | 0,4414 | 0,3299 | 0,749 | 0,5769 | 0,3752 |
| 0,948 | 0,2495 | 0,2162 | 0,848 | 0,4430 | 0,3306 | 0,748 | 0,5781 | 0,3755 |
| 0,947 | 0,2521 | 0,2180 | 0,847 | 0,4445 | 0,3313 | 0,747 | 0,5793 | 0,3757 |
| 0,946 | 0,2546 | 0,2198 | 0,846 | 0,4461 | 0,3320 | 0,746 | 0,5804 | 0,3760 |
| 0,945 | 0,2571 | 0,2216 | 0,845 | 0,4476 | 0,3327 | 0,745 | 0,5816 | 0,3762 |
| 0,944 | 0,2596 | 0,2234 | 0,844 | 0,4491 | 0,3334 | 0,744 | 0,5828 | 0,3764 |
| 0,943 | 0,2621 | 0,2251 | 0,843 | 0,4507 | 0,3340 | 0,743 | 0,5840 | 0,3767 |
| 0,942 | 0,2645 | 0,2269 | 0,842 | 0,4522 | 0,3347 | 0,742 | 0,5852 | 0,3769 |
| 0,941 | 0,2670 | 0,2286 | 0,841 | 0,4537 | 0,3353 | 0,741 | 0,5863 | 0,3771 |
| 0,940 | 0,2694 | 0,2303 | 0,840 | 0,4552 | 0,3360 | 0,740 | 0,5875 | 0,3773 |
| 0,939 | 0,2718 | 0,2319 | 0,839 | 0,4567 | 0,3366 | 0,739 | 0,5887 | 0,3775 |
| 0,938 | 0,2741 | 0,2336 | 0,838 | 0,4582 | 0,3373 | 0,738 | 0,5898 | 0,3778 |
| 0,937 | 0,2765 | 0,2351 | 0,837 | 0,4598 | 0,3379 | 0,737 | 0,5910 | 0,3780 |
| 0,936 | 0,2788 | 0,2368 | 0,836 | 0,4612 | 0,3386 | 0,736 | 0,5921 | 0,3782 |
| 0,935 | 0,2812 | 0,2384 | 0,835 | 0,4627 | 0,3392 | 0,735 | 0,5933 | 0,3784 |
| 0,934 | 0,2835 | 0,2399 | 0,834 | 0,4642 | 0,3398 | 0,734 | 0,5944 | 0,3786 |
| 0,933 | 0,2858 | 0,2415 | 0,833 | 0,4657 | 0,3404 | 0,733 | 0,5956 | 0,3788 |
| 0,932 | 0,2880 | 0,2430 | 0,832 | 0,4672 | 0,3410 | 0,732 | 0,5967 | 0,3789 |
| 0,931 | 0,2903 | 0,2446 | 0,831 | 0,4687 | 0,3416 | 0,731 | 0,5979 | 0,3791 |
| 0,930 | 0,2925 | 0,2461 | 0,830 | 0,4701 | 0,3422 | 0,730 | 0,5990 | 0,3793 |

| | | | | | | | | |
|---|---|---|---|---|---|---|---|---|
| 0,929 | 0,2948 | 0,2475 | 0,829 | 0,4716 | 0,3428 | 0,729 | 0,6002 | 0,3795 |
| 0,928 | 0,2970 | 0,2490 | 0,828 | 0,4731 | 0,3434 | 0,728 | 0,6013 | 0,3797 |
| 0,927 | 0,2992 | 0,2505 | 0,827 | 0,4745 | 0,3440 | 0,727 | 0,6024 | 0,3799 |
| 0,926 | 0,3014 | 0,2519 | 0,826 | 0,4760 | 0,3446 | 0,726 | 0,6036 | 0,3800 |
| 0,925 | 0,3035 | 0,2533 | 0,825 | 0,4774 | 0,3451 | 0,725 | 0,6047 | 0,3802 |
| 0,924 | 0,3057 | 0,2547 | 0,824 | 0,4789 | 0,3457 | 0,724 | 0,6058 | 0,3804 |
| 0,923 | 0,3079 | 0,2561 | 0,823 | 0,4803 | 0,3462 | 0,723 | 0,6070 | 0,3805 |
| 0,922 | 0,3100 | 0,2575 | 0,822 | 0,4817 | 0,3468 | 0,722 | 0,6081 | 0,3807 |
| 0,921 | 0,3121 | 0,2589 | 0,821 | 0,4832 | 0,3474 | 0,721 | 0,6092 | 0,3808 |
| 0,920 | 0,3142 | 0,2602 | 0,820 | 0,4846 | 0,3479 | 0,720 | 0,6103 | 0,3810 |
| 0,919 | 0,3163 | 0,2616 | 0,819 | 0,4860 | 0,3484 | 0,719 | 0,6114 | 0,3811 |
| 0,918 | 0,3184 | 0,2629 | 0,818 | 0,4874 | 0,3490 | 0,718 | 0,6125 | 0,3813 |
| 0,917 | 0,3205 | 0,2642 | 0,817 | 0,4888 | 0,3495 | 0,717 | 0,6137 | 0,3814 |
| 0,916 | 0,3225 | 0,2655 | 0,816 | 0,4903 | 0,3500 | 0,716 | 0,6148 | 0,3816 |
| 0,915 | 0,3246 | 0,2668 | 0,815 | 0,4917 | 0,3505 | 0,715 | 0,6159 | 0,3817 |
| 0,914 | 0,3266 | 0,2680 | 0,814 | 0,4931 | 0,3511 | 0,714 | 0,6170 | 0,3818 |
| 0,913 | 0,3287 | 0,2693 | 0,813 | 0,4945 | 0,3516 | 0,713 | 0,6181 | 0,3820 |
| 0,912 | 0,3307 | 0,2705 | 0,812 | 0,4959 | 0,3521 | 0,712 | 0,6192 | 0,3821 |
| 0,911 | 0,3327 | 0,2718 | 0,811 | 0,4973 | 0,3526 | 0,711 | 0,6203 | 0,3822 |
| 0,910 | 0,3347 | 0,2730 | 0,810 | 0,4986 | 0,3531 | 0,710 | 0,6214 | 0,3823 |
| 0,909 | 0,3367 | 0,2742 | 0,809 | 0,5000 | 0,3536 | 0,709 | 0,6225 | 0,3925 |
| 0,908 | 0,3387 | 0,2754 | 0,808 | 0,5014 | 0,3540 | 0,708 | 0,6235 | 0,3826 |
| 0,907 | 0,3406 | 0,2766 | 0,807 | 0,5028 | 0,3445 | 0,707 | 0,6246 | 0,3827 |
| 0,906 | 0,3426 | 0,2778 | 0,806 | 0,5042 | 0,3550 | 0,706 | 0,6257 | 0,3828 |
| 0,905 | 0,3445 | 0,2789 | 0,805 | 0,5055 | 0,3555 | 0,705 | 0,6268 | 0,3829 |
| 0,904 | 0,3465 | 0,2801 | 0,804 | 0,5069 | 0,3559 | 0,704 | 0,6279 | 0,3830 |
| 0,903 | 0,3484 | 0,2812 | 0,803 | 0,5082 | 0,3564 | 0,703 | 0,6290 | 0,3831 |
| 0,902 | 0,3503 | 0,2824 | 0,802 | 0,5096 | 0,3569 | 0,702 | 0,6300 | 0,3832 |
| 0,901 | 0,3522 | 0,2835 | 0,801 | 0,5110 | 0,3573 | 0,701 | 0,6311 | 0,3833 |
| 0,900 | 0.3541 | 0,2846 | 0,800 | 0,5123 | 0,3578 | 0,700 | 0,6322 | 0,383406 |
| | | | | | | 0,690 | 0,6428 | 0,384176 |
| | | | | | | 0,680 | 0,6532 | 0,384666 |
| | | | | | | 2/3 | 2/3 | 0,384900 |

Tab. 4-1 Werte $\sigma = f(\rho)$

Für die Grenzverhältnisse, die durch diese Extremwerte aufgezeigt werden, folgen aufgrund der Bedingungen $dS/dy = 0$ und $dQ/dy = 0$ die allgemeinen Ausdrücke

$$F^3 - \frac{1}{g} Q^2 F' = 0 \quad \text{und} \quad F - \left(\frac{S}{F} - z_s\right) F' = 0. \tag{4.19}$$

Für Grenzgeschwindigkeit und betreffende Geschwindigkeitshöhe folgen die Gleichungen (4.8). Maximaler Abfluß bzw. minimale Stützkraft sind nach diesen Beziehungen ohne weiteres zu ermitteln.

#### 4.2.2.2 Anwendung für Rechtecksprofile

Mit den Beziehungen $z_s = y/2$ und $F = b\,y$ sowie $Q = b\,q$ lautet die allgemeine Gleichung

$$\gamma\, b \left(\frac{1}{g} q\, v_R + \frac{y_R^2}{2}\right) - \gamma\, b \left(\frac{1}{g} q\, v_L + \frac{y_L^2}{2}\right) = R\,.$$

Unter der Annahme $R = 0$ wird $S = \text{const}$. Je Breitenmeter des Rechtecksprofiles folgen sodann die Beziehungen

$$S = \frac{v}{g} q + \frac{y^2}{2} = \frac{q^2}{g\,y} + \frac{y^2}{2}\, y \left(\frac{v^2}{g} + \frac{y}{2}\right) = y\,(2\,k + \frac{y}{2})$$

und (4.20)

$$q = y\,v = \sqrt{g\,y\,(S - \frac{y^2}{2})} = y \sqrt{g\left(\frac{S}{y} - \frac{y}{2}\right)}\,.$$

Die Grenztiefe für $S = \text{const}$ wird aus der Ableitung $dq/dy = 0$ erhalten. Es gilt

$$y_c = \sqrt{\frac{2}{3} S} = \sqrt{\frac{2}{3} S_c}\,. \tag{4.21}$$

Der maximale Abfluß hierzu ist durch die Beziehung $q_c = y_c \cdot v_c$ gegeben. Je nach Art der Umformung lauten die Ausdrücke

$$q_c = y_c \sqrt{g\,y_c} \quad \text{oder} \quad q_c = \sqrt{g}\,\left(\frac{2}{3} S\right)^{3/4}\,. \tag{4.22}$$

Die Grenzgeschwindigkeit folgt unmittelbar aus der vorgenannten Beziehung zu

$$v_c = \sqrt{g\,y_c} \quad \text{bzw.} \quad v_c = \sqrt{g}\,\sqrt[4]{\tfrac{2}{3}\,S_c}\,. \tag{4.23}$$

Die minimale Größe $S_c$ für $q$ = const bedingt $q = q_c$ und $y = y_c$. Sodann gilt

$$S_c = S_{min} = \frac{3}{2}\,y_c^2 = \frac{3}{2}\sqrt[3]{\left(\frac{q_c^2}{g}\right)^2}\,. \tag{4.24}$$

Für $y_c$ und $v_c$ folgen die Ausdrücke (4.13).

Die S-Linie für $q$ = const verläuft analog der bereits gegebenen Darstellung (Fig. 4-7). In dimensionsloser Form kann entweder

$$\frac{S}{y_c^2} = \frac{y_c}{y} + \frac{1}{2}\frac{y^2}{y_c^2} \quad \text{oder} \quad \frac{S}{S_c} = \frac{2}{3}\frac{y_c}{y} + \frac{1}{3}\frac{y^2}{y_c^2}$$

gesetzt werden. Für $y/y_c = 1$ folgt $S/y_c^2 = 3/2$.

Die q-Linie für $S$ = const entspricht sinngemäß Figur 4-8. Für die gegenseitige Abhängigkeit der beiden korrespondierenden Wassertiefen gelten die Gleichungen

$$y' = -\frac{y''}{2} \underset{(-)}{+} \sqrt{\frac{y''^2}{4} + 4k''y''} \quad \text{und} \quad y'' = -\frac{y'}{2} \underset{(-)}{+} \sqrt{\frac{y'^2}{4} + 4k'y'}\,. \tag{4.25}$$

Mit der Froudeschen Zahl lauten diese Beziehungen

$$y' = \frac{y''}{2}\left(\sqrt{1 + 8\,Fr''^2} - 1\right) \quad \text{und} \quad y'' = \frac{y'}{2}\left(\sqrt{1 + 8\,Fr'^2} - 1\right). \tag{4.26}$$

Ausdrücke für den Spiegel- oder Tiefenunterschied zwischen den beiden Abflußarten sowie für die Verhältnisgrößen sind unmittelbar aufzustellen.

Aus der allgemeinen Abflußgleichung folgt nach entsprechender Umformung die dimensionslose Beziehung

$$\frac{q}{\sqrt{g}\,\sqrt[4]{2S}\,\sqrt{S}} = \sqrt{\nu - \nu^3} = \mu \qquad (4.27)$$

mit $\nu = y/\sqrt{2S}$ d. h. $0 \leq \nu \leq 1$ und $0 \leq \mu \leq 0{,}62040$ sowie $\nu_c = \sqrt{3}/3$. Hiernach gilt für den Tiefenunterschied

$$\Delta y = (\nu' - \nu'')\sqrt{2S} = \Delta\nu\sqrt{2S} \quad \text{mit} \quad \mu = \sqrt{\nu' - \nu'^3} = \sqrt{\nu'' - \nu''^3}\ .$$

Der Abfluß je Breitenmeter erfolgt nach der allgemeinen Beziehung

$$q = \mu\sqrt{g}\,\sqrt[4]{2S^3}\ .$$

Zahlenwerte sind in Tabelle 4-2 zusammengestellt (s. S. 132/133).

### 4.2.3 Energiehöhenminimum und Stützkraftminimum

Die beiden Minimalwerte treten stets gemeinsam auf und charakterisieren die Grenzverhältnisse. Hierfür besteht die generelle Bestimmungsgleichung

$$\frac{F_c}{b_c} = \frac{1}{g}\frac{Q_c^2}{F_c^2} = \frac{v_c^2}{g}\ . \qquad (4.28)$$

Ferner gelten die Beziehungen

$$\frac{F_c}{b_c} = 2(H_c - y_c) \quad \text{und} \quad \frac{F_c}{b_c} = \frac{S_c}{F_c} - z_{sc}\ . \qquad (4.29)$$

Grenzgeschwindigkeit und zugehörige Geschwindigkeitshöhe können ebenso in Abhängigkeit von $H_c$ oder $S_c$ ausgedrückt werden. Es ist ferner gebräuchlich in abgekürzter Schreibweise für den Ausdruck $F_c/b_c = y_{mc}$ zu setzen und diese Größe als mittlere oder maßgebende Tiefe zu bezeichnen. Mit Hilfe dieser Beziehungen können für jede Profilform die entsprechenden speziellen Ausdrücke aufgestellt werden.

Zu vermerken ist noch, daß für die Relativgrößen der einzelnen Berechnungsverfahren die Beziehung $\mu_{max}^2 = \sigma_{max}$ besteht.

### 4.2.4 Grenzgefälle

Zwischen strömendem und schießendem Fließvorgang liegt das Stadium der Grenzverhältnisse. Dafür gilt aufgrund der Bedingung $Q = Q_{max}$ für H = const (Gl. 4.7) bzw. S = const (Gl. 4.19) die Bestimmungsgleichung

$$F^3 - \frac{b}{g} Q^2 = 0 = F - \frac{b}{g} v^2 \ .$$

Mit dem Ausdruck für die Grenzgeschwindigkeit lautet sodann die Beziehung für das Relativgefälle

$$J_c = \frac{g\,U}{C^2 b} \ . \tag{4.30}$$

Tabelle 4-3 enthält für vorgegebene Geschwindigkeitsbeiwerte einige Größen $g/C^2 = \psi/2 = \lambda/8 = J_c b/U$. Zur Bestimmung des Grenzgefälles

| C | g/C² | C | g/C² | C | g/C² |
|---|---|---|---|---|---|
| 90 | 0,0012 | 70 | 0,0020 | 50 | 0,0039 |
| 85 | 0,0014 | 65 | 0,0023 | 45 | 0,0048 |
| 80 | 0,0015 | 60 | 0,0027 | 40 | 0,0061 |
| 75 | 0,0017 | 55 | 0,0032 | 35 | 0,0080 |
| 70 | 0,0020 | 50 | 0,0039 | 30 | 0,0109 |

Tab. 4-3 Werte $g/C^2$

sind diese Grundgrößen noch mit den von den Profilabmessungen abhängigen Verhältniszahlen $U/b \geq 1$ zu multiplizieren. Es ist ohne weiteres zu erkennen, daß in den meisten Fällen $J < J_c$ ist und somit strömender Fließvorgang herrscht.

Tab. 4–2 Werte $\mu = f(\nu)$

| $\nu'$ | $\nu''$ | $\mu$ | $\nu'$ | $\nu''$ | $\mu$ | $\nu'$ | $\nu''$ | $\mu$ | $\nu'$ | $\nu''$ | $\mu$ |
|---|---|---|---|---|---|---|---|---|---|---|---|
| 1,000 | 0,0000 | 0,0000 | 0,900 | 0,1765 | 0,4135 | 0,800 | 0,3211 | 0,5367 | 0,700 | 0,4453 | 0,5975 |
| 0,995 | 0,0099 | 0,0996 | 0,895 | 0,1843 | 0,4220 | 0,795 | 0,3277 | 0,5409 | 0,695 | 0,4511 | 0,5994 |
| 0,990 | 0,0197 | 0,1404 | 0,890 | 0,1921 | 0,4302 | 0,790 | 0,3343 | 0,5449 | 0,690 | 0,4568 | 0,6012 |
| 0,985 | 0,0294 | 0,1713 | 0,885 | 0,1998 | 0,4380 | 0,785 | 0,3409 | 0,5489 | 0,685 | 0,4625 | 0,6030 |
| 0,980 | 0,0389 | 0,1970 | 0,880 | 0,2075 | 0,4456 | 0,780 | 0,3474 | 0,5527 | 0,680 | 0,4682 | 0,6046 |
| 0,975 | 0,0483 | 0,2194 | 0,875 | 0,2150 | 0,4529 | 0,775 | 0,3538 | 0,5563 | 0,675 | 0,4738 | 0,6062 |
| 0,970 | 0,0575 | 0,2394 | 0,870 | 0,2225 | 0,4599 | 0,770 | 0,3602 | 0,5599 | 0,670 | 0,4794 | 0,6076 |
| 0,965 | 0,0667 | 0,2576 | 0,865 | 0,2299 | 0,4667 | 0,765 | 0,3666 | 0,5633 | 0,665 | 0,4850 | 0,6090 |
| 0,960 | 0,0757 | 0,2743 | 0,860 | 0,2373 | 0,4732 | 0,760 | 0,3729 | 0,5666 | 0,660 | 0,4905 | 0,6103 |
| 0,955 | 0,0846 | 0,2899 | 0,855 | 0,2446 | 0,4796 | 0,755 | 0,3791 | 0,5698 | 0,655 | 0,4960 | 0,6115 |
| 0,950 | 0,0934 | 0,3043 | 0,850 | 0,2518 | 0,4857 | 0,750 | 0,3853 | 0,5728 | 0,650 | 0,5015 | 0,6127 |
| 0,949 | 0,0952 | 0,3071 | 0,849 | 0,2533 | 0,4869 | 0,749 | 0,3866 | 0,5734 | 0,649 | 0,5026 | 0,6129 |
| 0,948 | 0,0969 | 0,3099 | 0,848 | 0,2547 | 0,4881 | 0,748 | 0,3878 | 0,5740 | 0,648 | 0,5037 | 0,6131 |
| 0,947 | 0,0987 | 0,3126 | 0,847 | 0,2562 | 0,4892 | 0,747 | 0,3891 | 0,5746 | 0,647 | 0,5048 | 0,6133 |
| 0,946 | 0,1004 | 0,3153 | 0,846 | 0,2576 | 0,4904 | 0,746 | 0,3903 | 0,5752 | 0,646 | 0,5059 | 0,6135 |
| 0,945 | 0,1022 | 0,3179 | 0,845 | 0,2590 | 0,4916 | 0,745 | 0,3915 | 0,5758 | 0,645 | 0,5069 | 0,6137 |
| 0,944 | 0,1039 | 0,3206 | 0,844 | 0,2605 | 0,4927 | 0,744 | 0,3928 | 0,5763 | 0,644 | 0,5080 | 0,6139 |
| 0,943 | 0,1056 | 0,3232 | 0,843 | 0,2619 | 0,4939 | 0,743 | 0,3940 | 0,5769 | 0,643 | 0,5091 | 0,6141 |
| 0,942 | 0,1073 | 0,3257 | 0,842 | 0,2633 | 0,4950 | 0,742 | 0,3952 | 0,5775 | 0,642 | 0,5102 | 0,6143 |
| 0,941 | 0,1091 | 0,3283 | 0,841 | 0,2647 | 0,4962 | 0,741 | 0,3964 | 0,5780 | 0,641 | 0,5113 | 0,6145 |
| 0,940 | 0,1108 | 0,3308 | 0,840 | 0,2661 | 0,4973 | 0,740 | 0,3977 | 0,5786 | 0,640 | 0,5123 | 0,6147 |
| 0,939 | 0,1125 | 0,3333 | 0,839 | 0,2676 | 0,4984 | 0,739 | 0,3989 | 0,5792 | 0,639 | 0,5134 | 0,6149 |
| 0,938 | 0,1142 | 0,3357 | 0,838 | 0,2690 | 0,4995 | 0,738 | 0,4001 | 0,5797 | 0,638 | 0,5145 | 0,6151 |
| 0,937 | 0,1159 | 0,3381 | 0,837 | 0,2704 | 0,5006 | 0,737 | 0,4013 | 0,5802 | 0,637 | 0,5156 | 0,6152 |
| 0,936 | 0,1176 | 0,3405 | 0,836 | 0,2718 | 0,5017 | 0,736 | 0,4025 | 0,5808 | 0,636 | 0,5166 | 0,6154 |
| 0,935 | 0,1193 | 0,3429 | 0,835 | 0,2732 | 0,5028 | 0,735 | 0,4038 | 0,5813 | 0,635 | 0,5177 | 0,6156 |
| 0,934 | 0,1210 | 0,3453 | 0,834 | 0,2746 | 0,5039 | 0,734 | 0,4050 | 0,5819 | 0,634 | 0,5188 | 0,6158 |
| 0,933 | 0,1227 | 0,3476 | 0,833 | 0,2760 | 0,5050 | 0,733 | 0,4062 | 0,5824 | 0,633 | 0,5199 | 0,6159 |
| 0,932 | 0,1244 | 0,3499 | 0,832 | 0,2774 | 0,5060 | 0,732 | 0,4074 | 0,5829 | 0,632 | 0,5209 | 0,6161 |
| 0,931 | 0,1260 | 0,3522 | 0,831 | 0,2788 | 0,5071 | 0,731 | 0,4086 | 0,5834 | 0,631 | 0,5220 | 0,6162 |
| 0,930 | 0,1277 | 0,3545 | 0,830 | 0,2802 | 0,5081 | 0,730 | 0,4098 | 0,5839 | 0,630 | 0,5230 | 0,6164 |

| | | | | | | | | | | | |
|---|---|---|---|---|---|---|---|---|---|---|---|
| 0,929 | 0,1294 | 0,3567 | 0,829 | 0,2816 | 0,5092 | 0,729 | 0,4110 | 0,5844 | 0,629 | 0,5241 | 0,6166 |
| 0,928 | 0,1311 | 0,3589 | 0,828 | 0,2830 | 0,5102 | 0,728 | 0,4122 | 0,5850 | 0,628 | 0,5252 | 0,6167 |
| 0,927 | 0,1327 | 0,3611 | 0,827 | 0,2844 | 0,5113 | 0,727 | 0,4134 | 0,5855 | 0,627 | 0,5262 | 0,6169 |
| 0,926 | 0,1344 | 0,3633 | 0,826 | 0,2858 | 0,5123 | 0,726 | 0,4146 | 0,5860 | 0,626 | 0,5273 | 0,6170 |
| 0,925 | 0,1361 | 0,3654 | 0,825 | 0,2872 | 0,5133 | 0,725 | 0,4158 | 0,5864 | 0,625 | 0,5284 | 0,6171 |
| 0,924 | 0,1377 | 0,3676 | 0,824 | 0,2885 | 0,5143 | 0,724 | 0,4170 | 0,5869 | 0,624 | 0,5294 | 0,6173 |
| 0,923 | 0,1394 | 0,3697 | 0,823 | 0,2899 | 0,5153 | 0,723 | 0,4182 | 0,5874 | 0,623 | 0,5305 | 0,6174 |
| 0,922 | 0,1410 | 0,3718 | 0,822 | 0,2913 | 0,5163 | 0,722 | 0,4194 | 0,5879 | 0,622 | 0,5315 | 0,6175 |
| 0,921 | 0,1427 | 0,3739 | 0,821 | 0,2927 | 0,5173 | 0,721 | 0,4206 | 0,5884 | 0,621 | 0,5326 | 0,6177 |
| 0,920 | 0,1443 | 0,3759 | 0,820 | 0,2941 | 0,5183 | 0,720 | 0,4218 | 0,5889 | 0,620 | 0,5336 | 0,6178 |
| 0,919 | 0,1460 | 0,3780 | 0,819 | 0,2954 | 0,5193 | 0,719 | 0,4230 | 0,5893 | 0,619 | 0,5347 | 0,6179 |
| 0,918 | 0,1476 | 0,3800 | 0,818 | 0,2968 | 0,5202 | 0,718 | 0,4242 | 0,5898 | 0,618 | 0,5357 | 0,6180 |
| 0,917 | 0,1492 | 0,3820 | 0,817 | 0,2982 | 0,5212 | 0,717 | 0,4254 | 0,5903 | 0,617 | 0,5368 | 0,6182 |
| 0,916 | 0,1509 | 0,3840 | 0,816 | 0,2995 | 0,5222 | 0,716 | 0,4265 | 0,5907 | 0,616 | 0,5378 | 0,6183 |
| 0,915 | 0,1525 | 0,3859 | 0,815 | 0,3009 | 0,5231 | 0,715 | 0,4277 | 0,5912 | 0,615 | 0,5389 | 0,6184 |
| 0,914 | 0,1541 | 0,3879 | 0,814 | 0,3023 | 0,5241 | 0,714 | 0,4289 | 0,5916 | 0,614 | 0,5399 | 0,6185 |
| 0,913 | 0,1557 | 0,3898 | 0,813 | 0,3036 | 0,5250 | 0,713 | 0,4301 | 0,5921 | 0,613 | 0,5410 | 0,6186 |
| 0,912 | 0,1573 | 0,3917 | 0,812 | 0,3050 | 0,5259 | 0,712 | 0,4313 | 0,5925 | 0,612 | 0,5420 | 0,6187 |
| 0,911 | 0,1590 | 0,3936 | 0,811 | 0,3063 | 0,5269 | 0,711 | 0,4324 | 0,5929 | 0,611 | 0,5430 | 0,6188 |
| 0,910 | 0,1606 | 0,3955 | 0,810 | 0,3077 | 0,5278 | 0,710 | 0,4336 | 0,5934 | 0,610 | 0,5441 | 0,6189 |
| 0,909 | 0,1622 | 0,3974 | 0,809 | 0,3090 | 0,5287 | 0,709 | 0,4348 | 0,5938 | 0,609 | 0,5451 | 0,6190 |
| 0,908 | 0,1638 | 0,3992 | 0,808 | 0,3104 | 0,5296 | 0,708 | 0,4360 | 0,5942 | 0,608 | 0,5461 | 0,6191 |
| 0,907 | 0,1654 | 0,4011 | 0,807 | 0,3117 | 0,5305 | 0,707 | 0,4371 | 0,5946 | 0,607 | 0,5472 | 0,6192 |
| 0,906 | 0,1670 | 0,4029 | 0,806 | 0,3131 | 0,5314 | 0,706 | 0,4383 | 0,5951 | 0,606 | 0,5482 | 0,6192 |
| 0,905 | 0,1686 | 0,4047 | 0,805 | 0,3144 | 0,5323 | 0,705 | 0,4395 | 0,5955 | 0,605 | 0,5493 | 0,6193 |
| 0,904 | 0,1702 | 0,4065 | 0,804 | 0,3158 | 0,5332 | 0,704 | 0,4406 | 0,5959 | 0,604 | 0,5503 | 0,6194 |
| 0,903 | 0,1718 | 0,4083 | 0,803 | 0,3171 | 0,5341 | 0,703 | 0,4418 | 0,5963 | 0,603 | 0,5513 | 0,6195 |
| 0,902 | 0,1733 | 0,4100 | 0,802 | 0,3184 | 0,5349 | 0,702 | 0,4430 | 0,5967 | 0,602 | 0,5523 | 0,6195 |
| 0,901 | 0,1749 | 0,4118 | 0,801 | 0,3198 | 0,5358 | 0,701 | 0,4441 | 0,5971 | 0,601 | 0,5534 | 0,6196 |
| 0,900 | 0,1765 | 0,4135 | 0,800 | 0,3211 | 0,5367 | 0,700 | 0,4453 | 0,5975 | 0,600 | 0,5544 | 0,619677 |
| | | | | | | | | | 0,590 | 0,5646 | 0,620178 |
| | | | | | | | | | $\frac{1}{3}\sqrt{3}$ | $\frac{1}{3}\sqrt{3}$ | 0,620403 |

Tab.4–2 Werte $\mu = f(\nu)$

### 4.2.5 Korrespondierende Tiefen und Fließwechsel

Bei den Abflußverhältnissen mit $H > H_{min}$ und $S > S_{min}$ ist die Abfuhr entweder im strömenden oder im schießenden Bereich möglich. Zu den beiden zugeordneten oder korrespondierenden Tiefen unter H = const gehört jeweils ein eigener S-Wert. Umgekehrt existiert zu den beiden korrespondierenden Tiefen unter S = const je ein eigener H-Wert. Die entsprechenden Größen gelten ableitungsgemäß stets in ein und demselben Querschnitt.

Die gegenseitig zugeordneten Tiefen $y' > y_c$ und $y'' < y_c$ können mit hinreichender Genauigkeit als die entsprechenden Größen ober- und unterstrom eines Fließwechsels angesehen werden. Dies setzt voraus, daß für die Verhältnisse zwischen den beiden Bezugsquerschnitten entweder H = const oder S = const angenommen wird. Da die beiden Bedingungen nicht gleichzeitig zu erfüllen sind, sondern $\Delta H = 0$ stets $\Delta S \neq 0$ und umgekehrt $\Delta S = 0$ stets $\Delta H \neq 0$ zur Folge hat, ist eine klare Unterscheidung der Anwendung möglich. Bei beschleunigter Bewegung mit Fließwechsel, d. h. beim Übergang vom Strömen zum Schießen, ist H = const und bei verzögerter Bewegung mit Fließwechsel, d. h. beim Übergang vom Schießen zum Strömen, ist S = const anzunehmen. Unter diesen Voraussetzungen wird folgerichtig im ersten Falle

$$\Delta S > 0 \quad \text{und im anderen Falle} \quad \Delta H > 0$$

erhalten. Aufgrund der getroffenen vereinfachenden Annahme folgt jedoch, daß, ausgehend von den Verhältnissen oberstrom (Schnitt L), die Tiefe unterstrom (Schnitt R) nicht ganz genau der wirklichen Größe entsprechen kann, d. h. $\overline{y}_R \neq y_R$ sein wird. Beim Übergang vom Strömen zum Schießen folgt mit H = const ein Wert $\overline{y}_R = y_L'' < y_R$ und beim Übergang vom Schießen zum Strömen wird mit S = const ein Wert $\overline{y}_R = y_L' > y_R$ erhalten.

# 4.3 Gleichförmige Bewegung

## 4.3.1 Geschwindigkeitsformel

Mit dem allgemeinen Ansatz zur Erfassung der Widerstände bei turbulenter Flüssigkeitsbewegung (Abschn. 1.2.11) folgt für die mittlere Fließgeschwindigkeit die Beziehung

$$v = \sqrt{\frac{2g}{\psi}}\,\sqrt{R\,J} = c\,\sqrt{g\,R\,J} = C\,\sqrt{R\,J}\,.$$

Diese Gleichung entspricht in ihrem Aufbau der von A. Brahms erkannten und von A. Chézy veröffentlichten Formel. Es ist offensichtlich, daß der Faktor $c = \sqrt{2/\psi}$ dimensionslos, hingegen der Beiwert $C = \sqrt{2g/\psi}$ dimensionsgebunden ist. Wird in der Geschwindigkeitsformel $R = F/U$ gesetzt, so folgt nach Umformung der Ausdruck

$$v = c\,v_c\,\sqrt{\frac{b}{U}\,J}$$

wobei mit $v_c = \sqrt{gF/b}$ die Grenzgeschwindigkeit bezeichnet ist.

Ebenso wie für die Abhängigkeit der Widerstandziffer $\psi$ gilt für den Geschwindigkeitsbeiwert

$$f(C, Re, r_s) = 0$$

mit den Randbedingungen $C_o = C\,(Re)$ für hydraulisch glatte Verhältnisse und $C_I = C\,(r_s)$ für hydraulisch rauhe Verhältnisse. Zwischen diesen beiden Zonen liegt der sogenannte Übergangsbereich.

Für die sekundliche Wasserführung im Gerinne gilt sodann die allgemeine Beziehung

$$Q = F\,v = F\,C\,\sqrt{R\,J}\,. \qquad (4.31)$$

Der bei vorgegebenen Rauhigkeitsverhältnissen nur von den Querschnittsabmessungen abhängige Ausdruck

$$\overline{A} = F\,C\,\sqrt{R} = Q/\sqrt{J} \qquad (4.32)$$

stellt eine charakteristische Größe des Abflußvermögens dar.

Ausgehend von den Beziehungen der mittleren Fließgeschwindigkeit folgt

$$v^2 = \frac{Q^2}{F^2} = C^2 R J = C^2 \frac{F}{U} J$$

und daraus für die Querschnittsfläche

$$F^3 = \frac{Q^2 U}{C^2 J} .$$

Bei Rechtecksgerinnen gilt danach als Ausdruck für die Wassertiefe

$$y^3 = \frac{Q^2 U}{b^3 C^2 J} = \frac{q^2 U}{C^2 b J} .$$

Im Falle eines sehr breiten Profiles ($b \gg y$) folgt für die mittlere Fließgeschwindigkeit

$$v = \frac{q}{y} = C \sqrt{y J} = c \sqrt{g y J} = c\, v_c \sqrt{J}$$

und als Ausdruck der Wassertiefe wird

$$y^3 = \frac{Q^2}{b^2 C^2 J} = \frac{q^2}{C^2 J}$$

erhalten. Hierbei ist $q = Q/b$ die Beaufschlagung je Breitenmeter.

### 4.3.2 Geschwindigkeitsbeiwert

Für die Bestimmung des Geschwindigkeitsbeiwertes bestehen verschiedene brauchbare Formeln, die in drei Gruppen gegliedert werden können.

#### 4.3.2.1 Empirische Formeln

Ein Teil der gebräuchlichen Beziehungen zur Berechnung der C-Werte ist vom Typ

$$C = \frac{z \sqrt{R}}{\sqrt{R} + m} = \frac{z}{1 + m/\sqrt{R}} \tag{4.33}$$

wobei die Größen z und m dimensionsgebunden sind. Im Falle R = 1 wird der einfache Ausdruck

$$C = \frac{z}{1 + m}$$

erhalten. Bei diesem Formeltyp ist lediglich der Einfluß der relativen Rauhigkeit berücksichtigt. Die C-Werte gelten somit nur für hydraulisch rauhe Verhältnisse.

Von E. Ganguillet und W. R. Kutter wurde aufgrund vieler vorhandener Messungsergebnisse eine Beziehung mit zugehörigen Rauhigkeitswerten

$$0{,}010 \lesssim n \lesssim 0{,}040 \quad \text{bzw.} \quad 100 \gtrsim \frac{1}{n} \gtrsim 25$$

aufgestellt. Für R = 1 folgt nach dieser Formel C = 1/n. Hieraus ist zu erkennen, daß die Rauhigkeitswerte 1/n bereits die Größenordnung der Geschwindigkeitsbeiwerte haben. Ein einfacherer Ausdruck ist die sogenannte Kutter-Formel

$$C = \frac{100\sqrt{R}}{\sqrt{R} + m} = \frac{100}{1 + m/\sqrt{R}} \tag{4.34}$$

mit dem Rauhigkeitswert m = 100 n - 1 bzw. 1/n = 100/(m + 1). Im Falle von R = 1 wird ebenfalls der direkte Zusammenhang C = 1/n erhalten.

Geschwindigkeitsformeln ohne Einzelwerte für die Bettrauhigkeit wurden vor allem für natürliche Gerinne mehrmals aufgestellt. Die ersten Ausdrücke dieser Art stammen wohl von R. Siedek; spätere von Th. Christen sowie von J. Hermanek. Derartige Formeln können aufgrund von Messungsergebnissen für jedes Gerinne aufgestellt werden. Die Übertragung auf andere Wasserläufe ist jedoch nicht ohne weiteres möglich.

#### 4.3.2.2 Potenzformeln

Ausgehend von der allgemeinen Potenzformel zur Berechnung der mittleren Fließgeschwindigkeit bzw. des Geschwindigkeitsbeiwertes

$$v = K R^{\alpha} J^{\beta} \quad \text{bzw.} \quad C = K R^{\alpha - 1/2} J^{\beta - 1/2} \tag{4.35}$$

folgen die entsprechenden Beziehungen für sekundliche Wasserführungen und erforderliche Querschnittsfläche

$$Q = Fv = FK\left(\frac{F}{U}\right)^{\alpha} J^{\beta} = F^{1+\alpha} K \frac{J^{\beta}}{U^{\alpha}} \quad \text{und} \quad F = \frac{Q}{v} = \left(Q \frac{U^{\alpha}}{K J^{\beta}}\right)^{\frac{1}{1+\alpha}} .$$

Aufgrund der Untersuchungen für Druckrohre gilt im Bereich hydraulisch rauher Verhältnisse $1/2 < \alpha \lesssim 3/4$ und $\beta = 1/2$. Die äquivalenten Angaben für hydraulisch glatte Verhältnisse $3/4 \gtrsim \alpha \geq 1/2$ und $3/5 \gtrsim \beta \geq 1/2$ haben demgegenüber untergeordnete Bedeutung, weil der für die bautechnische Praxis noch vorkommende Teil des Übergangsbereiches an die hydraulisch rauhen Verhältnisse anschließt und somit entsprechend erfaßt werden kann. Weiterhin ist es gerechtfertigt $K = 1/n$ zu setzen. Damit wird für den Geschwindigkeitsbeiwert

$$C = C_I = K R^{\alpha - 1/2} = \frac{1}{n} R^{\alpha - 1/2} \tag{4.36}$$

erhalten. Für $R = 1$ ist dann wiederum $C = 1/n$.

Für Gerinne mit Relativgefällen $J > 0{,}0007$ hat Ph. Gauckler die Geschwindigkeitsformel mit den Exponenten $\alpha = 2/3$ und $\beta = 1/2$ angegeben. Von R. Manning wurde dieser Ausdruck für alle Neigungen als zutreffend erachtet und anstatt K der Rauhigkeitswert $1/n$ nach Ganguillet–Kutter eingesetzt. Damit folgt

$$v = K R^{2/3} J^{1/2} = \frac{1}{n} R^{2/3} J^{1/2} \quad \text{bzw.} \quad C = K R^{1/6} = \frac{1}{n} R^{1/6} . \tag{4.37}$$

Von A. Strickler wurde zur Bestimmung des K-Wertes bei unverkleideten Gerinnen hierzu noch der Ausdruck

$$K = K_s = 4{,}75\,\sqrt{2g}\;d_m^{-1/6} = \frac{K_0}{d_m^{1/6}} = \frac{21}{\sqrt[6]{d_m}} \qquad (4.38)$$

angegeben. Dabei ist $d_m$ der maßgebende Korndurchmesser des Bettmaterials. Die Größe $K_0$ ist jedoch nicht konstant. So ist bei relativen Rauhigkeiten von $r_s = 2 \cdot 10^{-3}$ bis $r_s = 3 \cdot 10^{-2}$ der Wert $K_0 \approx 26$ zutreffend, wie auch schon G. Garbrecht gezeigt hat.

Von Ph. Forchheimer wurde die Geschwindigkeitsformel mit den Exponenten $\alpha = 0{,}7$ und $\beta = 0{,}5$ angegeben.

Nach den Untersuchungen für Druckleitungen hat, wie schon erwähnt, der Exponent $\alpha$ keine konstante Größe. Danach können die Werte nach der einfachen Beziehung

$$\alpha - \frac{1}{2} \approx \frac{7{,}7}{K}$$

ermittelt werden. Die Unterschiede zwischen den Exponenten steigen mit zunehmender Rauhigkeit an.

#### 4.3.2.3 Logarithmische Formeln

Ausgehend von der Prandtl–Colebrookschen Gleichung für den Abfluß in Druckleitungen (s. a. Abschn. 5.2.3) folgt für den Geschwindigkeitsbeiwert

$$C = -A\sqrt{8g}\,\log\left(\frac{x_0 C}{\sqrt{8g}\,\mathrm{Re}} + \frac{r_s}{x_I}\right) = -A\sqrt{8g}\,\log\left[\frac{1}{x}\left(\frac{C}{\mathrm{Re}} + r_s\right)\right] \qquad (4.39)$$

wobei die Größen A = 2 und x = 3,60 sind. Für die Mehrzahl aller vorkommenden Fälle, d. h. im Bereich

$$\mathrm{Re}\; r_s > 100 \quad \text{kann} \quad C = C_I/\sqrt{a}$$

mit

$$C_I = 4\sqrt{2g}\,\log\frac{3{,}60}{r_s} \quad \text{und} \quad a = 1 + \frac{16{,}20}{\mathrm{Re}\; r_s} + \frac{65{,}60}{(\mathrm{Re}\; r_s)^2} \qquad (4.40)$$

gesetzt werden. Eine Änderung gegenüber $C_I$ tritt nur bei Kennzahlen $Re \cdot r_s < 2000$, d. h. $\sqrt{a} > 1{,}005$, auf (Fig. 4-9). Werte hierzu sind in den Tabellen 5-4 und 5-5 enthalten.

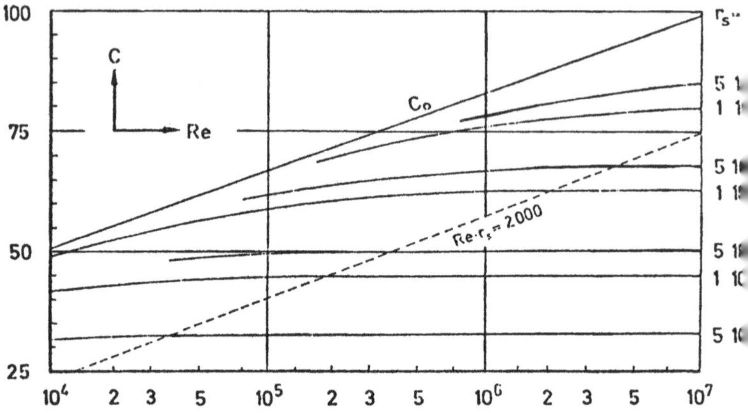


Fig. 4-9 Geschwindigkeitsbeiwerte $C = C\,(Re; r_s)$

Nach Untersuchungen von E. Marchi ist es für Freispiegelgerinne zweckmäßig, mit einem Formbeiwert den hydraulischen Radius zu verändern. Danach folgt als sogenannter Formradius

$$R_* = f\,R = f\,F/U \tag{4.41}$$

wobei der dimensionslose Faktor f lediglich von der Form des Fließquerschnittes abhängig ist. Danach gilt für hydraulisch rauhe Verhältnisse

$$C_I = 4\sqrt{2g}\,\log\frac{3{,}60f}{r_s}\,.$$

Für den Formbeiwert nennt Marchi die in Tabelle 4-4 zusammengestellten Größen.

| Profil | Art | | f |
|---|---|---|---|
| Kreis | Halbe Füllung | y = d/2 | 0,90 |
| Rechteck | Schmal | b/y = 2/3 | 0,90 |
| | Hydr. günstig | b/y = 2 | 0,95 |
| | Breit | b/y = 6 | 0,80 |
| Trapez | Hydr. günstig | m = 1/3; R = y/2 | 1,00 ÷ 0,90 |
| | Breit | | 0,80 |
| Dreieck | Spitz | m = 0,3 | 1,40 |
| | Rechtwinkelig | m = 1,0 | 1,15 |
| | Stumpf | m = 2,5 | 1,00 |

Tab. 4-4 Formbeiwerte nach E. Marchi

Die von J. Bock angegebenen Formbeiwerte stimmen mit denjenigen von Marchi nur teilweise überein.

Es ist einleuchtend, daß die Einführung von Formbeiwerten zutreffend ist und für glatte oder nahezu glatte Verhältnisse bei regelmäßigen Querschnittsformen, also bei künstlichen Gerinnen, auch brauchbar sein wird. Inwieweit ermittelte Werte aus Messungen in kleinen Versuchsrinnen auf große Fließquerschnitte übertragbar sind, ist noch nicht geklärt.

### 4.3.3 Rauhigkeitsverhältnisse

#### 4.3.3.1 Rauhigkeitsskala

In der Tafel 4-5 sind die Größen 1/n und m aus Erfahrungswerten sowie die Größen $\alpha$ aufgrund der Untersuchungen für Druckrohre zusammengestellt. Ausgehend von der Bedingung C = 1/n für R = 1 kann eine einheitliche Rauhigkeitsskala erreicht werden.

Eine Unterscheidung zwischen den Reibungseinflüssen an Gerinnesohle und seitlichen Begrenzungen findet nicht statt. Bei natürlichen Gerinnen wird die Einwirkung der Seitenwände meistens nur aus optischen Gründen überbewertet, weil die Profile normalerweise höhenverzerrt dargestellt sind. Aber auch bei künstlichen Gerinnen ist eine entsprechende Gliederung nicht angebracht. Schon infolge

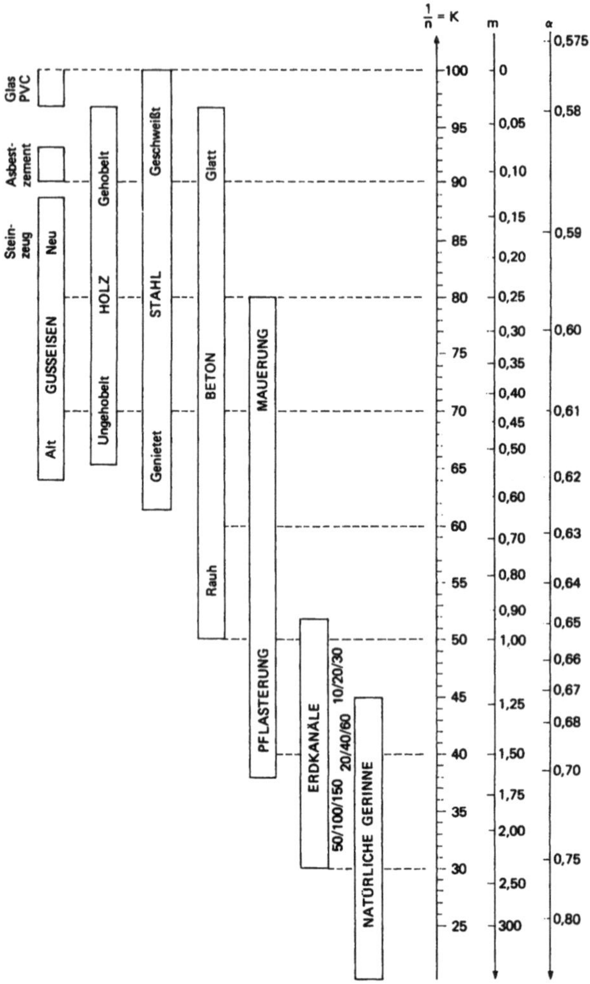


Tab. 4-5 Rauhigkeitsskala

des Streubereiches der Rauhigkeitswerte können dieselben für die betreffende Gerinnebeschaffenheit nur als Mittelwert oder als Parameter angesehen werden.

### 4.3.3.2 Rauhigkeitsänderungen

Eine Änderung der Rauhigkeit ist normalerweise nur bei künstlichen Gerinnen erfaßbar. Sie kann sowohl zwischen der getroffenen Annahme für die Entwurfsberechnung und der betreffenden Ausführung vorhanden sein, als auch im Laufe mehrjähriger Betriebsdauer auftreten. Solche Veränderungen sind naturgemäß von Einfluß auf die Wasserführung und demzufolge bei Kraftanlagen auch auf die Leistung des Werkes.

Unter der Voraussetzung unveränderter Querschnittsabmessungen ist die Auswirkung auf den Geschwindigkeitsbeiwert maßgebend. Werden die ursprünglichen Verhältnisse mit dem Index (1) und die später vorhandenen mit dem Index (2) versehen, so gibt die Relativzahl

$$C_2/C_1 = v_2/v_1 \tag{4.42}$$

den gewünschten Aufschluß über die Folgen einer Rauhigkeitsänderung.

Bei Anwendung der Kutterschen Formel folgt danach mit $R_2 = R_1$ der Ausdruck

$$\frac{C_2}{C_1} = \frac{m_1 + \sqrt{R}}{m_2 + \sqrt{R}}.$$

Mit hinreichender Genauigkeit können die Verhältnisgrößen $C_2/C_1$ für $R = 1$ als Richtwerte angesehen werden, da normalerweise nur Abweichungen von $\Delta m/m < 20\%$ auftreten dürften. Bei Anwendung der Potenzformeln folgt mit konstanten Größen für R und $\alpha$ innerhalb des zu betrachtenden Bereiches unmittelbar die Beziehung

$$C_2/C_1 = K_2/K_1 .$$

Nach den logarithmischen Formeln wird für den in der Praxis vorherrschenden Bereich das Verhältnis

$$\frac{C_2}{C_1} = \frac{\sqrt{a_1}}{\sqrt{a_2}} \frac{\log(3{,}60/r_{s2})}{\log(3{,}60/r_{s1})} \approx \frac{\log(3{,}60/r_{s2})}{\log(3{,}60/r_{s1})}$$

erhalten.

Wird die Abflußänderung als entsprechende Veränderung der Durchflußfläche – bei gleichbleibender Fließgeschwindigkeit – angesehen und der Flächenunterschied als Streifen längs des benetzten Umfanges aufgefaßt, so folgt für die Dicke dieser Zone

$$\frac{\Delta F}{U} = \frac{(1 - Q_2/Q_1)\,F}{U} = (1 - \frac{Q_2}{Q_1})\,R\,.$$

Eine derartige Betrachtung ist natürlich nur bei einer verhältnismäßig geringen Rauhigkeitsänderung gerechtfertigt.

Bei künstlichen Gerinnen mit horizontaler Querschnittssohle werden Änderungen im Abfluß u. U. auch durch Materialablagerungen in den Profilecken verursacht. Von C. Semenza wurde beispielsweise festgestellt, daß bei Trapezprofilen durch eine kreis- oder parabelförmige Ausrundung solche Ablagerungen vermeidbar sind. Leistungsänderungen können sowohl durch Veränderung der Rauhigkeitsverhältnisse als auch durch Veränderung der Durchflußfläche hervorgerufen werden. Wenn beide Einflüsse zusammenwirken, so ist eine genaue Aufgliederung im allgemeinen kaum möglich.

### 4.3.4 Trapezprofil

Für den Trapezquerschnitt (Fig. 4-10) gelten die folgenden allgemeinen Beziehungen.

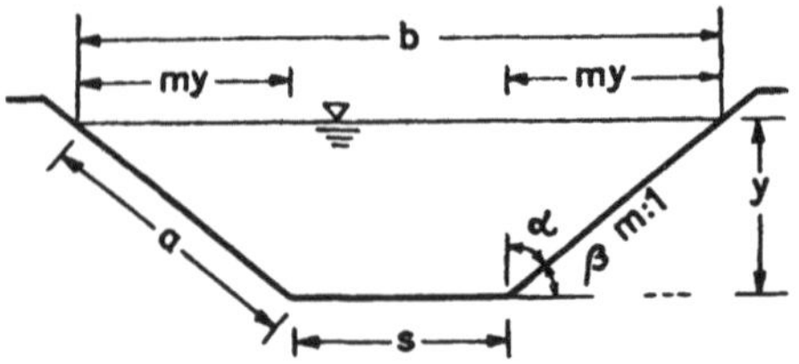


Fig. 4-10 Trapezprofil

$$\left.\begin{array}{ll}
\text{Böschungsneigung} & m = \cot\beta = \tan\alpha \\
\text{Wasserspiegelbreite} & b = s + 2m\,y \\
\text{Benetzte Böschungsseite} & a = \dfrac{y}{\sin\beta} = y\sqrt{1+m^2} \\
\text{Sohlenbreite} & s = b - 2m\,y \\
\text{Querschnittsfläche} & F = \dfrac{s+b}{2}\,y = (s + m\,y)\,y \\
\text{Benetzter Umfang} & U = s + 2a = s + 2y\sqrt{1+m^2} \\
\text{Hydraulischer Radius} & R = \dfrac{F}{U} = \dfrac{y}{2}\,\dfrac{(s+b)}{(s+2a)}
\end{array}\right\} \quad (4.43)$$

Bei unsymmetrischen Querschnittsformen ist $m = (m_1 + m_2)/2$.

Bei hydraulisch günstigen Abmessungen muß zur vorgegebenen Querschnittsfläche der zugehörige benetzte Umfang zur Minimalgröße werden. Von den beiden Veränderlichen, Fülltiefe und Böschungsneigung, ist für die weiteren Betrachtungen jeweils eine Größe festzulegen. Wenn F und y gegeben sind, so folgt aufgrund der Bedingung $dU/dm = 0$ die Beziehung $m = \sqrt{3}/3$, d. h. $\beta = 60°$. Danach hat von allen Trapezen gleicher Fläche dasjenige den geringsten Umfang, welches ein halbes regelmäßiges Sechseck bildet. Es ist selbstverständlich, daß diese steile Böschungsneigung eine gute Befestigung erfordert. Wenn F und m gegeben sind, so wird nach der Bedingung $dU/dy = 0$ die Beziehung

$$F = (2\sqrt{1+m^2} - m)\,y^2 = M\,y^2$$

erhalten. Hiernach können die Formgrößen sowohl auf die Wassertiefe als auch auf die Querschnittsfläche bezogen werden.

Bei beliebiger Trapezform gilt zur Bestimmung für die Relativzahl der Umfangsentwicklung (Gl. 4.3) die Beziehung

$$\omega = \frac{1}{\sqrt{2\pi}}\,\frac{\dfrac{s}{y} + 2\sqrt{1+m^2}}{\sqrt{\dfrac{s}{y} + m}}\,.$$

Für die Ermittelung des Grenzgefälles (Gl. 4.30) sind die von den Rauhigkeitsverhältnissen abhängigen Grundgrößen noch mit den Relativzahlen

$$\frac{U}{b} = \frac{\frac{s}{y} + 2\sqrt{1 + m^2}}{\frac{s}{y} + 2m}$$

zu multiplizieren.

Die Verhältnisse für Rechtecksquerschnitte ($m = 0$ und somit $b = s$) und für Dreiecksquerschnitte ($s = 0$) sind unmittelbar abzulesen.

### 4.3.5 Teilgefülltes Kreisprofil

Für die Berechnung der Abflußverhältnisse in teilgefüllten Rohren (Fig. 4-11) ist es zweckmäßig alle Profilgrößen auf den Vollkreis zu beziehen. Es gelten dann die folgenden Ausdrücke.

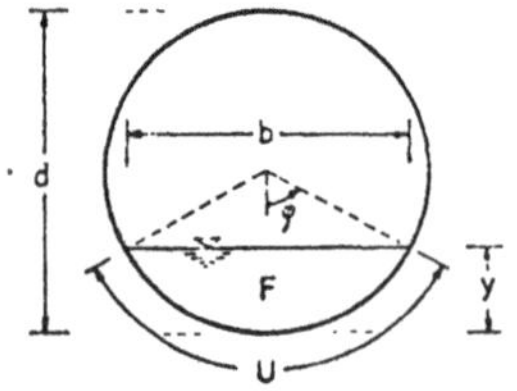


Fig. 4-11 Kreisprofil bei Teilfüllung

$$\left.\begin{array}{ll} \text{Wassertiefe} & y = \tau\, d \\ \text{Spiegelbreite} & b = \beta\, d \\ \text{Fließquerschnitt} & F = \xi\, \dfrac{d^2 \pi}{4} \\ \text{Benetzter Umfang} & U = \eta\, \pi\, d \\ \text{Hydraulischer Radius} & R = \zeta\, \dfrac{d}{4}\,. \end{array}\right\} \qquad (4.44)$$

Danach dienen zur Bestimmung der Verhältniszahlen die Beziehungen:

$$\tau = \frac{1}{2}(1 - \cos\varphi) = \sin^2\frac{\varphi}{2} \quad \text{d.h.} \quad 0 \leq \tau \leq 1$$

$$\beta = \sin\varphi \quad \text{d.h.} \quad 0 \leq \beta \leq 1$$

$$\xi = \frac{1}{\pi}(\text{arc}\,\varphi - \frac{1}{2}\sin 2\varphi) \quad \text{d.h.} \quad 0 \leq \xi \leq 1$$

$$\eta = \frac{\varphi}{180} = \frac{\text{arc}\,\varphi}{\pi} \quad \text{d.h.} \quad 0 \leq \eta \leq 1$$

$$\zeta = \xi/\eta \quad \text{d.h.} \quad 0 \leq \zeta \lesssim 1{,}22.$$

Einige Verhältniszahlen der Profilgrößen sind in den Tabellen 4-6 und 4-7 zusammengestellt.

| $\tau$ | $\beta$ | $\xi$ | $\eta$ | $\zeta$ | $\varphi^0$ |
|---|---|---|---|---|---|
| 0 | 0 | 0 | 0 | 0 | 0 |
| 0,05 | 0,4359 | 0,0187 | 0,1436 | 0,1302 | 25,8 |
| 0,10 | 0,6000 | 0,0520 | 0,2048 | 0,2541 | 36,9 |
| 0,15 | 0,7141 | 0,0941 | 0,2532 | 0,3715 | 45,6 |
| 0,20 | 0,8000 | 0,1424 | 0,2952 | 0,4824 | 53,2 |
| 0,25 | 0,8660 | 0,1955 | 0,3333 | 0,5865 | 60,0 |
| 0,30 | 0,9165 | 0,2523 | 0,3690 | 0,6838 | 66,4 |
| 0,35 | 0,9539 | 0,3119 | 0,4030 | 0,7740 | 72,6 |
| 0,40 | 0,9798 | 0,3735 | 0,4359 | 0,8569 | 78,5 |
| 0,45 | 0,9950 | 0,4364 | 0,4681 | 0,9323 | 84,3 |
| 0,50 | 1,0000 | 0,5000 | 0,5000 | 1,0000 | 90,0 |
| 0,55 | 0,9950 | 0,5636 | 0,5319 | 1,0595 | 95,7 |
| 0,60 | 0,9798 | 0,6265 | 0,5641 | 1,1106 | 101,5 |
| 0,65 | 0,9539 | 0,6881 | 0,5970 | 1,1526 | 107,5 |
| 0,70 | 0,9165 | 0,7477 | 0,6310 | 1,1849 | 113,6 |
| 0,75 | 0,8660 | 0,8045 | 0,6667 | 1,2067 | 120,0 |
| 0,80 | 0,8000 | 0,8576 | 0,7048 | 1,2168 | 126,9 |
| 0,85 | 0,7141 | 0,9059 | 0,7486 | 1,2130 | 134,4 |
| 0,90 | 0,6000 | 0,9480 | 0,7952 | 1,1921 | 143,1 |
| 0,95 | 0,4359 | 0,9813 | 0,8564 | 1,1458 | 154,2 |
| 1,00 | 0 | 1,0000 | 1,0000 | 1,0000 | 180,0 |

Tab. 4-6 Verhältniszahlen der Profilgrößen für teilgefüllte Rohre

| $\varphi^0$ | $\tau$ | $\beta$ | $\xi$ | $\eta$ | $\zeta$ |
|---|---|---|---|---|---|
| 0 | 0 | 0 | 0 | 0 | 0 |
| 10 | 0,0076 | 0,1737 | 0,0011 | 0,0556 | 0,0202 |
| 20 | 0,0302 | 0,3420 | 0,0088 | 0,1111 | 0,0793 |
| 30 | 0,0670 | 0,5000 | 0,0288 | 0,1667 | 0,1730 |
| 40 | 0,1170 | 0,6428 | 0,0655 | 0,2222 | 0,2947 |
| 50 | 0,1786 | 0,7660 | 0,1210 | 0,2778 | 0,4358 |
| 60 | 0,2500 | 0,8660 | 0,1955 | 0,3333 | 0,5865 |
| 70 | 0,3290 | 0,9397 | 0,2866 | 0,3889 | 0,7369 |
| 80 | 0,4132 | 0,9848 | 0,3900 | 0,4444 | 0,8775 |
| 90 | 0,5000 | 1,0000 | 0,5000 | 0,5000 | 1,0000 |
| 100 | 0,5868 | 0,9848 | 0,6010 | 0,5556 | 1,0980 |
| 110 | 0,6710 | 0,9397 | 0,7134 | 0,6111 | 1,1674 |
| 120 | 0,7500 | 0,8660 | 0,8045 | 0,6667 | 1,2068 |
| 130 | 0,8214 | 0,7660 | 0,8790 | 0,7222 | 1,2170 |
| 140 | 0,8830 | 0,6428 | 0,9345 | 0,7778 | 1,2015 |
| 150 | 0,9330 | 0,5000 | 0,9712 | 0,8333 | 1,1654 |
| 160 | 0,9699 | 0,3420 | 0,9912 | 0,8889 | 1,1151 |
| 170 | 0,9924 | 0,1737 | 0,9989 | 0,9444 | 1,0576 |
| 180 | 1,0000 | 0 | 1,0000 | 1,0000 | 1,0000 |

Tab. 4-7 Verhältniszahlen der Profilgrößen für teilgefüllte Rohre

Für die Umfangsentwicklung als Relativzahl zur Beurteilung hydraulisch günstiger Verhältnisse (Gl. 4.3) gilt $\omega = \sqrt{2}\ \eta/\sqrt{\xi}$. Ferner folgt für die zur Bestimmung des Grenzgefälles (Gl. 4.30) erforderlichen profilabhängigen Faktoren der Ausdruck $U/b = \pi\, \eta/\beta$.

Für Berechnungen mit dem Impulssatz oder der dabei auftretenden Stützkraft ist in jedem Begrenzungsquerschnitt die Größe der hydrostatischen Druckkraft zu ermitteln. Hierzu wird der Abstand des Flächenschwerpunktes vom Wasserspiegel nach der Beziehung

$$z_s = \frac{4r \sin^3 \varphi}{3\,(\text{arc}\ 2\varphi - \sin 2\varphi)} - r \cos \varphi \tag{4.45}$$

erhalten. Verhältniszahlen $z_s/r$ sind in Tabelle 4-8 zusammengestellt.

Werden die Abflußgrößen auf diejenigen des vollgefüllten aber noch nicht unter Druck befindlichen Rohres (Index v) bezogen, so gelten

| $\varphi^0$ | $z_s/r$ | $\varphi^0$ | $z_s/r$ | $\varphi^0$ | $z_s/r$ | $\varphi^0$ | $z_s/r$ |
|---|---|---|---|---|---|---|---|
| 0 | | 60 | 0,2050 | 95 | 0,4649 | 130 | 0,7513 |
| 30 | 0,0539 | 65 | 0,2378 | 100 | 0,5059 | 135 | 0,7896 |
| 35 | 0,0729 | 70 | 0,2724 | 105 | 0,5473 | 140 | 0,8264 |
| 40 | 0,0946 | 75 | 0,3085 | 110 | 0,5888 | 145 | 0,8611 |
| 45 | 0,1188 | 80 | 0,3460 | 115 | 0,6303 | 150 | 0,8933 |
| 50 | 0,1453 | 85 | 0,3847 | 120 | 0,6713 | 180 | 1,0000 |
| 55 | 0,1741 | 90 | 0,4244 | 125 | 0,7118 | | |

Tab. 4-8 Verhältniszahlen $z_s/r$ für teilgefüllte Rohre

unter der Voraussetzung eines konstanten Strömungsgefälles mit der vereinfachenden Annahme $C = C_v$ die Näherungswerte

$$v/v_v = \sqrt{\zeta}\,; \quad Q/Q_v = \xi\sqrt{\zeta}\,; \quad Re/Re_v = \zeta^{3/2}\ .$$

Wenngleich die Voraussetzung eines konstanten Geschwindigkeits- bzw. Reibungsbeiwertes für alle Füllungsgrade nicht völlig zutreffend ist, so zeigen die Ergebnisse doch schon die Charakteristik der Verhältnisgrößen auf. Da im Bereich $\tau > 0{,}5$ die Werte $\zeta > 1$ sind, müssen auch Werte $v > v_v$ sowie $Re > Re_v$ auftreten und in einem kleineren Bereich rechnerische Größen $Q > Q_v$ vorhanden sein.

Aufgrund der Potenzformel für hydraulisch rauhe Verhältnisse gilt bei jeweils gleichbleibendem Rauhigkeitsparameter die Verhältnisgröße

$$C/C_v = R^{\alpha - 1/2}/R_v^{\alpha - 1/2} = \zeta^{\alpha - 1/2}\ . \tag{4.46}$$

Der Exponent $\alpha = 5/8$ ist für teilgefüllte Rohre bei ungestörtem freien Abfluß meistens zutreffend.

Nach diesen Ausführungen kann bei Füllungsgraden $0{,}83 < \tau < 1$ theoretisch eine größere Wassermenge abgeführt werden als im soeben vollgefüllten Zustand ($\tau = 1$), d. h. bei welchem die Piezometerlinie im Rohrscheitel liegt. Diese Betrachtungen setzen gleichförmigen Fließvorgang und völlig ungehinderte Luftzirkulation längs des Rohrscheitels voraus. Die freie Luftbewegung ist bei

Versuchsanordnungen zu ermöglichen, bei Großausführungen in der Natur ist sie jedoch nicht gewährleistet. In experimentellen Untersuchungen wurde von A. Schoklitsch festgestellt, daß bei steigenden Füllungsgraden der Fall $Q > Q_v$ bis etwa $\tau = 0{,}90$ erreicht werden kann; bei weiterem Ansteigen der Wasserführung erfolgt dann plötzlich der Übergang zum Druckrohr. Ebenso unmittelbar findet der Übergang vom Druckrohr zum Abfluß mit freiem Wasserspiegel statt. In Versuchen mit sorgfältiger Anordnung von Belüftungen am Rohrscheitel konnte von R. Janousch bei steigenden Füllungsgraden im Strömen bis $\tau = 0{,}94$ und im Schießen bis $\tau = 0{,}90$ experimentiert werden.

Grundsätzlich ist zu bemerken, daß in geschlossenen Leitungen bei großen Fülltiefen, also im Bereich der theoretischen Werte $Q > Q_v$, die Reibungsverhältnisse infolge der Luftbewegung am Scheitel wesentlich beeinträchtigt werden. Versuchsergebnisse, die den Fall $Q > Q_v$ für $\tau > 0{,}83$ nicht bestätigen, sind ebenso glaubwürdig wie Untersuchungen, die diese Erscheinung nachweisen.

Für die Praxis ist es empfehlenswert bei Teilfüllungen in geschlossenen Gerinnen nicht mit Wasserführungen $Q > Q_v$ zu rechnen, weil die Luftbewegung am Scheitel keineswegs frei ist. Auch die Schächte in Abwasserleitungen gewährleisten nicht unumschränkt freie Luftzirkulation.

### 4.3.6 Stollenprofile

Bei Freispiegelstollen muß über dem Wasserspiegel ein ausreichender Luftraum vorhanden sein. Nach M. Pernt soll die praktisch zulässige Fülltiefe höchstens $y = 1{,}7\,r$ betragen. Nachstehend werden, ausgehend vom sogenannten Grundkreis, drei gebräuchliche Profiltypen genannt und Berechnungsformeln zu Füllungen $r \leq y < 2r$ angegeben.

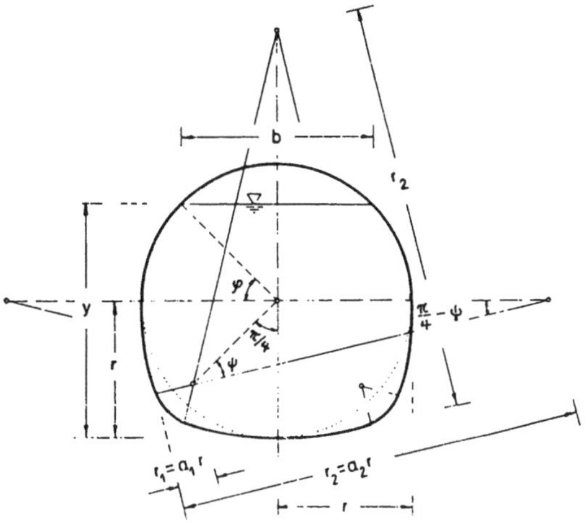

Fig. 4-12 Korbbogenprofil

Für das Korbbogenprofil (Fig. 4-12) gelten zur Bestimmung von benetzter Querschnittsfläche und benetztem Umfang die Beziehungen

$$\frac{F}{r^2} = \frac{1}{2}(2\widehat{\varphi} + \sin 2\varphi) +$$

$$+ 2\left[a_2^2 \frac{\pi}{4} - (a_2^2 - a_1^2)\,\psi - (a_2 - 1)(a_2 - a_1)\sin\left(\frac{\pi}{4} - \psi\right)\right] \qquad (4.47)$$

und

$$\frac{U}{r} = 2\widehat{\varphi} + a_2\pi - 4(a_2 - a_1)\,\widehat{\psi}$$

wobei

$$(a_2 - a_1)\sqrt{2}\,\sin\psi - (a_2 - 1) = 0$$

ist. Werden die Größen $a_1 = 0{,}25$ und $a_2 = 3{,}00$ gewählt, so folgt aufgrund der Bedingungsgleichung

$$\sin \psi = \frac{a_2 - 1}{(a_2 - a_1)\sqrt{2}} = \frac{\sqrt{2}}{2{,}75} \tag{4.48}$$

die Größe $\psi = 30^\circ\ 56{,}9'$, d. h. im Bogenmaß $\widehat{\psi} = 0{,}540$.

Das Trogprofil (Fig. 4-13) ist durch seine einfache Form mit den Beziehungen

$$\frac{F}{r^2} = \frac{1}{2}(2\widehat{\varphi} + \sin 2\varphi) + 2 - \frac{a_1^2}{2}(4 - \pi)$$

sowie (4.49)

$$\frac{U}{r} = 2\widehat{\varphi} + 4 - a_1\ (4 - \pi)$$

und $a_1 = 0{,}25$ auch in bautechnischer Betrachtung als günstig anzusehen. Für die lichten Hauptmaße gilt ebenfalls $H/B = 1$.

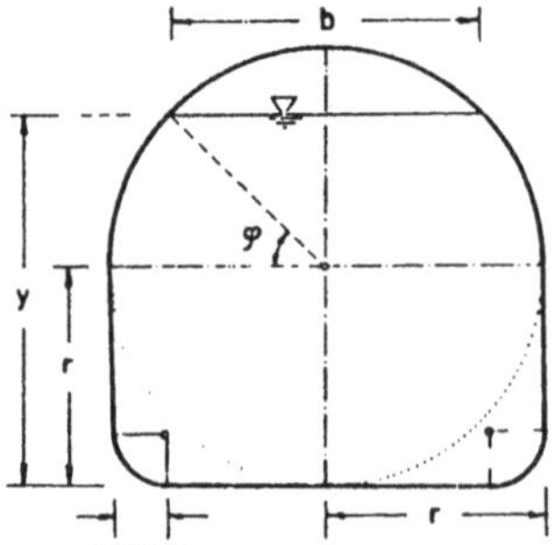


Fig. 4-13 Normales Trogprofil

Das schmale Trogprofil (Fig. 4-14) hat im Gegensatz zu den beiden vorgenannten Formen eine Breite, die geringer als die lichte Höhe ist. Mit der Annahme $B = 1{,}5\,r$ folgt $\cos\delta = 0{,}75$ bzw. $\delta = 41^\circ$ $24{,}5'$. Bei Spiegellagen im Bereich des Stichgewölbes, also für $\varphi \geq \delta$, gelten die Beziehungen

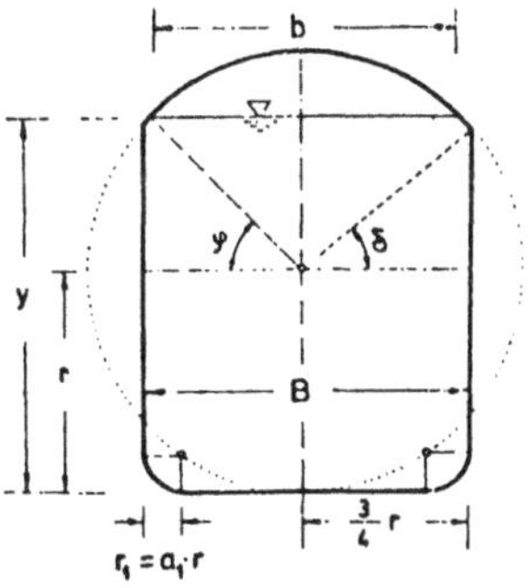


Fig. 4-14 Schmales Trogprofil

$$\frac{F}{r^2} = \frac{1}{2}(2\widehat{\varphi} + \sin 2\varphi) - \frac{a_1^2}{2}(4 - \pi) + 1{,}2733$$

und (4.50)

$$\frac{U}{r} = 2\widehat{\varphi} - a_1(4 - \pi) + 3{,}3774$$

während für die niedrigeren Wasserstände mit $\varphi \leq \delta$ die Formeln

$$F = \frac{3}{2} yr - a_1^2 r^2 \left(2 - \frac{\pi}{2}\right)$$

und

$$U = 2y + (1{,}5 + a_1 \pi - 4 a_1) r$$

erhalten werden. Hierzu wird meistens $a_1 = 0{,}20$ gewählt.

## 4.4 Ungleichförmige Bewegung

### 4.4.1 Grundbegriffe

Die stationär ungleichförmige Fließbewegung kann in zwei generellen Formen auftreten, und zwar ohne Fließwechsel und mit Fließwechsel. Für die erstgenannte Form bietet die Berechnung der Wasserspiegellage, also beschleunigte Bewegung ohne Fließwechsel und verzögerte Bewegung ohne Fließwechsel, sowohl im strömenden als auch im schießenden Bereich, keine Schwierigkeiten. Der Berechnungsgang kann sowohl stromaufwärts als auch stromabwärts erfolgen. Selbstverständlich sind die Vorzeichenregeln zu beachten. Bei der anderen Form muß grundsätzlich zwischen den beiden Arten des Überganges unterschieden werden, also beschleunigte Bewegung mit Fließwechsel, d. h. mit Übergang von der strömenden in die schießende Fließart, und verzögerte Bewegung mit Fließwechsel, d. h. mit Übergang von der schießenden in die strömende Fließart. Der Übergang von der strömenden in die schießende Fließart erfolgt kontinuierlich. Hierfür ist es zunächst erforderlich, die Verhältnisse an der Übergangsstelle, also am Orte der Grenztiefe, zu bestimmen. Die Berechnung des Spiegelverlaufes erfolgt dann zweckmäßig von dort aus, und zwar im strömenden Bereich stromaufwärts und im schießenden Bereich stromabwärts.

Der Übergang von der schießenden in die strömende Fließart erfolgt diskontinuierlich. Hierbei kann im Bereich der Verzögerungsstrecke die Grenztiefe nicht auftreten. Der Fließwechsel erfolgt sprungartig. Die Berechnung für den Bereich dieses Wechsel- oder Wassersprunges ist gesondert durchzuführen.

### 4.4.2 Gleichung der Spiegellinie

Es wird vorausgesetzt, daß in jedem Querschnitt die Wasserspiegellage horizontal und der Druck statisch verteilt ist. Ferner soll das Gefälle gering sein, so daß mit hinreichender Genauigkeit ds = dx gesetzt werden kann. Weiterhin wird für den Korrektionsfaktor der Geschwindigkeitshöhe $\alpha = 1$ angenommen. Für einen Gerinneabschnitt mit ungleichförmiger Bewegung (Fig. 4-15) gilt ausgehend von den Beziehungen

$$\frac{de}{dx} = \frac{d}{dx}(z + y + k) \quad \text{und} \quad \frac{dh}{dx} = \frac{d}{dx}(z + y)$$

der Ausdruck

$$\frac{dy}{dx} = J_s - J_e - \frac{dk}{dx} = J_s - J_w \,. \tag{4.51}$$

Bezogen auf die Energiehöhe über der Gerinnesohle wird zudem

$$\frac{dH}{dx} = \frac{d}{dx}(y + k) = \frac{d}{dx}(e - z) = J_s - J_e \tag{4.52}$$

erhalten. Mit der Beziehung für die Froude-Zahl (Gl. 1.30) folgt der Ausdruck

$$\frac{dH}{dy} = \frac{d}{dy}(y + k) = \frac{d}{dy}\left(y + \frac{Q^2}{2gF^2}\right) = 1 - \frac{bQ^2}{gF^3} = 1 - Fr^2 \,. \tag{4.53}$$

Damit kann unmittelbar

$$\frac{dy}{dx} = \frac{dH/dx}{dH/dy} = \frac{J_s - J_e}{1 - Fr^2} \quad \text{bzw.} \quad J_w = J_s - \frac{dy}{dx} = J_e - \frac{dy}{dx} Fr^2 \tag{4.54}$$

geschrieben werden.

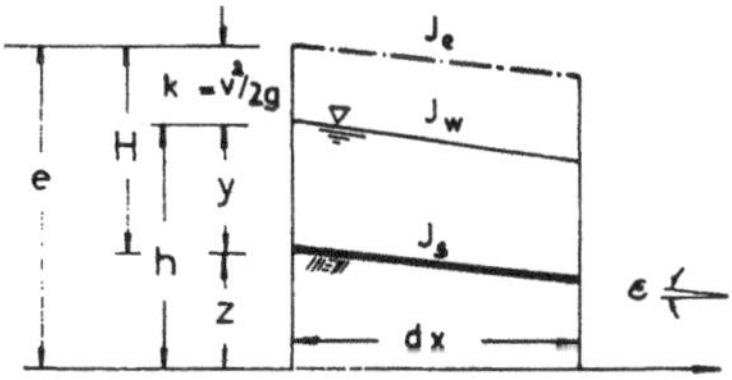


Fig. 4-15 Bezeichnungen für einen Gerinneabschnitt

Diese Behandlung von Strömungsvorgängen in offenen Gerinnen ist nur dann möglich, wenn die Abflußvorgänge stetig verlaufen. Die Voraussetzung dazu ist, daß die Gerinnequerschnitte entweder in ihrer Grundform unveränderlich sind oder daß ihre Veränderung nach einem bestimmten Gesetz erfolgt und somit mathematisch erfaßbar ist.

Bei gleichbleibender Gerinneform wird ausgehend von der allgemeinen Differentialgleichung der Spiegelkurve unter Berücksichtigung der Ausdrücke für das relative Energieliniengefälle und für das entsprechende Sohlengefälle bei stationär gleichförmiger Bewegung (ungestörte Verhältnisse) sowie der Kontinuitätsbedingung nach entsprechender Umstellung die Form

$$\frac{dy}{dx}\left(F^3 - F_u^2 \frac{v_u^2}{g} b\right) = J_s \left(F^3 - F_u^3 \frac{C_u^2 U}{C^2 U_u}\right) \qquad (4.55)$$

erhalten. Mit der Beziehung für das Grenzgefälle und Berücksichtigung von Gleichung (4.32) folgt der Ausdruck

$$\frac{dy}{dx}\left(1 - \frac{J_s}{J_c} \frac{\bar{A}_u^2}{\bar{A}^2}\right) = J_s \left(1 - \frac{\bar{A}_u^2}{\bar{A}^2}\right). \qquad (4.56)$$

Voraussetzungsgemäß ist in diesen Gleichungen der Einfluß infolge Krümmung der Strombahnen vernachlässigt.

Die Gleichung der Spiegelkurve lautet für Gerinne mit Rechtecksquerschnitt

$$\frac{dy}{dx} = J_s \frac{y^3 - y_u^3 \dfrac{C_u^2 U}{C^2 U_u}}{y^3 - y_u^2 \dfrac{v_u^2}{g}}$$

und bei Berücksichtigung des Ausdruckes für die Grenztiefe folgt

$$\frac{dy}{dx} = J_s \frac{y^3 - y_u^3 (C_u^2 U)/(C^2 U_u)}{y^3 - y_c^3} \quad . \qquad (4.57)$$

Für breite Rechtecksgerinne ($b \gg y$) kann mit hinreichender Genauigkeit $U = U_u$ und auch $C = C_u$ gesetzt werden. Damit geht die Differentialgleichung über in

$$\frac{dy}{dx} = J_s \frac{y^3 - y_u^3}{y^3 - y_c^3} = J_s \frac{1 - (y_u/y)^3}{1 - (y_c/y)^3} \qquad (4.58)$$

und für das relative Spiegelgefälle wird der Ausdruck

$$J_w = J_s - \frac{dy}{dx} = J_s \left(1 - \frac{y^3 - y_u^3}{y^3 - y_c^3}\right) = J_s \frac{y_u^3 - y_c^3}{y^3 - y_c^3} \tag{4.59}$$

erhalten. Weiterhin ist es gebräuchlich die Gleichung in der Form

$$J_s dx = \frac{y^3 - y_c^3}{y^3 - y_u^3} dy = [1 + \frac{y_u^3 - y_c^3}{y^3 - y_u^3}] dy \tag{4.60}$$

zu schreiben und auch mit der konstanten Relativzahl

$$r = y_c^3/y_u^3 = v_u^2/(g\,y_u) = C_u^2 \cdot J_s/g = J_s/J_c$$

auszudrücken.

Werden die Längen entgegen der Fließrichtung gezählt, so folgen mit $l = -x$ analoge Gleichungen.

### 4.4.3 Lösung der Gleichung für breite Rechtecksprofile

Als Lösung der Differentialgleichung für breite Rechtecksprofile wird der Ausdruck

$$\frac{J_s x}{y_u} = \frac{y}{y_u} + \frac{y_u^3 - y_c^3}{y_u^3} [\frac{1}{6} \ln \frac{(y/y_u - 1)^2}{y^2/y_u^2 + y/y_u + 1} - \frac{1}{\sqrt{3}} \arctan \frac{2y/y_u + 1}{\sqrt{3}}] + C$$

$$= \frac{y}{y_u} + \left(1 - \frac{y_c^3}{y_u^3}\right) \psi\left(\frac{y}{y_u}\right) + C \tag{4.61}$$

erhalten. Die Funktionswerte $\psi\,(y/y_u)$ können für vorgegebene Verhältniszahlen $y/y_u$ berechnet werden. Dies ist jedoch nur für durchgehend strömende Fließvorgänge, d. h. $y > y_c$ und $y_u > y_c$, also die verzögerte Bewegung im strömenden Bereich (Staukurve) und die beschleunigte Bewegung im strömenden Bereich (Senkungskurve), von Bedeutung.

Mit den entsprechenden Ausdrücken für die Gesamtlänge (x = X und y = Y) folgt sodann mit der Länge entgegen der Fließrichtung

$$\frac{J_s l}{y_u} = \frac{J_s (X - x)}{y_u} = \frac{Y}{y_u} - \frac{y}{y_u} + (1 - \frac{y_c^3}{y_u^3}) [\psi (\frac{Y}{y_u}) - \psi (\frac{y}{y_u})] . \tag{4.62}$$

Danach kann in allgemeiner Form für Längenintervalle

$$\frac{J_s}{y_u} \Delta l = \frac{J_s}{y_u} \Delta x = \frac{y_R}{y_u} - \frac{y_L}{y_u} + (1 - \frac{y_c^3}{y_u^3}) (\psi_R - \psi_L) \tag{4.63}$$

gesetzt werden, wobei die Abschnittslängen – ohne Beachtung der Fließrichtung – positives Vorzeichen haben. Für $y \to y_u$, d. h. $y/y_u \to 1$, wird $x \to -\infty$. Die Linie des ungestörten Wasserspiegels ist demnach Asymptote zur Stau- bzw. Senkungslinie (Fig. 4-40). Das praktische Ende der Spiegelkurven wird gewöhnlich dort angenommen, wo der Tiefenunterschied zwischen ungleichförmiger und gleichförmiger Strömung $|y - y_u| = y_u/100$ ist.

Unter Vernachlässigung des Einflusses der kinetischen Energie werden entsprechend vereinfachte Ausdrücke erhalten. Danach folgen für Entfernungen entgegen der Fließrichtung und für beliebige Längenintervalle die Ausdrücke

$$\frac{J_s}{y_u} l = \frac{J_s}{y_u} (X - x) = \frac{Y}{y_u} - \frac{y}{y_u} + [\psi (\frac{Y}{y_u}) - \psi (\frac{y}{y_u})]$$

und (4.64)

$$\frac{J_s}{y_u} \Delta l = \frac{J_s}{y_u} \Delta x = \frac{y_R}{y_u} - \frac{y_L}{y_u} + (\psi_R - \psi_L) .$$

Untersuchungen dieser Art wurden schon von J. Dupuit, von M. Rühlmann und von J. A. Ch. Bresse angestellt.

Bei der Spiegelkurve sind zunächst je drei Äste für strömenden und für schießenden Normalabfluß zu unterscheiden, wie aus der Zusammenstellung (Tab. 4-9) und der entsprechenden graphischen Darstellung (Fig. 4-16) zu ersehen ist.

| $\frac{J_s}{J_c}$ | $\frac{y_u}{y_c}$ | y | $\frac{dy}{dx}$ | $J_w$ | $\frac{J_s}{J_e}$ | Fr | Ast |
|---|---|---|---|---|---|---|---|
| < 1 | > 1 | $y > y_u > y_c$<br>$y_u > y > y_c$<br>$y_u > y_c > y$ | > 0<br>< 0<br>> 0 | > 0<br>> 0<br>< 0 | > 1<br>< 1<br>> 1 | < 1<br>< 1<br>> 1 | (1)<br>(2)<br>(3) |
| > 1 | < 1 | $y > y_c > y_u$<br>$y_c > y > y_u$<br>$y_c > y_u > y$ | > 0<br>< 0<br>> 0 | < 0<br>> 0<br>> 0 | > 1<br>> 1<br>< 1 | < 1<br>> 1<br>> 1 | (4)<br>(5)<br>(6) |

Tab. 4-9 Abflußverhältnisse mit $J_s > 0$ und $J_s/J_c \neq 1$

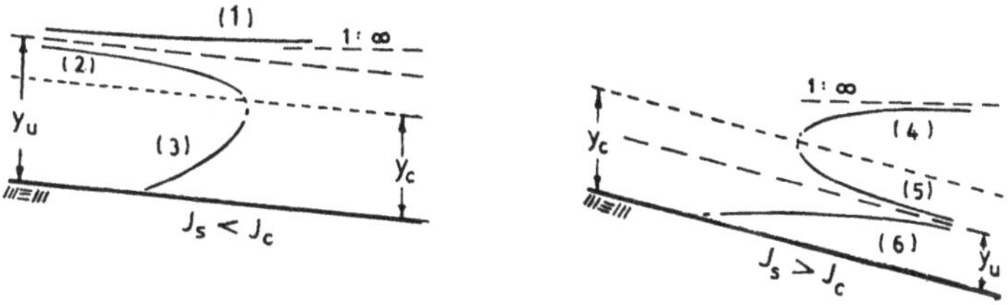


Fig. 4-16 Verhältnisse bei strömendem und schießendem Normalabfluß

Die anderen Kurvenäste, jeweils zwei für $J_s = J_c$, $J_s = 0$ und $J_s < 0$, haben nur geringe Bedeutung, weil die betreffenden Gefälleverhältnisse lediglich bei kurzen Übergangsstrecken auftreten.

### 4.4.4 Wechselsprung

Der Wechsel- oder Wassersprung tritt auf, wenn ein schießender Wasserstrom abgebremst wird und dann in die strömende Fließart übergeht. Beobachtungen des Vorganges führte schon Leonardo da Vinci aus; Beschreibungen und Hinweise gab ferner G. Guglielmini. Die ersten bekannten systematischen Untersuchungen wurden von G. Bidone durchgeführt.

Der Wechselsprung hat eine Deckwalze, wenn die Froudesche Kennzahl des Schußstrahles $Fr > 1{,}7$ ist. Für kleinere Froude-Zahlen im Bereich $1 < Fr < 1{,}7$ erfolgt der Übergang von der schießenden in die strömende Fließart in gewellter Form. Hierbei sind bei $1 < Fr < 1{,}6$ lediglich Oberflächenwellen sowie schwach ausgeprägte Grundwalzen und bei $1{,}6 < Fr < 1{,}7$ Oberflächenwellen mit kleiner Deckwalze am Anlauf vorhanden.

#### 4.4.4.1 Freie Deckwalze

Für die folgenden Betrachtungen wird vorausgesetzt, daß der Deckwalzenfuß unmittelbar am Beginn der Verzögerungsstrecke liegt und der Abfluß in einem Rechtecksgerinne mit konstanter Breite erfolgt. Weiterhin werden geradlinig parallele Strombahnen in den Berechnungsquerschnitten angenommen. Nach Untersuchungen des U. S. Bureau of Reclamation kann bei horizontaler Sohle der Wechselsprung mit freier Deckwalze in verschiedene Arten unterteilt werden, und zwar:

| | |
|---|---|
| $1{,}7 \lesssim Fr \lesssim 2{,}5$ | Schwacher Wechselsprung (Weak jump) |
| $2{,}5 \lesssim Fr \lesssim 4{,}5$ | Wechselsprung mit oszillierendem Strahl (Oscillating jump) |
| $4{,}5 \lesssim Fr \lesssim 9{,}0$ | Wechselsprung mit stabilem Strahl (Steady jump) |
| $Fr \gtrsim 9{,}0$ | Starker Wechselsprung (Strong jump) |

Bei langen Schußstrecken ist zu berücksichtigen, daß der Strahl infolge der hohen Geschwindigkeit Luft aufnimmt und daher die Angaben, die einen kurzen luftfreien Schußstrahl voraussetzen, nicht uneingeschränkt übertragbar sind.

Im Bereich der Verzögerungsstrecke mit überlagerter Deckwalze ist es nicht möglich, die Bewegung der einzelnen Flüssigkeitsteilchen zu erfassen. Mit Hilfe des Impulssatzes werden jedoch

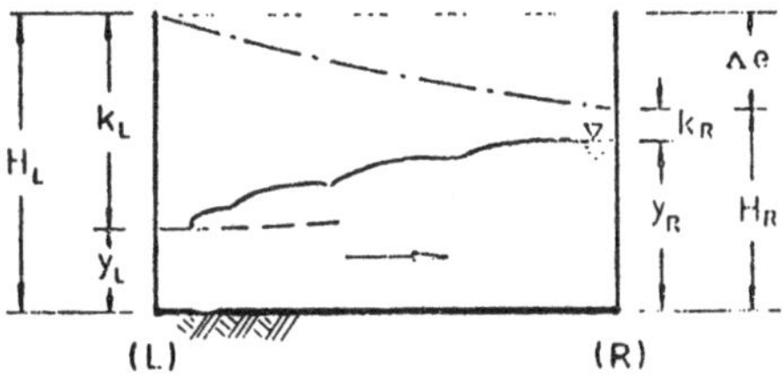


Fig. 4-17 Wechselsprung mit freier Deckwalze

Aussagen über die Verhältnisse an den Randflächen des abgegrenzten Flüssigkeitsgebietes (Fig. 4-17) gewonnen.

Wenn von den äußeren Kräften lediglich die in den beiden Begrenzungsquerschnitten wirkenden Druckkräfte berücksichtigt werden, so folgt für die Stützkraft (Abschn. 4.2.2) eine konstante Größe. Angewandt auf die Verhältnisse in Gerinnen mit Rechtecksprofil und horizontaler Sohle wird mit $\overline{\alpha} = 1$ über die Beziehung

$$y_R^2 + y_L y_R - \frac{2}{g} v_L^2 y_L = 0$$

für das Tiefenverhältnis der Ausdruck

$$\frac{y_R}{y_L} = \frac{1}{2}(\sqrt{1 + 8\mathrm{Fr}_L^2} - 1) \qquad (4.65)$$

erhalten. Mit hinreichender Genauigkeit kann dafür

$$\frac{y_R}{y_L} = 1 + \frac{7}{5}(\mathrm{Fr}_L - 1)$$

gesetzt werden. Die beiden Wassertiefen stellen die korrespondierenden Größen unter S = const dar (Gl. 4.25 u. 4.26). Aufgrund der getroffenen vereinfachenden Annahme (Abschn. 4.2.5) wird für die

Tiefe unterstrom ein etwas zu großer Wert erhalten. Danach ist auch zu erkennen, daß in der einfachen Näherungsformel

$$y_R = \omega \sqrt{y_L k_L} = \omega \frac{y_L Fr_L}{\sqrt{2}}$$

der Zahlenfaktor keine konstante Größe ist, sondern allgemein im Bereich $1{,}5 < \omega \lesssim 2{,}0$ liegt.

Ist die ungestörte Unterwassertiefe, die einzig und allein von den dortigen Gerinneverhältnissen abhängig ist, kleiner als der rechnerische Wert $y_R$, so muß ein Tosbecken angeordnet werden.

Für das absolute Energieliniengefälle zwischen den beiden Begrenzungsquerschnitten wird unter S = const die schon von Bresse genannte Beziehung

$$\Delta e = y_L - y_R + \frac{(y_R^2 - y_L^2)(y_L + y_R)}{4 y_L y_R} = \frac{(y_R - y_L)^3}{4 y_L y_R} \tag{4.66}$$

erhalten, die in dimensionsloser Schreibweise

$$\frac{\Delta e}{y_L} = \frac{1}{16} \frac{(\sqrt{1 + 8 Fr_L^2} - 3)^3}{\sqrt{1 + 8 Fr_L^2} - 1} \tag{4.67}$$

lautet. In analoger Weise kann mit Hilfe der Verhältniszahl $H_R/H_L$ die Beziehung zwischen Verlusthöhe und Energiehöhe in der Senke ($\Delta e/H_L = 1 - H_R/H_L$) ermittelt werden.

Wenn die Verlusthöhe als Prozentsatz des Unterschiedes der Geschwindigkeitshöhen ausgedrückt werden soll, d. h. $\Delta e = \Delta y + \Delta k = \zeta \Delta k$, so folgen für den Verlusthöhenbeiwert aufgrund der Beziehung S = const die in Tabelle 4-10 genannten Werte.

Wird zur Berechnung der Verlusthöhe die von J. Ch. Borda bei plötzlichen Erweiterungen in Druckrohren angewandte Formel $\Delta e = (v_L - v_R)^2/2g$ herangezogen, so folgen größere Werte als nach dem Ausdruck von Bresse. Hierauf haben schon Ch. Jaeger und J. Frank hingewiesen.

| $Fr_L$ | $\zeta = \Delta e/\Delta k$ | $Fr_L$ | $\zeta = \Delta e/\Delta k$ |
|---|---|---|---|
| 1,0 | 0 | 5,0 | 0,542 |
| 2,0 | 0,166 | 6,0 | 0,605 |
| 3,0 | 0,337 | 7,0 | 0,653 |
| 4,0 | 0,457 | 8,0 | 0,690 |

Tab. 4-10 Verlusthöhenbeiwerte für den Bereich der Deckwalze

Zwischen den Wassertiefen der beiden Begrenzungsquerschnitte des Fließwechselbereiches $y_L < y_c$ und $y_R > y_c$ kann längs der Verzögerungsstrecke die Grenztiefe nicht auftreten, weil in einem solchen Falle die Energiehöhe $H = H_{min}$ sein müßte. Dies würde bedeuten, daß in Fließrichtung ein Ansteigen der Energielinie erforderlich wäre, was jedoch völlig unmöglich ist. Demzufolge muß bei einer bestimmten Energiehöhe $H > H_{min}$ der Übergang vom schießenden zum strömenden Fließvorgang sprungartig erfolgen. Dieser Sprung wird zweifellos unmittelbar am Ende der Verzögerungsstrecke liegen, weil nur dort die Sprunghöhe den Minimalwert erreicht. Leonardo da Vinci hat mit dem Satz „Ogni actione di natura è fatta per la più breve via ch'è possibile" schon darauf hingewiesen, daß die Vorgänge in der Natur stets auf dem kürzesten Wege erfolgen. Wird der Ort des Sprunges beim Übergang der Energielinie zwischen Unterwasser und Walzenbereich angenommen, so entspricht die Sprunghöhe dem Unterschied zwischen den korrespondierenden Tiefen unter $H = H_R$. Zumindest stellt dies den theoretischen Minimalwert dar. Im Querschnitt (R) ist somit außer der Fließtiefe $y = y'$ (strömender Abfluß) noch die unter $H = \text{const}$ zugehörige Tiefe $y''$ (schießender Abfluß) von Bedeutung. Für die Sprunghöhe gilt dann

$$\Delta y = y_R' - y_R'' = (\rho_R' - \rho_R'')\, H_R = \Delta\rho_R\, H_R\,. \tag{4.68}$$

Ausgehend von den Verhältnissen im Querschnitt (L) folgen mit Hilfe der Verhältniszahlen $Fr_R/Fr_L = (y_L/y_R)^{3/2}$ die entsprechenden Relativwerte im Querschnitt (R) zu

$$\frac{y_R}{H_R} = \rho_R = \frac{2}{2 + Fr_R^2} \quad \text{und} \quad \Delta\rho_R = \rho'_R - \rho''_R .$$

Einzelwerte hierzu sind in Tabelle 4-11 zusammengestellt.

| $Fr_L$ | $\rho_L$ | $Fr_R$ | $\rho_R$ | $\Delta\rho_R$ |
|---|---|---|---|---|
| 1,00 | 2/3 | 1,000 | 2/3 | 0 |
| 1,50 | 0,4706 | 0,689 | 0,8081 | 0,3068 |
| 2,00 | 0,3333 | 0,547 | 0,8697 | 0,4617 |
| 2,50 | 0,2424 | 0,465 | 0,9026 | 0,5534 |
| 3,00 | 0,1818 | 0,410 | 0,9226 | 0,6140 |
| 3,50 | 0,1404 | 0,370 | 0,9360 | 0,6572 |
| 4,00 | 0,1111 | 0,339 | 0,9455 | 0,6898 |
| 4,50 | 0,0899 | 0,315 | 0,9526 | 0,7152 |
| 5,00 | 0,0741 | 0,296 | 0,9581 | 0,7358 |
| 6,00 | 0,0526 | 0,265 | 0,9660 | 0,7671 |
| 7,00 | 0,0392 | 0,242 | 0,9715 | 0,7900 |
| 8,00 | 0,0303 | 0,225 | 0,9754 | 0,8077 |

Tab. 4-11 Relativwerte zur theoretischen Sprunghöhe

Zur Ermittelung der Deckwalzenlänge – und bei Annahme des Walzenfußes in der Senke auch der sogenannten Wechselsprunglänge – sind schon viele empirische Gebrauchsformeln aufgestellt worden. Der Verlauf einiger Linien $l/y_L = f(Fr_L)$ ist aus dem Diagramm (Fig. 4-18) zu ersehen. Die Abweichungen zwischen den einzelnen Ergebnissen beruhen im wesentlichen auf der unterschiedlichen Annahme des Walzenendes und auf mangelnden Angaben über den Gültigkeitsbereich. Die Mehrzahl der Formeln kann in vier Gruppen eingereiht werden, und zwar:

(1) $l/y_L = A\,Fr_L$

(2) $l/y_L = B\,y_R/y_L$

(3) $l/y_L = C\,(y_R/y_L - 1)$

(4) $l/y_L = D\,(Fr_L - E)$ .

Die Größen A bis E sind teils konstant und teils variabel. Nach eigenen Untersuchungen kann als Bestimmungsgleichung

$$l/y_L = 8{,}5\,(Fr_L - 1{,}7) \qquad (4.69)$$

dienen. Hierbei wurde das Ende der Deckwalze in dem Querschnitt angenommen, in welchem an der Oberfläche keine Rückströmung mehr zu erkennen ist.

Es ist ebenso gebräuchlich in entsprechender Form die Längen mit den Relativwerten $l/y_R$ oder $l/(y_R - y_L)$ auszudrücken und darzustellen. Aus der Darstellung der letztgenannten Beziehung (Fig. 4-19) ist zu ersehen, daß die Formeln von J. Smetana und C. Woycicki nicht uneingeschränkte Gültigkeit haben können.

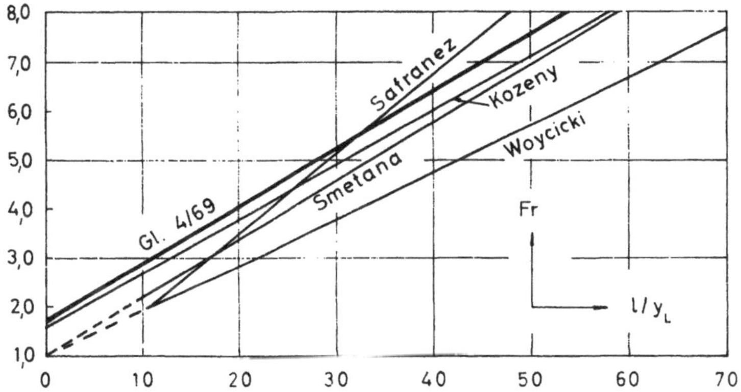


Fig. 4-18 Bestimmung der Walzenlänge nach der Beziehung $l/y_L = f\,(Fr_L)$

Als Näherungsformel für die Bestimmung der Walzenlänge in breiten Rechtecksgerinnen ($R \approx y$) hat K. Flierl den Ausdruck

$$l = C^2 \left(\frac{y_R'' - y_L}{g} - \frac{y_R''^4 - y_L^4}{4q^2}\right) = \frac{C^2}{g}\left(y_R'' - y_L - \frac{y_R''^4 - y_L^4}{4y_c^3}\right)$$

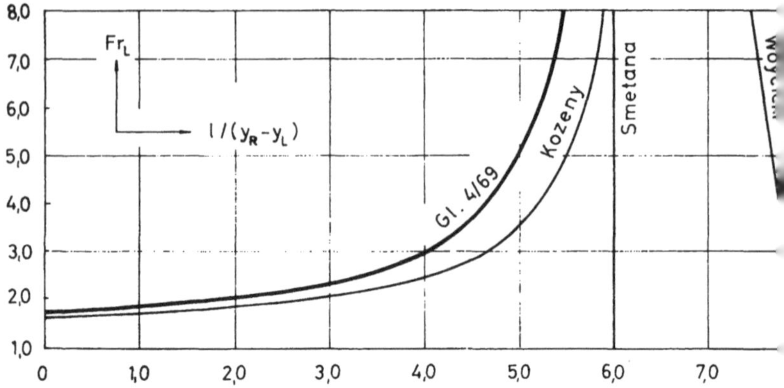


Fig. 4-19 Bestimmung der Walzenlänge nach der Beziehung $l/(y_R - y_L) = f(Fr_L)$

abgeleitet. Danach ist die Länge von der Steigung des Schußstrahles abhängig. Eine direkte Proportionalität mit dem Tiefenunterschied besteht jedoch nur dann, wenn das zweite Glied in der Klammer vernachlässigt werden kann. Bei geringer Steigung und großer Wasserführung wird dies zutreffen. Der Geschwindigkeitsbeiwert C umfaßt hierbei sowohl den Einfluß der Gerinnerauhigkeit als auch denjenigen der Deckwalze.

Für die Länge des Tosbeckens ist die freie Walzenlänge von besonderer Bedeutung. Die Senke soll hierbei am Beginn des Beckens liegen. Die erforderliche Tiefe kann aufgrund der einfachen Beziehung

$$w = H_R - H_u = (y_R - y_u) + \frac{q^2}{2g}\left(\frac{1}{y_R^2} - \frac{1}{y_u^2}\right) \approx y_R - y_u$$

ermittelt werden. Durch die leicht abwärts tendierende Richtung der Strömung unmittelbar nach dem Ende des Beckens tritt eine Wellenbewegung bis zum endgültigen Übergang in die stationär gleichförmige Bewegung auf. Schutzmaßnahmen für die Gerinnesohle sind daher erforderlich. Anstatt eines tiefliegenden Tosbeckens kann auch eine

Prallschwelle mit dahinter liegenden kleinen Gegenschwellen, in durchgehender oder schachbrettartig aufgelöster Form, angeordnet werden. Ist das Tosbecken zu kurz, so wird entweder die Schwelle vom Schußstrahl übersprungen oder aber bei entsprechender Schwellenhöhe ein Wechselsprung mit rückgestauter Deckwalze erzeugt. Im ersten Falle ist klar ersichtlich, daß die z. T. außerhalb des eigentlichen Tosbeckens stattfindende Energieumwandlung auf Kosten der Gerinnebeschaffenheit geht. Auch im anderen Falle werden die Angriffe auf das Unterwasserbett vergrößert. Die vom Wasser selbst übernommene Energieumwandlung ist bei einer rückgestauten Walze stets kleiner als bei einer freien Deckwalze.

Zu erwähnen ist noch das Tosbecken, dessen konstante Breite größer ist als diejenige des ankommenden Schußstrahles. Infolge dieser plötzlichen symmetrischen Aufweitung entstehen Seitenwalzen im Bereich des verzögerten Schußstrahles. Der Einfluß dieser Randwalzen ist, wie schon J. Kozeny aufgrund theoretischer Überlegungen feststellte, für den Energieumsatz unbedeutend. Bei diesen Tosbecken kann ebenfalls durch den Einbau von Prallschwellen und anderer Störkörper eine heftige Makroturbulenz erzwungen werden. Die seitlichen Verbreiterungen sollten nicht zu groß sein, damit – unter Beachtung der Strahlerweiterung – die erforderliche Unterwassertiefe nicht kleiner wird als etwa die Hälfte der entsprechenden Größe bei durchgehend konstanter Gerinnebreite.

Außer diesen einfachen Grundformen der Tosbecken gibt es selbstverständlich noch verschiedene andere Ausführungsarten, auf die hier nicht eingegangen werden soll.

#### 4.4.4.2 Rückgestaute Deckwalze

Bei entsprechend hohem Unterwasserstand entsteht der Wechselsprung mit rückgestauter Deckwalze (Fig. 4-20). Hierbei ist es zweckmäßig, für die Bezugsgrößen von den Verhältnissen in der Senke eines analogen Abflußvorganges mit freier Deckwalze auszugehen.

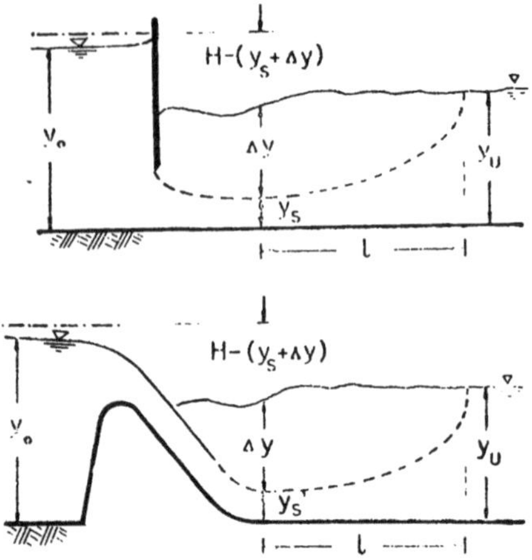


Fig. 4-20 Wechselsprung mit rückgestauter Deckwalze beim Ausfluß unter einer Schütze und beim Abfluß über ein Wehr

Aus der Geschwindigkeitsverteilung im Schnitt (s) ist ohne weiteres zu erkennen (Fig. 4-21), daß diese Verhältnisse schwer zu erfassen sind und deshalb empirische Berechnungsformeln nur Näherungscharakter haben können. Für das Ende der Walze soll der Querschnitt gelten, bei dem an der Wasseroberfläche keine Rückströmung mehr zu erkennen ist. Zur Bestimmung der Länge dieser Strahlaufweitungsstrecke ab Senke kann nach Versuchsergebnissen beim Abfluß unter einer Schütze im Bereich der Froudeschen Zahlen $1{,}75 \leq Fr_s \leq$ $\leq 5{,}75$ die Beziehung

$$l = 5{,}5\,(y_u - y_s)$$

angenommen werden.

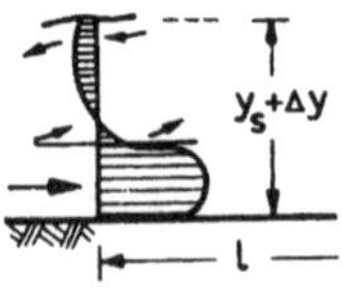


Fig. 4-21 Geschwindigkeitsverteilung

### 4.4.4.3 Allmähliche Verbreiterung

Für diese Betrachtungen wird zur Vereinfachung wiederum der Abfluß in Rechtecksgerinnen (Fig. 4-22) vorausgesetzt. Die Verziehung der Gerinnebreite im Bereich der Verzögerungsstrecke soll symmetrisch verlaufen und so gestaltet sein, daß der Wasserstrom die Veränderung ohne Ablösungserscheinungen annehmen kann.

Werden von den äußeren Kräften lediglich die Druckkräfte in den beiden Begrenzungsquerschnitten berücksichtigt, so folgt nach dem Impulssatz die Beziehung

$$\frac{\gamma}{2}(b_L\, y_L^2 - b_R\, y_R^2) = \rho Q (v_R - v_L)\,.$$

Unter Berücksichtigung der Kontinuitätsbedingung wird nach entsprechender Umformung der Ausdruck

$$y_R\, \frac{b_L}{b_R}\, y_L\, (y_L + 4 k_L) - y_R^3 = 4 k_L\, \frac{b_L^2}{b_R^2}\, y_L^2$$

erhalten. Hierfür kann in abgekürzter Form

$$y_R\, a_1^2 - y_R^3 = a_2^3 \quad \text{bzw.} \quad \frac{y_R}{a_1} - \frac{y_R^3}{a_1^3} = \frac{a_2^3}{a_1^3} \tag{4.70}$$

gesetzt werden. Mit Hilfe der Relativwerte $\nu - \nu^3 = \mu^2$ ist die Verbindung zum Rechnen mit der Stützkraft und den korrespondierenden Tiefen unter S = const unmittelbar (Abschn. 4.2.2) zu erkennen.

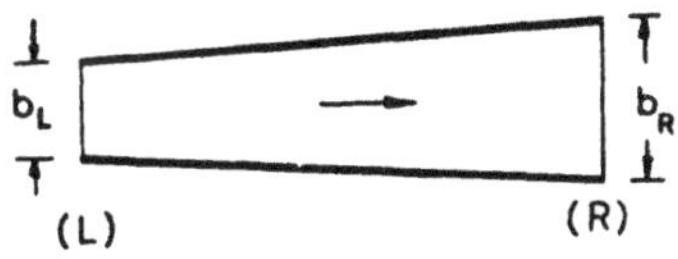


Fig. 4-22 Erweitertes Gerinne

### 4.4.5 Querschnittsübergänge

Querschnittsverkleinerungen bedingen eine beschleunigte Bewegung und Querschnittsvergrößerungen eine verzögerte Bewegung. Die lokalen Verlusthöhen $\Delta e = \zeta \Delta k$ sind unter vergleichbaren Verhältnissen im Falle des verzögerten Abflußvorganges größer als bei beschleunigter Bewegung. Die Größe der zusätzlichen Verlusthöhe ist hierbei wesentlich vom Ausmaß etwaiger Ablösungserscheinungen und Walzenbildungen längs der Übergangsstrecke abhängig.

#### 4.4.5.1 Kanaleinläufe

Die Beiwerte für die Verlusthöhe bei Einläufen sind naturgemäß umso kleiner, je besser die Formgebung den Strömungsverhältnissen angepaßt ist. Nachstehend sind einige empirische $\zeta$-Werte, bezogen auf die Geschwindigkeitshöhen im Kanal, gegeben:

| | |
|---|---|
| Gute strömungstechnische Ausbildung | 0,05 ÷ 0,10 |
| Abgerundete Kanten, senkrechte Wand | 0,25 ÷ 0,40 |
| Scharfe Kanten, senkrechte Wand | 0,50 ÷ 0,60 |

Die Größenordnung dieser Beiwerte entspricht denjenigen für Einläufe in Druckleitungen (s. a. Abschn. 5.3.1).

#### 4.4.5.2 Sohlenstufen

Für senkrechten Sohlenanstieg und Sohlenabstieg – auch positive und negative Stufe genannt (Fig. 4-23) – gilt nach dem Impulssatz

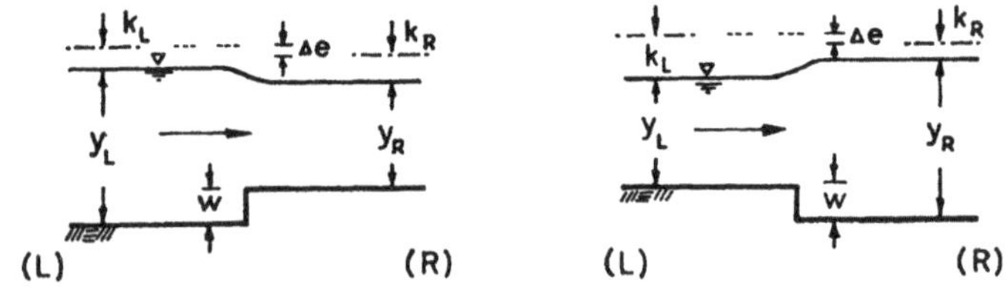


Fig. 4-23 Aufsteigende und absteigende Sohlenstufe

$\rho Q (v_R - v_L) = D_L - D_R \mp D_w$. Hierbei sind nur die Druckkräfte in den beiden Fließquerschnitten und auf die Stufe berücksichtigt. Die auf die Stufenfläche entfallende Druckkraft besteht aus einem hydrostatischen und einem dynamischen Anteil. Der dynamische Einfluß soll mit Hilfe des Zahlenfaktors c erfaßt werden.

Die umgeformten Beziehungen für den Abflußvorgang in Rechtecksgerinnen mit konstanter Breite lauten dann bei einem Sohlenanstieg

$$4 \frac{k_L}{y_L} \left(1 - \frac{y_L}{y_R}\right) = \frac{y_R^2}{y_L^2} + c \frac{(2 y_R + w) w}{y_L^2} - 1$$

bzw. in abgekürzter Schreibweise (4.71)

$$2 Fr_L^2 \left(1 - \frac{1}{\eta}\right) = \eta^2 + c (2 \eta \omega + \omega^2) - 1$$

und bei einem Sohlenabstieg

$$4 \frac{k_L}{y_L} \left(1 - \frac{y_L}{y_R}\right) = \frac{y_R^2}{y_L^2} - c \frac{(2 y_L + w) w}{y_L^2} - 1$$

bzw. (4.72)

$$2 Fr_L^2 \left(1 - \frac{1}{\eta}\right) = \eta^2 - c (2 \omega + \omega^2) - 1 .$$

In den meisten Fällen wird c = 1 gesetzt.

#### 4.4.5.3 Breitenänderungen

Bei plötzlicher Verengung oder Verbreiterung des Gerinnequerschnittes (Fig. 4-24) sind die Verhältnisse sinngemäß wie bei den Sohlenstufen zu erfassen.

Fig. 4-24 Plötzliche Verengung und Verbreiterung des Querschnittes

Aus der Beziehung für die zusätzliche oder örtliche Verlusthöhe

$$\Delta e = y_L - y_R + \frac{v_L^2 - v_R^2}{2g} = y_L - y_R + \frac{(v_L - v_R)^2}{2g} + \frac{v_L v_R - v_R^2}{g}$$

ist zu erkennen, daß der sogenannte Borda–Carnotsche Stoßverlust (s. a. Abschn. 5.3.2) bei Fließvorgängen nicht unumschränkt angesetzt werden darf.

Bei allmählichen Übergängen ist naturgemäß die zusätzliche Verlusthöhe geringer als bei den dargestellten unmittelbaren Breitenänderungen.

### 4.4.6 Örtliche Querschnittseinengungen

In künstlichen Freispiegelgerinnen ist mittels einer örtlichen Verkleinerung des Fließquerschnittes die Bestimmung der Durchflußwassermenge möglich. Hierbei muß außer dem Druck- oder Spiegelunterschied zwischen Oberwasser und Engstelle jeweils noch die Größe der zugehörigen Flächen ermittelt werden. Zur Bestimmung des Abflusses dient eine Strecke mit beschleunigter Bewegung (Fig. 4–25). Die strömungstechnische Ausbildung soll so ausgeführt sein, daß die infolge der Einschnürung auftretende zusätzliche Verlusthöhe der Energielinie möglichst gering ist. Unter Berücksichtigung der Kontinuitätsbedingung gelten für die mittleren Fließgeschwindigkeiten in den beiden Bezugsquerschnitten die Beziehungen

$$v_L^2 = 2g(\Delta h - \Delta e)\,\frac{F_R^2}{F_L^2 - F_R^2} \quad \text{bzw.} \quad v_R^2 = 2g(\Delta h - \Delta e)\,\frac{F_L^2}{F_L^2 - F_R^2}\,.$$

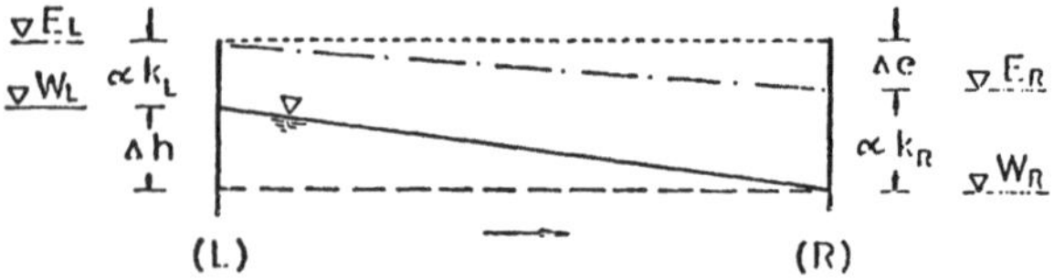


Fig. 4–25 Energie- und Spiegellinie bei beschleunigter Bewegung

Der sekundliche Abfluß wird sodann nach der Bestimmungsgleichung

$$Q = \varphi \frac{F_L F_R}{\sqrt{F_L^2 - F_R^2}} \sqrt{2g\,\Delta h} = m\,F_R \sqrt{2g\,\Delta h}$$

erhalten. Die Größen der Geschwindigkeitsziffer (Abschn. 3.1.1) werden auf empirischem Wege ermittelt. Der Einfluß des im Ansatz vernachlässigten Korrektionsfaktors $\alpha$ ist sodann unmittelbar mit einbezogen.

### 4.4.6.1 Seitliche Einengung bei durchgehender Gerinnesohle

Es wird der normalerweise vorherrschende Fall einer beidseitigen, symmetrischen Querschnittsverengung in Gerinnen mit Rechtecksquerschnitt bei gleichbleibender Sohlenneigung betrachtet. Diese Anordnung wird auch Venturikanal genannt (Fig. 4-26). Oberstrom der Einengung erfolgt ein gewisser Aufstau. Innerhalb der Engstelle werden die Grenzverhältnisse durchlaufen. Sie stellen sich ein, wenn unter der Energiehöhe des ungestörten Bereiches der betreffende Durchfluß nicht möglich ist. Dies setzt also voraus, daß $H_e > H_u$ sein muß. Der Fall, daß die für den Abfluß in der Einengung erforderliche minimale Energiehöhe gerade der Energiehöhe im ungestörten Unterwasser entspricht, wird in die weiteren Betrachtungen

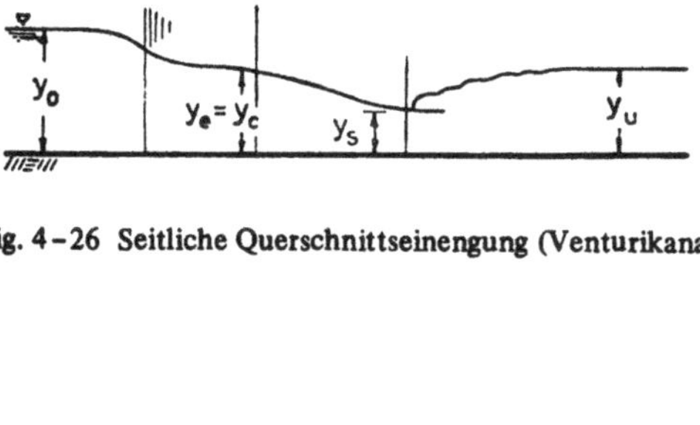


Fig. 4-26 Seitliche Querschnittseinengung (Venturikanal)

nicht einbezogen. Ebenso bleibt der durchgehend strömende Abfluß unberücksichtigt.

Der Ort der geringsten Wassertiefe, die sogenannte Senke, liegt am Ende der Erweiterung. Nach der anschließenden verzögerten Bewegung mit Fließwechsel stellen sich wieder die ungestörten Verhältnisse im Gerinne ein.

Für den Abfluß durch den Einschnürungsquerschnitt gilt die allgemeine Beziehung

$$Q = F_e v_c = b_e g^{1/2} y_c^{3/2} .$$

Die genaue unmittelbare Bestimmung der Lage des Überganges von der strömenden zur schießenden Fließart ist jedoch nicht möglich. Aus diesem Grunde wird für die Abflußgleichung die erweiterte Form

$$Q = b_e \sqrt{g} \left(\frac{y_c}{y_o}\right)^{3/2} y_o^{3/2} \tag{4.73}$$

gesetzt und das Tiefenverhältnis in Abhängigkeit vom Einschnürungsverhältnis ausgedrückt.

Nach der Kontinuitätsbedingung folgt für das Verhältnis der Tiefen zwischen Engstelle und Oberwasser der Ausdruck

$$\frac{y_c}{y_o} = \frac{b_o v_o}{b_e v_c} = \frac{b_o}{b_e} \frac{\sqrt{H_o - y_o}}{\sqrt{H_e - y_c}}$$

wobei voraussetzungsgemäß die Energiehöhe in der Engstelle $H_e = H_{min}$ ist. Unter Vernachlässigung der zusätzlichen Verlusthöhe zwischen Oberwasser und Einengung wird die Beziehung

$$\left(\frac{y_c}{y_o}\right)^3 - 3 \left(\frac{b_o}{b_e}\right)^2 \frac{y_c}{y_o} + 2 \left(\frac{b_o}{b_e}\right)^2 = 0$$

erhalten. Die beiden hierfür zutreffenden Lösungen dieser Gleichung lauten

$$\frac{y_c}{y_o} = 2 \frac{b_o}{b_e} \cos \frac{1}{3} \left(\pi \pm \arc\cos \frac{b_e}{b_o}\right) \tag{4.74}$$

wobei das positive Vorzeichen für strömenden Abfluß und das negative Vorzeichen für schießenden Abfluß gilt.

Für den Abfluß bei strömender Fließart im Oberwasser wird unter den vorausgesetzten idealen Verhältnissen die Beziehung

$$Q_i = b_e \sqrt{g}\ [2 \frac{b_o}{b_e} \cos \frac{1}{3} (\pi + \text{arc} \cos \frac{b_e}{b_o})]^{3/2}\ y_o^{3/2}$$

oder in abgekürzter Schreibweise

$$Q_i = A\ b_e\ y_o^{3/2}$$

erhalten. Der Faktor A ist lediglich vom Breitenverhältnis abhängig. Einige Werte hierzu sind in Tabelle 4-12 zusammengestellt. Für die Abflußbestimmung mittels seitlicher Querschnittseinengung haben Einschnürungsverhältnisse außerhalb des Bereiches $0{,}25 < b_e/b_o < < 0{,}75$ keine besondere Bedeutung.

| $b_e/b_o$ | A | $b_e/b_o$ | A |
|---|---|---|---|
| 0 | 1,7046 | 0,50 | 1,8128 |
| 0,10 | 1,7084 | 0,55 | 1,8398 |
| 0,20 | 1,7201 | 0,60 | 1,8716 |
| 0,25 | 1,7290 | 0,65 | 1,9093 |
| 0,30 | 1,7403 | 0,70 | 1,9543 |
| 0,35 | 1,7540 | 0,75 | 2,0090 |
| 0,40 | 1,7704 | 0,80 | 2,0769 |
| 0,45 | 1,7899 | 0,90 | 2,2843 |
| 0,50 | 1,8128 | 1 | 3,1316 |

Tab. 4-12 Faktoren $A = f(b_o/b_e)$

Da in den vorliegenden Betrachtungen die zusätzliche Verlusthöhe zwischen Oberwasser und Engstelle vernachlässigt wurde, gilt

$$Q = \varphi Q_i = \varphi A b_e\ y_o^{3/2}\ . \qquad (4.75)$$

Die aus Versuchen ermittelten Werte für die Geschwindigkeitsziffer liegen bei guter strömungstechnischer Ausbildung der Querschnittsverziehung im Bereich $0{,}95 \lesssim \varphi < 1{,}00$.

Nach der aufgestellten Abflußgleichung ist die Wasserführung vom Breitenverhältnis und vom Oberwasserstand abhängig. Für die Gültigkeit dieser Beziehung ist Voraussetzung, daß die Oberwasserverhältnisse nicht vom Unterwasser her beeinflußt werden. Demzufolge gibt es für jede Durchflußwassermenge im betreffenden Gerinne eine zulässige Höchstlage des Unterwasserspiegels, d. h. eine Tiefe $y_u = y_{u\ zul}$. Unterhalb dieser Grenzlage ist jeder beliebige Wasserstand möglich.

Im Bereich des Wechselsprunges können die korrespondierenden Tiefen unter S = const mit hinreichender Genauigkeit auf die beiden Begrenzungsquerschnitte bezogen werden. Wenn die Deckwalze gerade bis zur Senke reicht, so folgt für die Unterwassertiefe (Gl. 4.25 u. 4.65)

$$y_u = -\frac{y_s}{2} + \sqrt{y_s^2/4 + 4 k_s y_s} = \frac{y_s}{2} (\sqrt{1 + 8\,Fr_s^2} - 1)\,.$$

Unter Berücksichtigung der Beziehung für die Grenzverhältnisse im engen Profil und nach Umstellung wird die dimensionslose Form

$$\frac{y_u}{y_o} = \frac{1}{2} \frac{y_s}{y_o} [\sqrt{1 + 8 (\frac{b_e}{b_o})^2 (\frac{y_c}{y_s})^3} - 1]$$

erhalten. Das Verhältnis $y_c/y_s$ stellt die bereits genannte Lösung für schießenden Abfluß (Gl. 4.74) dar. Mit der entsprechenden Lösung für strömenden Abfluß ist auch unmittelbar die Relativgröße $y_s/y_o = y_o''/y_o'$ gegeben. Die vorgenannte Bestimmungsgleichung lautet sodann

$$\frac{y_u}{y_o} = \frac{1}{2} \frac{\cos \frac{1}{3} (\pi + \psi)}{\cos \frac{1}{3} (\pi - \psi)} [\sqrt{1 + 64 \frac{b_o}{b_e} \cos^3 \frac{1}{3} (\pi - \psi)} - 1] \qquad (4.76)$$

wobei $\psi = \arccos (b_e/b_o)$ gesetzt ist. Das Verhältnis zwischen der hiernach maximal zulässigen Unterwassertiefe und der Oberwassertiefe ist somit lediglich vom Einschnürungsverhältnis abhängig. Einige

Werte für den vorwiegend in Betracht kommenden Bereich sind in Tabelle 4-13 enthalten.

| $b_e/b_o$ | $y_u/y_o$ | $b_e/b_o$ | $y_u/y_o$ |
|---|---|---|---|
| 0,25 | 0,561 | 0,50 | 0,754 |
| 0,30 | 0,607 | 0,55 | 0,784 |
| 0,35 | 0,649 | 0,60 | 0,812 |
| 0,40 | 0,687 | 0,65 | 0,839 |
| 0,45 | 0,722 | 0,70 | 0,865 |
| 0,50 | 0,754 | 0,75 | 0,889 |

Tab. 4-13 Werte $y_u/y_o = f\,(b_e/b_o)$

Eine andere Betrachtung, die beispielsweise G. De Marchi und A. Balloffet angeben, geht von der Minimalbedingung des Unterschiedes zwischen Energiehöhe in der Senke und dem Unterwasserstand aus.

#### 4.4.6.2 Sohlenschwelle bei gleichbleibender Gerinnebreite

Es wird vorausgesetzt, daß über der Schwelle die Grenzverhältnisse durchlaufen werden. Hierfür gilt $w > w_c$, d. h. $H_{min} + w > H_u$. Bei ungleichen Höhen für Anstieg und Abfall der Schwelle ist dies entsprechend zu berücksichtigen.

Für den Abfluß je Breitenmeter über der Schwelle gilt die Beziehung

$$q = \frac{Q}{b} = y_c v_c = \sqrt{g}\; y_c^{3/2} = \sqrt{g}\,\left(\frac{y_c}{y_o}\right)^{3/2} y_o^{3/2}\,. \tag{4.77}$$

Unter Vernachlässigung der zusätzlichen Verlusthöhe zwischen Oberwasser und Schwelle wird die Beziehung

$$\left(\frac{y_c}{y_o}\right)^3 - 3\,\frac{y_c}{y_o} + 2\left(1 - \frac{w}{y_o}\right) = 0$$

erhalten. Die beiden zutreffenden Lösungen lauten

$$\frac{y_c}{y_o} = 2 \cos \frac{1}{3} [\pi \pm \text{arc} \cos (1 - \frac{w}{y_o})] \tag{4.78}$$

wobei das positive Vorzeichen für strömenden Fließvorgang und das negative Vorzeichen für schießenden Fließvorgang gilt.

Für den Abfluß bei strömender Fließart im Oberwasser wird sodann die Beziehung

$$q = \varphi \frac{Q_i}{b} = \varphi A \, y_o^{3/2} \tag{4.79}$$

erhalten, wobei die Beiwerte $\varphi$ bei guter strömungstechnischer Ausbildung in der gleichen Größenordnung wie diejenigen für seitliche Einengung liegen. Einige Werte für A sind in Tabelle 4-14 gegeben.

| $w/y_o$ | A | $w/y_o$ | A |
|---|---|---|---|
| 0 | 3,1316 | 0,50 | 0,6409 |
| 0,10 | 1,9504 | 0,55 | 0,5403 |
| 0,20 | 1,4861 | 0,60 | 0,4479 |
| 0,25 | 1,3048 | 0,65 | 0,3632 |
| 0,30 | 1,1446 | 0,70 | 0,2860 |
| 0,35 | 1,0005 | 0,75 | 0,2161 |
| 0,40 | 0,8699 | 0,80 | 0,1538 |
| 0,45 | 0,7504 | 0,90 | 0,0540 |
| 0,50 | 0,6409 | 1 | 0 |

Tab. 4-14 Faktoren $A = f(w/y_o)$

Für die Unterwassertiefe folgt mit S = const und Berücksichtigung der Grenzverhältnisse die Beziehung

$$y_u = \frac{y_s}{2} [\sqrt{1 + 8 (y_c/y_s)^3} - 1] .$$

Einige Verhältniszahlen $y_u/y_o = f(w/y_o)$ sind in Tabelle 4-15 enthalten. Diese Größen liegen praktisch auf einer Geraden, so daß mit guter Annäherung $y_u/y_o = 1 - (w/y_o)$ gesetzt werden kann. Sind die Unterwasserstände auf die Schwellenhöhe bezogen, so folgt

$$\frac{y_u}{w} = \frac{1}{2}\frac{y_s}{w}\,[\sqrt{1 + 8\,(y_c/y_s)^3} - 1]$$

bzw. der angenäherte Ausdruck $y_u/w = (y_o/w) - 1$. Ebenso wird

$$\frac{y_u}{y_o - w} = \frac{1}{2}\,\frac{y_s}{y_o - w}\,[\sqrt{1 - 8\,(y_c/y_s)^3} - 1]$$

oder die Näherungsbeziehung $y_u/(y_o - w) \approx 1$ erhalten. Verhältniszahlen hierzu sind in Tabelle 4-15 mit aufgenommen.

| $w/y_o$ | $y_u/y_o$ | $y_u/w$ | $y_u/(y_o - w)$ |
|---|---|---|---|
| 0,20 | 0,7974 | 3,9869 | 0,9967 |
| 0,25 | 0,7484 | 2,9936 | 0,9979 |
| 0,30 | 0,6997 | 2,3322 | 0,9995 |
| 0,35 | 0,6510 | 1,8601 | 1,0016 |
| 0,40 | 0,6024 | 1,5061 | 1,0041 |
| 0,45 | 0,5538 | 1,2307 | 1,0069 |
| 0,50 | 0,5051 | 1,0102 | 1,0102 |
| 0,55 | 0,4562 | 0,8294 | 1,0137 |
| 0,60 | 0,4071 | 0,6785 | 1,0177 |
| 0,65 | 0,3577 | 0,5503 | 1,0220 |
| 0,70 | 0,3080 | 0,4400 | 1,0266 |
| 0,75 | 0,2580 | 0,3439 | 1,0318 |
| 0,80 | 0,2074 | 0,2593 | 1,0371 |

Tab. 4-15 Relativwerte $y_u/y_o = f\,(w/y_o)$ zur Bestimmung der Unterwassertiefe beim Abfluß über eine Schwelle

#### 4.4.6.3 Kombination von seitlicher Einengung und Sohlenschwelle

Es gelten sinngemäß die Betrachtungen der vorherigen Abschnitte. Beide Verziehungen sollen in Grund- und Aufriß jeweils gleiche

Abschnittslängen haben. Sodann folgt in entsprechender Weise die dimensionslose Beziehung

$$\frac{y_c}{y_o} = 2\,\frac{b_o}{b_e}\cos\frac{1}{3}\left[\pi \pm \arccos\frac{b_e}{b_o}\left(1 - \frac{w}{y_o}\right)\right]$$

womit die Gleichungen für den Abfluß und für das Tiefenverhältnis zwischen Unter- und Oberwasser aufzustellen sind.

#### 4.4.6.4 Sohlenabfall bei gleichbleibender Gerinnebreite

Der Sohlenabstieg soll so groß sein, daß wiederum die Grenzverhältnisse durchlaufen werden. Für den Abfluß folgt sodann

$$q = \varphi\sqrt{2g\,\Delta h}\;\frac{y_o y_s}{\sqrt{y_o^2 - y_s^2}}$$

wobei $\Delta h = y_o + w - y_s$ ist. Die erforderliche Unterwassertiefe ist in Abhängigkeit von den Verhältnissen in der Senke zu bestimmen.

#### 4.4.6.5 Kombination von seitlicher Einengung und Sohlenabfall

Für diese Anordnungen gelten sinngemäß die Betrachtungen der betreffenden Abschnitte. Hierbei ist zu beachten, ob der Sohlenabfall im Bereich der Erweiterung oder im Bereich der Einengung liegt. Demgemäß sind die bisherigen Berechnungsverfahren anzuwenden.

Eine besondere Ausführungsart stellt die von R. L. Parshall vorgeschlagene Form dar, bei der innerhalb der Gerinneerweiterung wiederum ein geringer Sohlenanstieg stattfindet. Für den Abfluß hat Parshall eine Potenzformel angegeben. Die Exponenten sind naturgemäß von den Gerinneabmessungen abhängig.

### 4.4.7 Abfluß bei Pfeilern und Rechen

Bei örtlichen Querschnittsverengungen durch Pfeiler und Rechen sind normalerweise strömender Normalabfluß und Rechtecksquerschnitt vorhanden. Zeitlich begrenzte Einengungen des Gerinnequerschnittes durch Baugrubenumschließungen sind ebenso wie Pfeiler zu behandeln.

#### 4.4.7.1 Pfeilerstau

Charakteristische Größen für den Abflußvorgang sind die Verhältniszahlen zwischen lichtem Durchflußquerschnitt und Gesamtquerschnitt sowie zwischen verbautem Querschnitt und Gesamtquerschnitt. Bei Rechtecksprofilen (Fig. 4-27) gilt dann

$$\frac{F_L}{F_o} = \frac{\Sigma\, b}{b_o} = \frac{b_e}{b_o} \quad \text{und} \quad \frac{F_v}{F_o} = \frac{\Sigma\, s}{b_o} = 1 - \frac{b_e}{b_o}\ .$$

Die lichten Weiten und die Pfeilerstärken müssen nicht unbedingt von konstanter Größe sein. In solchen Fällen sind dann die Größen b und s als indizierte Variable einzusetzen.

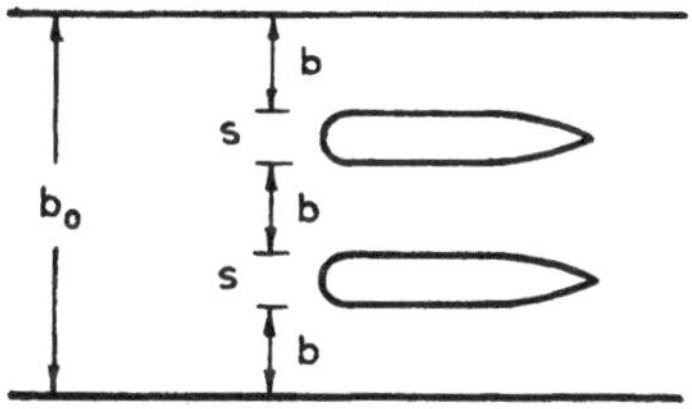


Fig. 4-27 Querschnittsverengung durch Pfeiler

Aus Zweckmäßigkeitsgründen wird die Verlusthöhe im Bereich der Einengung in den Reibungsanteil der ehemals ungestörten Strömung und den zusätzlichen Anteil infolge der Querschnittseinengung gegliedert. Da im ungestörten Bereich bei gleichbleibender Gerinneform die Gefälle gleich groß sind, ist zu ersehen, daß das Sohlengefälle auf diese Berechnung ohne Einfluß bleibt, d. h. $J_s = 0$ gesetzt werden kann. Somit ist lediglich die zusätzliche Verlusthöhe $\Delta e = \zeta \Delta k$ zu berücksichtigen. Die Berechnung wird analog den Verhältnissen bei einer Grundschwelle durchgeführt. Ausgehend vom Grenzfall mit $H_e = H_{min} = H_u$ ist zu unterscheiden, ob der Durchfluß ohne anschließenden Fließwechsel oder mit Fließwechsel (Fig. 4-28) erfolgt.

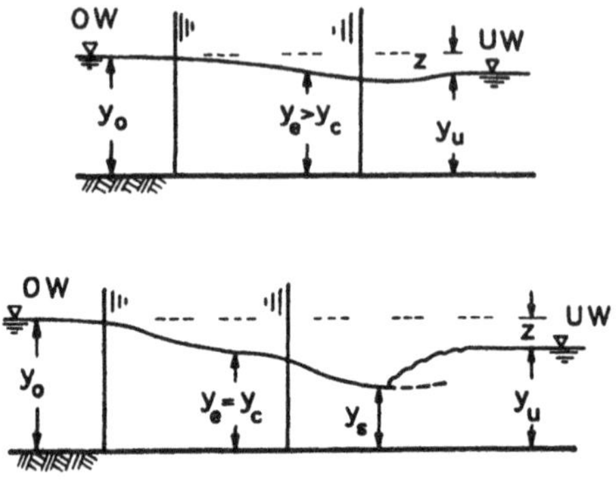


Fig. 4-28 Durchfluß bei Pfeilern ohne und mit Fließwechsel

Der gesamte Aufstau wird, wie schon ausgeführt (Abschn. 3.5.2), in Einschnürungsstau und Reibungsstau, d. h. $z = z_E + z_R$, unterteilt. Ausgehend vom Energiehöhenvergleich nach Bernoulli folgt sodann

$$z = y_o - y_u = y_e - y_u + (1 + \zeta)(k_e - k_o) =$$

$$= y_e - y_u + \frac{1 + \zeta}{2g}\left[\frac{q_e^2}{y_e^2} - \frac{q_o^2}{(y_u + z)^2}\right]. \tag{4.80}$$

Mit der für strömenden Fließvorgang zulässigen Annahme $v_o = v_u$ wird daraus in erster Näherung

$$z = y_e - y_u + \frac{1 + \zeta}{2g}\left(\frac{q_e^2}{y_e^2} - \frac{q_u^2}{y_u^2}\right)$$

erhalten. Normalerweise ist der Beiwert $\zeta = 0{,}10$ hinreichend genau.

Bei den üblichen Brückenpfeilern mit strömungstechnisch gut ausgebildeten Vorköpfen kann nach Modellversuchen von Th. Rehbock für den Reibungsstau der einfache Ausdruck

$$z = z_R = \frac{\Sigma s}{b_o} k_u = (1 - \frac{b_e}{b_o}) \frac{v_u^2}{2g}$$

gesetzt werden.

Die Betrachtung von E. Marchi gilt für den Fall, daß zwischen den Pfeilern die Grenzverhältnisse durchlaufen werden. Für diesen Zustand wird der Ausdruck

$$1 + \frac{Fr_u^2}{2} < \frac{3}{2} Fr_u^{2/3} (b_o/b_e)^{2/3}$$

erhalten. Bei Gleichsetzung folgt danach mit der Froudeschen Zahl $Fr_*$ die Beziehung

$$(\frac{b_e}{b_o})^{2/3} = \frac{3 Fr_*^{2/3}}{2 + Fr_*^2} .$$

Weiterhin sind nur die Größen des strömenden Bereiches $Fr_* < 1$ von Interesse. Einige Werte sind in Tabelle 4-16 enthalten.

| $b_e/b_o$ | 0 | 0,50 | 0,60 | 0,70 | 0,80 | 0,90 | 1 |
|---|---|---|---|---|---|---|---|
| $Fr_*$ | 0 | 0,289 | 0,359 | 0,437 | 0,530 | 0,657 | 1 |

Tab. 4-16 Werte $Fr_* = f(b_e/b_o)$

Ausgehend von den Verhältnissen zwischen Unterwasser und Oberwasser folgt

$$\frac{z}{y_u} = (\frac{Fr_u}{Fr_o})^{2/3} - 1 = K (\frac{Fr_u}{Fr_*})^{2/3} - 1 . \quad (4.81)$$

Nach den Versuchsergebnissen von D. L. Yarnell kann bei halbkreisförmigem Kopf der Beiwert K = 1,050 angenommen werden.

#### 4.4.7.2 Rechenverlust

Für die charakteristischen Größen zwischen den Verhältnissen des verbauten Querschnittes und dem Zuflußquerschnitt (Fig. 4-29)

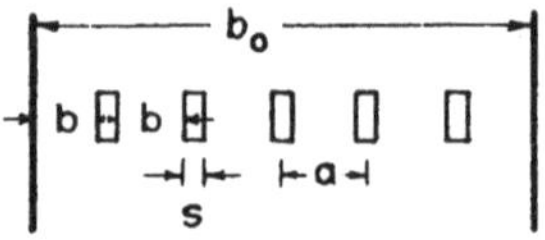


Fig. 4-29 Querschnittsverengung durch Rechen

gelten unter Vernachlässigung des Einflusses von Querrippen bei gleichgroßen lichten Öffnungsweiten die Verhältniszahlen

$$\frac{\Sigma b}{b_o} = \frac{(n+1)\,b}{(n+1)\,b + n\,s}$$

und

$$\frac{\Sigma s}{b_o} = \frac{n\,s}{(n+1)\,b + n\,s}$$

wobei mit n die Anzahl der Rechenstäbe bezeichnet ist. Die Größen 1/n sind normalerweise sehr klein, so daß – entsprechend der Anordnung mit halben lichten Randabständen – die Beziehungen

$$\frac{\Sigma b}{b_o} = \frac{n\,b}{n\,(b+s)} = \frac{b}{b+s} = \frac{b}{a} \quad \text{und} \quad \frac{\Sigma s}{b_o} = \frac{n\,s}{n\,(b+s)} = \frac{s}{b+s} = \frac{s}{a}$$

angenommen werden können. Wegen des geringen Unterschiedes der mittleren Fließgeschwindigkeiten vor und nach dem Rechen (Fig. 4-30) kann mit hinreichender Genauigkeit $\Delta e = \Delta h$ gesetzt

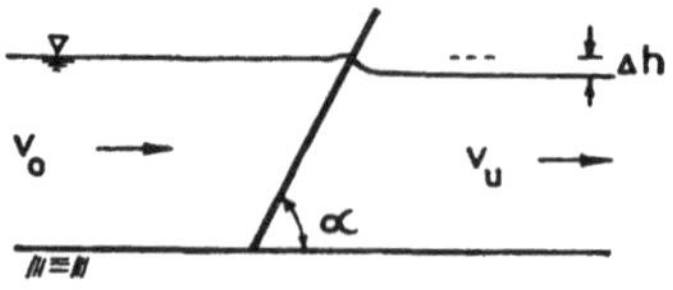


Fig. 4-30 Durchfluß bei Rechen

werden. Für die Durchflußgeschwindigkeit zwischen den Rechenstäben wird bei strömendem Zufluß $v \leq v_c$ sein.

Aufgrund der Untersuchungen von O. Kirschmer kann die Größe des Gefällsverlustes an Rechen nach der Beziehung

$$\Delta h = \zeta \frac{v^2}{2g} \quad \text{mit} \quad \zeta = \beta \sin \alpha \left(\frac{s}{b}\right)^{4/3}$$

ermittelt werden, wobei mit $v = v_o$ die Anströmgeschwindigkeit und mit $\beta$ der Formbeiwert $(2{,}42 \geq \beta \geq 0{,}76)$ bezeichnet sind. Dabei ist für die nichtkreisförmigen Stäbe das Verhältnis von Stärke zu Länge $s : l = 1 : 5$. Es wurde schon mehrmals festgestellt, daß nach der Kirschmer-Formel etwas zu kleine Größen erhalten werden. Hierzu ist jedoch zu erwähnen, daß die Verlusthöhen bei Rechen im allgemeinen gering sind und somit selbst eine Verdoppelung des berechneten Wertes gegenüber der gesamten Verlusthöhe im Gerinne eine relativ kleine Größe darstellt.

Nach Untersuchungen mit rechteckigen Stäben und den Querschnittsverhältnissen von Stärke zu Länge $s : l = 1 : 7{,}5$ wurden bei senkrechter Stellung des Rechens ($\alpha = 90^\circ$) im Bereich

$$\frac{1}{8} \leq \frac{s}{b} \leq 1 \quad \text{Beiwerte} \quad 0{,}5 \leq \zeta \leq 4{,}0$$

ermittelt (Fig. 4-31). Diese am Institut für Hydraulik und Gewässerkunde der T. U. München gefundenen Ergebnisse stehen mit denjenigen von E. Scimemi und D. H. Kent in guter Übereinstimmung.

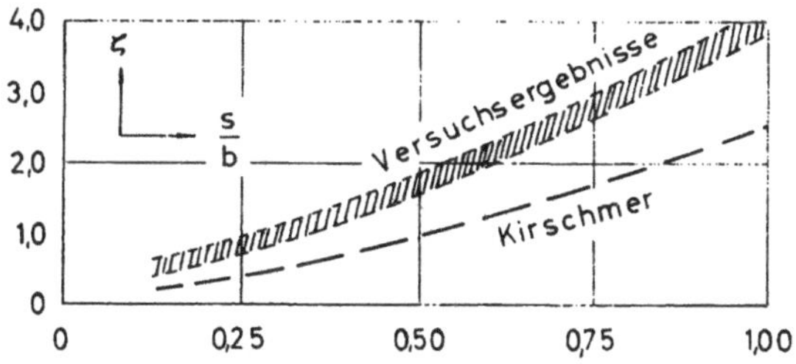


Fig. 4-31 Beiwerte für Rechenverluste

Mit Hilfe dieser Größen kann bei Stäben mit Rechtecksquerschnitt für den Gefälleverlust die Beziehung $\Delta h = \zeta k \sin \alpha$ gesetzt werden. Für die strömungstechnisch günstigeren Stabformen können hierzu Abminderungsfaktoren ($1 > A \geq 1/3$) aufgrund der Kirschmerschen Untersuchungen eingeführt werden, so daß als allgemeine Formel

$$\Delta h = A \zeta k \sin \alpha$$

zu schreiben ist.

### 4.4.8 Spiegelverlauf in Krümmungen

Die Ermittelung der Spiegellage im Querschnitt ist nach zwei Verfahren möglich, wobei zu beachten ist, daß beide Bestimmungsarten nur Näherungslösungen darstellen. Von Fall zu Fall ist zu entscheiden, welche Berechnungsart den betreffenden Verhältnissen am besten gerecht wird. Im Zweifelsfalle sollte für Dimensionierungen der entsprechend größte Spiegelunterschied zwischen Innen- und Außenseite angenommen werden.

#### 4.4.8.1 Berechnung als Niveaufläche

Es wird eine gleichmäßige Geschwindigkeitsverteilung in der Krümmung vorausgesetzt. Da an der freien Oberfläche lediglich atmosphärischer Luftdruck herrscht, ist der Wasserspiegel eine Niveaufläche (Abschn. 2.1). Für die Komponenten der auf die Masseneinheit bezogenen Massenkraft (Fig. 4-32) folgen die Beziehungen $X = \frac{v^2}{x}$ und $Z = -g$ sowie $Y = g \sin \epsilon$. Das Gefälle des Gerinnes ist normalerweise gering, so daß mit hinreichender Genauigkeit $\sin \epsilon = 0$ gesetzt werden kann. Mit dieser Vereinfachung wird ein ebenes Problem erhalten.

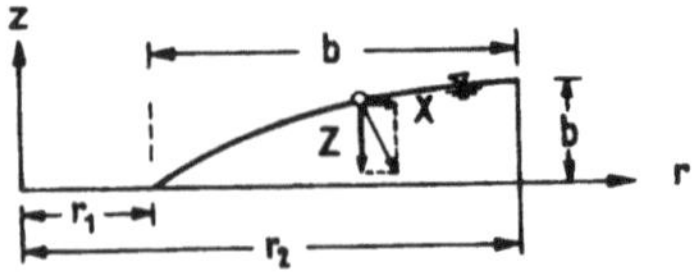


Fig. 4-32 Spiegelverlauf in einer Krümmung

Die allgemeine Gleichung der Niveaufläche geht damit über in die einfache Form

$$\frac{v^2}{x}\,dx - g\,dz = 0 \quad \text{bzw.} \quad \frac{dz}{dx} = -\frac{X}{Z} = -\frac{v^2}{x\,g}\,.$$

Nach Integration und Berücksichtigung der Randbedingung folgt als Gleichung der Spiegellinie

$$z = \frac{v^2}{g}\,ln\,\frac{x}{r_1} = 2k\,ln\,\frac{x}{r_1}\;.$$

Für den gesamten Wasserspiegelunterschied im betrachteten Querschnitt wird der Ausdruck

$$h = 2k\,ln\,\frac{r_2}{r_1} \tag{4.82}$$

erhalten. Für die Absenkung des Spiegels auf der Innenseite der Krümmung gegenüber der horizontalen Lage bei entsprechend geradliniger Bewegung folgt der Ausdruck

$$h_1 = \frac{F}{b} = \frac{2k}{b}\int_{r_1}^{r_2} ln\,\frac{x}{r_1}\,dx = h\,\frac{r_2}{b} - 2k\,.$$

Der Anstieg des Spiegels an der Außenseite über denjenigen der Normallage ist dann durch die Beziehung $h_2 = h - h_1$ gegeben. Für die Verhältnisse im einzelnen besteht die generelle Beziehung $h_1 > h/2 > h_2$. Mit hinreichender Genauigkeit kann jedoch

$$h_1 \approx h_2 \approx \frac{h}{2} = k\,ln\,\frac{r_2}{r_1}$$

gesetzt werden. Wenngleich die getroffenen Voraussetzungen hierfür nicht völlig zutreffend sind, so kann doch das Maß $h_2$, das von besonderer Bedeutung für die Praxis ist, im allgemeinen hinreichend genau ermittelt werden.

#### 4.4.8.2 Berechnung als Kreisströmung

Bei dieser Betrachtung werden konzentrische Strombahnen und konstante Energiehöhe vorausgesetzt. Es gilt dann v r = c = const. Für die Druckhöhen in radialer Richtung folgt der Ausdruck

$$\frac{p}{\gamma} = H - k = H - \frac{1}{2g}\frac{c^2}{r^2} \; . \qquad (4.83)$$

Die Anwendung der vorstehenden Beziehungen ist in der Zone kleiner Radien nicht mehr möglich. Im folgenden sollen die Beziehungen für die Kreisströmung auf Fließvorgänge in horizontalen Krümmungen von Rechtecksprofilen angewendet werden.

Aus dem Ansatz für den sekundlichen Abfluß in einem streifenförmigen Flächenelement dQ = v y dr folgt für den Gesamtabfluß die Beziehung

$$Q = \int_{r_1}^{r_2} dQ = c\,H\,ln\,\frac{r_2}{r_1} - \frac{c^3}{4g}\left(\frac{1}{r_1^2} - \frac{1}{r_2^2}\right) .$$

Der konstante Drallwert c kann bei gegebener Wasserführung aus dieser Gleichung oder bei einer gegebenen Geschwindigkeit im Querschnitt direkt ermittelt werden.

Aufgrund der Beziehung für die radiale Tiefenänderung bzw. das veränderliche Quergefälle wird für die Wasserspiegeldifferenz zwischen Außen- und Innenseite

$$h = y_2 - y_1 = \frac{c^2}{2g}\left(\frac{1}{r_1^2} - \frac{1}{r_2^2}\right) \qquad (4.84)$$

erhalten. Es ist zu bemerken, daß befriedigende Ergebnisse nur dann zu erwarten sind, wenn der Innenradius $r_1$ hinreichend groß und ferner die Breite b wesentlich kleiner als $r_1$ ist.

### 4.4.9 Abfluß mit hohen Geschwindigkeiten

Abflußvorgänge mit hohen Fließgeschwindigkeiten werden bei Luftaufnahme mehr oder weniger stark beeinträchtigt. Während die Verhältnisse für den luftfreien Abfluß mit den Formeln der Hydraulik ohne weiteres erfaßt werden können, stößt die Berechnung für Wasser-Luft-Gemische auf erhebliche Schwierigkeiten. Aufgrund von Beobachtungen kann festgehalten werden, daß im ersten Teil einer Schußstrecke – d. h. nach dem Durchlaufen der Grenzverhältnisse – die Wasseroberfläche glatt und durchsichtig bleibt und erst von einer gewissen Stelle ab infolge der Luftaufnahme ein milchig-weißes Aussehen bekommt. Unterstrom dieses Querschnittes werden Wasserteilchen aus dem Abflußstrom geschleudert, wobei gleichzeitig Luft eintritt. Dadurch erfolgt eine Vergrößerung der Abflußtiefe. Dieser Vorgang dauert an, bis die zugehörige maximale Luftaufnahme für den Gleichgewichtszustand erreicht ist.

#### 4.4.9.1 Offene Gerinne

Beim Abfluß in Schußrinnen ist normalerweise die Wassertiefe im Verhältnis zur Gerinnebreite sehr gering. In solchen Fällen können die Einflüsse der Seitenwandungen vernachlässigt und der Fließvorgang als ebenes Problem betrachtet werden.

Ausgehend von den Grenzverhältnissen sind in Fließrichtung drei charakteristische Abschnitte zu unterscheiden, und zwar:

(1) Beschleunigte Bewegung bei luftfreiem Abfluß mit Anwachsen der Grenzschicht.

(2) Beschleunigte Bewegung mit Luftaufnahme bis zur gleichförmigen Konzentrationsverteilung und Zunahme der Abflußtiefe.

(3) Gleichförmiger Abfluß des Wasser-Luft-Gemisches.

Diese Zustände sind für die Dimensionierung von Schußrinnen und die anschließenden Anlagen zur Energieumwandlung von besonderer Bedeutung. Da noch keine exakte Berechnung möglich ist, dienen halbempirische Verfahren zur Erfassung der Verhältnisse.

Bei schießendem Abfluß werden durch Wandablenkungen Oberflächenwellen hervorgerufen (Fig. 4-33), die in gewisser Weise mit der

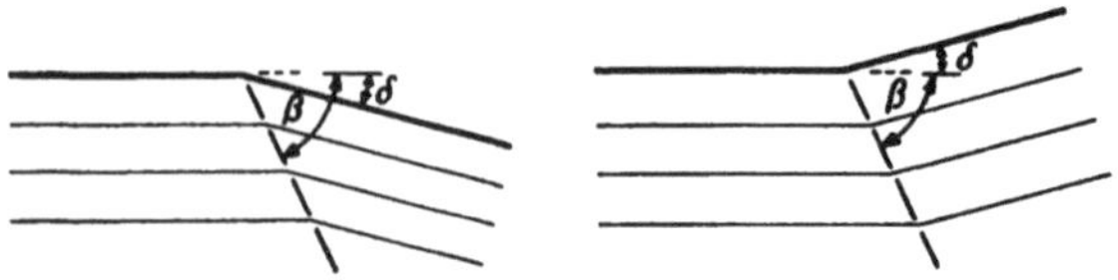


Fig. 4–33 Störungswellen und mittlere Störlinie

Ausbreitung von Druckstörungen bei der Überschallströmung von Gasen vergleichbar sind. Somit sind auch die Kennzahlen nach Froude (Fließgeschwindigkeit zu Grenzgeschwindigkeit) und nach Mach (Strömungsgeschwindigkeit zu Schallgeschwindigkeit), d. h. $Fr = v/v_c$ und $Ma = v/a$, als charakteristische Größen artverwandt. Voraussetzung ist dabei eine parallele Bewegung. Die Lage der mittleren Störungslinie kann mit Hilfe der Beziehung

$$\sin \beta = \sqrt{g\,y}\,/v = 1/Fr$$

bestimmt werden.

Bei kleinen Ablenkungen eines schießenden Wasserstromes entsteht im Falle der nach innen geneigten Wandung ein Anstau – analog der Verdichtung bei der Überschallströmung von Gasen – mit nachfolgender Geschwindigkeitsminderung und im Falle der nach außen geneigten Wandung eine Absenkung – analog der Expansion von Gasen – mit nachfolgender Geschwindigkeitssteigerung.

In Gerinnekrümmungen können bei schießendem Abfluß infolge Reflexion und Überlagerung von Störungswellen, besonders bei unsachgemäßer Linienführung, erhebliche Schwierigkeiten auftreten.

#### 4.4.9.2 Geschlossene Gerinne

Fließvorgänge dieser Art kommen in der Praxis meistens in Gerinnen mit Kreisquerschnitt vor. In solchen Leitungen können im allgemeinen vier Abflußmöglichkeiten unterschieden werden, und zwar:

(1) Abfluß mit freiem Spiegel bei freiem Rohreinlauf
(2) Abfluß mit freiem Spiegel bei überstautem Einlauf

(3) Pulsierender Abfluß
(4) Abfluß im vollgefüllten Rohr.

Das Auftreten der einen oder anderen Art hängt von den örtlichen Verhältnissen, wie Einlaufbedingungen, Leitungslänge und Auslaufbedingungen, sowie von der Beaufschlagung ab. Jeder Abflußart entspricht ein Ast der Wassermengenkurve (Fig. 4-34).

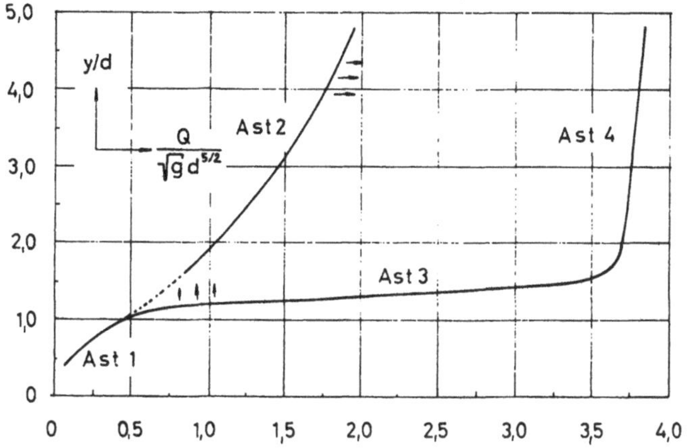


Fig. 4-34 Abflußcharakteristik bei Teilfüllungen im Rohr

Ast (1) stellt den normalen Verlauf einer Abflußkurve dar. Infolge der Spiegelabsenkung im Bereich des Rohreinlaufes ist es möglich, daß die ungestörte Wassertiefe im Zulaufgerinne etwas größer als der Einlaufdurchmesser sein kann. Die Fülltiefen im Rohr sind bei diesen Abflüssen naturgemäß gering. Der beidseitige ungehinderte Luftzutritt in das Rohr ist hierbei vorhanden.

Ast (2) stellt sich ein, wenn der Wasserstand im Zulaufgerinne rasch ansteigt und der Einlauf vollständig überstaut ist. Das Rohr bleibt jedoch weiterhin teilgefüllt. Der Luftzutritt ist dann nur noch vom Auslauf her möglich.

Ast (3) umfaßt den Bereich des pulsierenden Abflusses. Die Abflußvorgänge im Hauptteil des Kurvenastes zeigen ausgesprochen unregelmäßige Verhältnisse. Der Abfluß nach dem anderen Teil des Astes erfolgt nicht mehr mit ausgeprägten Wasserpfropfen, sondern vielmehr mit solchen aus Wasser-Luft-Gemisch. Diese wandern unter ständigem Lufteinsaugen durch das Rohr. Mit steigendem Oberwasserstand wird die Luftzufuhr immer geringer und es erfolgt schließlich der Übergang zum Druckrohr (Ast 4).

Aus den Kurven ist zu ersehen, daß teilweise gleiche Wasserführungen bei verschiedenen Wasserständen im Zulaufgerinne auftreten können (Ast 2 und Ast 3) und ferner unter gleichem Oberwasserstand teilweise verschiedene Abflüsse möglich sind (Ast 2 und Ast 4).

### 4.4.10 Abfluß in Sammelrinnen

Sammelgerinne werden seitlich beaufschlagt (Fig. 4-35). Der Zufluß ist normalerweise gleichmäßig verteilt. Dies ist beispielsweise im kleinen bei Dachrinnen und im großen bei Sammelkanälen für Überfälle mit parallel zur Überlaufkante angeordneter Abflußrichtung der Fall. Eine beidseitige Beaufschlagung ist ebenfalls möglich. In der Sammelstrecke $0 \leq x \leq l$ beträgt der Abfluß $0 \leq Q \leq Q_u$.

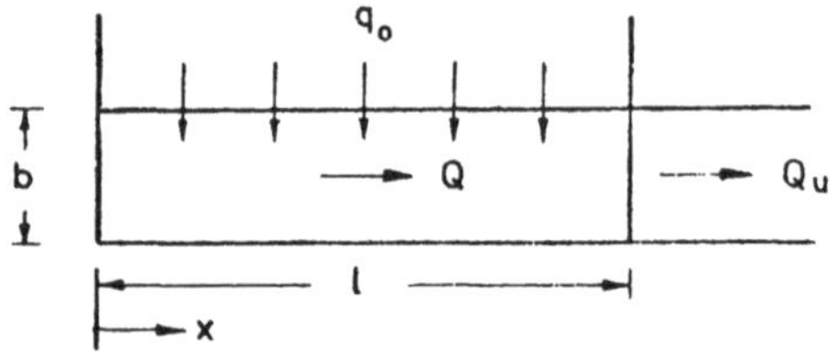


Fig. 4-35 Sammelrinne

Die rechnerische Erfassung des Fließvorganges im Bereich der ortsveränderlichen Wasserführung erfolgt mit Hilfe des Impulssatzes. Danach besteht für die Betrachtung der Verhältnisse zwischen zwei Querschnitten (Fig. 4-36) die allgemeine Beziehung $\Sigma K = \rho\ (Q_R\ v_R\ -$

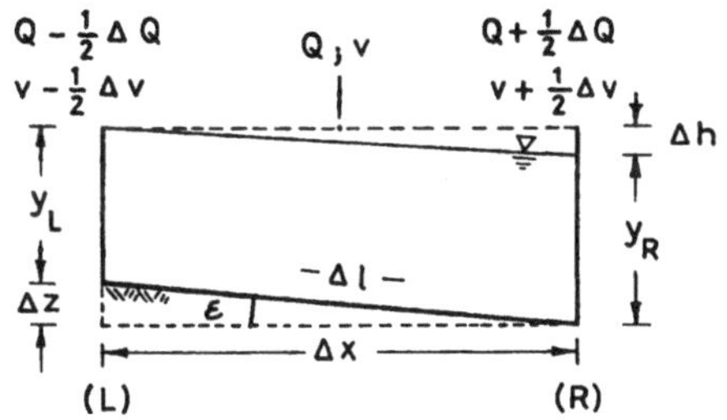


Fig. 4-36 Abschnitt eines Sammelkanales

$- Q_L v_L$), wobei alle Größen auf die Bewegungsrichtung bezogen sind und für den Korrektionsfaktor der Bewegungsgröße $\bar{\alpha} = 1$ gesetzt ist. Werden die Reibungswiderstände vernachlässigt, was bei relativ kurzer Länge des Sammelkanales zulässig ist, so lautet der Ausdruck für die äußeren Kräfte

$$\Sigma K = D_L + G \sin \epsilon - D_R = \gamma F \Delta h .$$

Weiterhin gilt für die zeitliche Änderung der Bewegungsgröße die Beziehung

$$\frac{\gamma}{g}(Q_R v_R - Q_L v_L) = \frac{\gamma}{g}(Q \Delta v + v \Delta Q) .$$

Mit diesen Ausdrücken geht die allgemeine Gleichung über in

$$\gamma F \Delta h = \frac{\gamma}{g}(Q \Delta v + v \Delta Q) .$$

Hiernach folgt für den Wasserspiegelunterschied der Ausdruck

$$\Delta h = \frac{1}{g}\left(\frac{Q}{F} \Delta v + \frac{v}{F} \Delta Q\right) = \frac{1}{g}\left(v \Delta v + \frac{v^2}{Q} \Delta Q\right)$$

der mit den im Bereich $0 \leq x \leq l$ gültigen Beziehungen $\Delta Q = q_o \Delta x$ und $Q = q_o\, x$ in die Form

$$\Delta h = \frac{1}{g}\left(v \Delta v + \frac{v^2}{x} \Delta x\right) = \frac{1}{g}\left(v \frac{\Delta v}{\Delta x} + \frac{v^2}{x}\right) \Delta x \tag{4.85}$$

übergeht. Sinngemäß folgt der Ausdruck

$$h = \frac{1}{g} \int_0^x \left(v \frac{dv}{dx} + \frac{v^2}{x}\right) dx .$$

Wird nach J. Hinds ein bestimmter Verlauf für die Geschwindigkeitszunahme festgesetzt, so folgt mit

$$v = a x^m$$

der Ausdruck

$$h = \frac{a^2}{g}(m+1) \int_0^x x^{2m-1}\, dx = \frac{m+1}{m} \frac{a^2}{2g} x^{2m} = \frac{m+1}{m} k . \tag{4.86}$$

Da die Verhältnisse im Endquerschnitt der Sammelstrecke vorgegeben sind, gilt für den konstanten Faktor

$$a = v_u / l^m .$$

Werden die Größen im Bereich $0 \leq x \leq l$ auf die Verhältnisse im Unterwasser bezogen (Fig. 4-37), so folgen die Beziehungen

$$v = v_u\, (x/l)^m \quad \text{und} \quad k = k_u\, (x/l)^{2m}$$

sowie

$$h = h_u\, (x/l)^{2m} \quad \text{und} \quad y = y_u\, (x/l)^{1-m} .$$

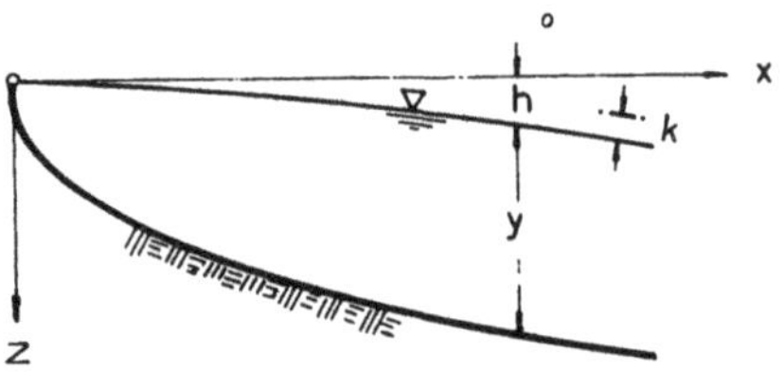


Fig. 4-37 Längsschnitt einer Sammelrinne

Die Größe der Exponenten liegt normalerweise im Bereich $0 < m < 1$. Mit $m = 1$ erfolgt ein lineares Ansteigen der Geschwindigkeit, während mit m = 1/2 eine lineare Zunahme von Geschwindigkeitshöhe und Wasserspiegelgefälle vorhanden ist. Mit kleinen m-Werten wird der Geschwindigkeitsanstieg begünstigt, der Gefälleverbrauch jedoch vergrößert. Für die Zwecke des Sandtransportes sind Exponenten $1/5 \leq m \leq 1/2$ geeignet. Hierbei ist im Bereich der kleineren Fließgeschwindigkeiten infolge des größeren Sohlengefälles ein Abrollen der Sandkörner möglich.

## 4.5 Wasserspiegellage

### 4.5.1 Abschnittsweise Berechnung

Für die schrittweise Ermittelung der Spiegellage ist die Festlegung der Bezugsquerschnitte aufgrund der Linienführung von Grundriß und Längenschnitt durchzuführen. Bei natürlichen Gerinnen (Fig. 4-38) kann es zudem vorteilhaft sein, zu den einzelnen Berechnungsquerschnitten die Kurven für Fläche und benetzten Umfang in Abhängigkeit von der Wassertiefe bzw. von der Wasserspiegelkote aufzutragen. Natürlich ist es ebenso möglich, diese Größen für

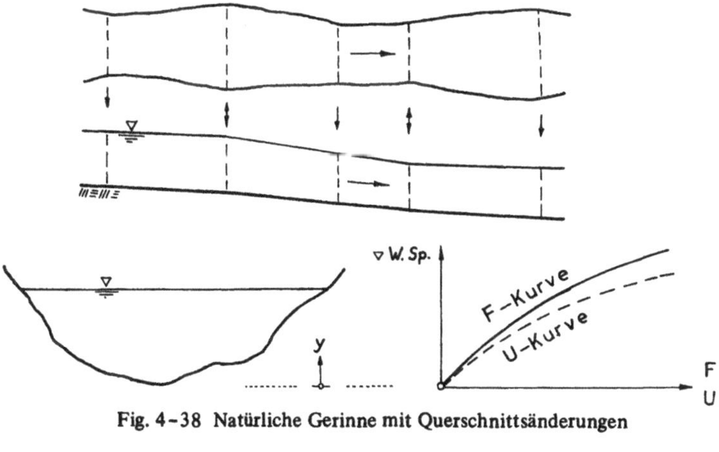


Fig. 4-38 Natürliche Gerinne mit Querschnittsänderungen

einen Wasserstand zu ermitteln und dazu dann die entsprechenden Differenzwerte zu bestimmen.

Bei künstlichen Gerinnen können die einzelnen Berechnungsquerschnitte im allgemeinen mit nahezu gleicher Länge vorgegeben werden. Im Falle eines Wechsels der Querschnittsform (Fig. 4-39) sind bei strömungstechnisch guten Übergängen, d. h. Übergänge bei welchen der Wasserstrom ohne Ablösungserscheinungen die Änderung annimmt, am Anfang und am Ende der Verziehung je ein Bezugsquerschnitt einzuschalten. Sind die Übergänge ohne Verziehung ausgeführt, so müssen die Bezugsquerschnitte in diesem Bereich entsprechend dem Verlauf der Hauptströmung vorgesehen werden. Die dabei auftretenden Seiten- oder Randwalzen werden für den Abflußvorgang nicht berücksichtigt.

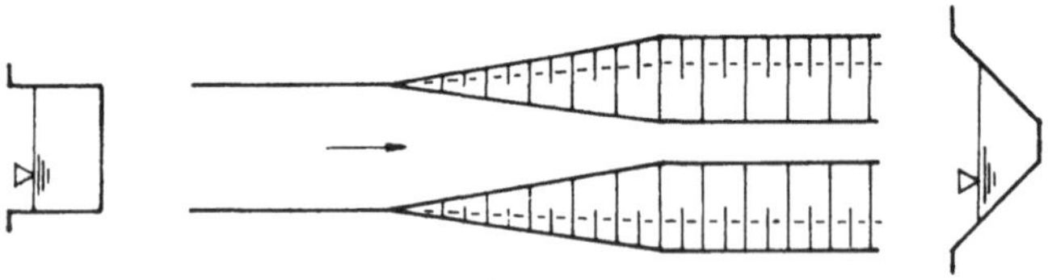

Fig. 4-39 Künstliches Gerinne mit Querschnittsänderung

Die Berechnung der Spiegellinie kann bei Abflußvorgängen ohne Fließwechsel sowohl entgegen als auch in Fließrichtung erfolgen. Selbstverständlich sind die Vorzeichenregeln zu beachten.

### 4.5.1.1 Annahme eines Spiegelgefälles

Diese Berechnungsart ist in allen Fällen anwendbar. Dabei wird mit einem angenommenen absoluten Spiegelgefälle $\Delta h'$ und den dazu folgenden mittleren Profilgrößen nach den Gesetzen der gleichförmigen Bewegung auf iterativem Wege der wirkliche Spiegelunterschied $\Delta h$ ermittelt.

Nach Gleichung (4.4) folgt für das absolute Spiegelgefälle zwischen den beiden Bezugsquerschnitten der Ausdruck

$$\Delta h = \Delta e - \alpha\,\Delta k = J_e\,\Delta x - \alpha\,(k_L - k_R)\,. \tag{4.87}$$

Der Berechnungsgang entgegen der Fließrichtung kann für die vorhandene Wasserführung und Voraussetzung der bekannten Profilgrößen im Querschnitt (R) sowie der entsprechenden Rauhigkeitsziffer nach der Methode von P. Böß in folgende Schritte gegliedert werden:

(1) Annahme eines Spiegelunterschiedes $\Delta h'$.

(2) Ermittlung der zugehörigen Profilgrößen im Querschnitt (L).

(3) Bestimmung der Mittelwerte im betreffenden Abschnitt und des Geschwindigkeitsbeiwertes.

(4) Berechnung von Relativ- und Absolutgefälle der Energielinie.

(5) Bildung des Unterschiedes der Geschwindigkeitshöhen. Hierbei gilt $\Delta k > 0$ für verzögerte Bewegung und $\Delta k < 0$ für beschleunigte Bewegung.

(6) Ermittlung des absoluten Spiegelgefälles.

(7) Im Falle $\Delta h \neq \Delta h'$ ist die Berechnung zu wiederholen, bis der angenommene Wert $\Delta h'$ mit dem berechneten Spiegelunterschied $\Delta h$ übereinstimmt.

Inwieweit in derartigen Berechnungen für den Korrektionsfaktor der mittleren Geschwindigkeitshöhen ein Wert $\alpha > 1$ oder zur Vereinfachung $\alpha = 1$ angenommen wird, ist von Fall zu Fall zu entscheiden.

Bei geringen Geschwindigkeitsunterschieden, die insbesondere bei kleinen Fließgeschwindigkeiten vorhanden sind, kann mit hinreichender Genauigkeit die Einwirkung der lebendigen Kraft des Wasserstromes unberücksichtigt bleiben und somit $\Delta h = \Delta e$ gesetzt werden. Der Berechnungsgang ist gegenüber demjenigen mit Berücksichtigung der kinetischen Energie verkürzt, sonst aber in analoger Weise durchzuführen. Diese Art wurde schon von G. Tolkmitt genannt.

#### 4.5.1.2 Bezugnahme auf eine bekannte Spiegellage

Das Verfahren wurde von E. Weiß zur Berechnung von Staukurven in natürlichen Gerinnen aufgestellt, ist aber für alle Arten der Wasserspiegelberechnung sinngemäß anwendbar. Es liegt die Voraussetzung zugrunde, daß für eine Wasserführung die Fließverhältnisse im Gerinne bekannt sind und daß bei veränderten Wasserspiegellagen die gleichen Abflußgesetze gelten.

Werden die Größen der bekannten Verhältnisse mit dem Index (o) versehen und die zu bestimmenden Werte ohne Index geführt, so wird aufgrund der Beziehungen

$$J/J_0 = (C_0/C)^2 \, (F_0/F)^2 \, (R_0/R) \, (Q/Q_0)^2$$

für die Verlusthöhe (4.88)

$$\Delta e = (C_0/C)^2 \, (F_0/F)^2 \, (R_0/R) \, (Q/Q_0)^2 \, \Delta e_0$$

erhalten. Für den Spiegelunterschied gilt dann wiederum $\Delta h = \Delta e - \alpha \, \Delta k$ und unter Vernachlässigung des Einflusses der kinetischen Energie folgt $\Delta h = \Delta e$. Da nach diesen Formeln nur das Verhältnis der Geschwindigkeitsbeiwerte in die Berechnung eingeht, haben Fehler oder Unsicherheiten in der Wahl der Rauhigkeitsziffern keinen nennenswerten Einfluß.

Im Falle $Q = Q_0$, d. h. für Spiegellagen nach lokalen baulichen Veränderungen im Gerinne, werden die Gleichungen entsprechend vereinfacht.

Für die Staukurvenberechnung wurden von Weiß die erforderlichen Profilgrößen (hydraulischer Stauspiegel) mit Näherungsformeln ermittelt, und zwar in der Zone ab Wehr ausgehend von den entsprechenden Größen bis zur Horizontalen durch das Stauziel (hydrostatische Staulinie) und weiter flußaufwärts nach dem Schnitt dieser Linie mit dem ungestauten Spiegel ausgehend von den ungestauten Größen. Die danach durchgeführten Berechnungen sind u. U. mit verbesserten Werten zu wiederholen.

#### 4.5.1.3 Verfahren bei gleichbleibender Profilform

Bei unveränderlicher Gerinneform kann für verzögerte oder beschleunigte Bewegung zu vorgegebenen Tiefenänderungen unmittelbar die zugehörige Abschnittslänge ermittelt werden. Das Verfahren ist daher für künstliche Gerinne von besonderer Bedeutung.

Ausgehend von der allgemeinen Gleichung nach dem Bernoullischen Energievergleich folgt für die Abschnittslänge der Ausdruck

$$\Delta x = \frac{\Delta y + \alpha \, \Delta k}{J_e - J_s} . \tag{4.89}$$

Mit Hilfe dieser Beziehung hat auch E. Braun seine Betrachtung über die Bestimmung der Spiegelformen durchgeführt.

Für $\Delta y = 0$ ist naturgemäß $\Delta k = 0$ und somit auch $J_e = J_s$. Dies bedeutet, daß Stau- und Senkungskurven theoretisch unendlich lang sind und sich asymptotisch der ursprünglichen oder ungestörten Spiegellage nähern. Da bei konstanten Größen von $\Delta y$ die Abschnittslängen $\Delta x$ schnell anwachsen, ist es zweckmäßig, die Intervalle der Tiefenunterschiede mit zunehmender Länge der Kurven, insbesondere gegen deren Ende hin, immer kleiner zu wählen.

Ohne Berücksichtigung der kinetischen Energie folgt unmittelbar die Beziehung

$$\Delta x = \frac{\Delta y}{J_e - J_s} .$$

Hiernach werden stets größere Längen erhalten als dies unter Berücksichtigung der lebendigen Kraft der Fall ist.

### 4.5.2 Stau- und Senkungskurven nach geschlossenen Formeln

In den folgenden Betrachtungen wird vorausgesetzt, daß Querschnittsform sowie Gefälle konstant sind und für den Korrektionsfaktor der mittleren Geschwindigkeitshöhe $\alpha = 1$ angenommen werden kann. Der Einfluß infolge Krümmung der Strombahnen bleibt unberücksichtigt.

#### 4.5.2.1 Breite Rechteckprofile

Die integrierte Differentialgleichung für die Spiegellinie in breiten Rechtecksgerinnen (4.61) lautet mit den Relativwerten $y_c^3/y_u^3 = J_s/J_c = r$ und $y/y_u = \eta$ in umgestellter Form

$$\frac{J_s x}{y_u} = \eta - (1 - r)\left[\frac{1}{6}\, ln\, \frac{\eta^2 + \eta + 1}{(\eta - 1)^2} + \frac{1}{\sqrt{3}} \text{ arc tan } \frac{1}{\sqrt{3}}(2\eta + 1)\right] + C$$

$$= \eta - (1 - r)\,\varphi(\eta) + C\,. \qquad (4.90)$$

Für beliebige Abschnittslängen wird sodann der Ausdruck

$$\frac{J_s}{y_u}(x_R - x_L) = \frac{J_s}{y_u}\Delta x = \eta_R - \eta_L - (1 - r)\,[\varphi(\eta_R) - \varphi(\eta_L)]$$

erhalten. Zur Bestimmung der gesamten Kurvenlänge ist entsprechend der gebräuchlichen Annahme ihres Endes für den Querschnitt oberstrom $\eta_L = 1{,}01$ und somit $\varphi(1{,}01) = 2{,}3261$ einzusetzen. Einige Funktionswerte sind in Tabelle 4-17 enthalten.

| $y/y_u$ | $\varphi(y/y_u)$ | $y/y_u$ | $\varphi(y/y_u)$ | $y/y_u$ | $\varphi(y/y_u)$ | $y/y_u$ | $\varphi(y/y_u)$ |
|---|---|---|---|---|---|---|---|
| 0,00 | 0,3023 | 0,80 | 1,2528 | 1,20 | 1,3867 | 2,00 | 1,0387 |
| 0,50 | 0,8191 | 0,90 | 1,5207 | 1,30 | 1,2800 | 3,00 | 0,9633 |
| 0,60 | 0,9394 | 1,00 | ∞ | 1,40 | 1,2108 | 4,00 | 0,9383 |
| 0,70 | 1,0780 | 1,10 | 1,5875 | 1,50 | 1,1617 | 5,00 | 0,9270 |
| 0,80 | 1,2528 | 1,20 | 1,3867 | 2,00 | 1,0387 | 10,00 | 0,9119 |

Tab. 4-17 Funktionswerte $\varphi(y/y_u)$

Die Behandlung des Problemes geht auf G. Venturoli zurück. Eine Lösung, jedoch mit Funktionswerten

$$\varphi(\eta) = \frac{1}{6}\, ln\, \frac{\eta^2 + \eta + 1}{(\eta - 1)^2} - \frac{1}{\sqrt{3}} \text{ arc cot } \frac{2\eta + 1}{\sqrt{3}}$$

hat schon J. A. Ch. Bresse gegeben. Die Größen $\varphi(\eta)$ dieser beiden Ausdrucksformen sind lediglich um den konstanten Zahlenwert

$\pi/(2\sqrt{3}) = 0{,}9069$ verschieden. Dabei stellen die Werte von Bresse die kleineren Größen dar.

Unter Vernachlässigung des Einflusses der kinetischen Energie wird ausgehend von der bereits von G. Hagen genannten Gleichung

$$J_s\,dx = \frac{y^3}{y^3 - y_u^3}\,dy = \left(1 + \frac{y_u^3}{y^3 - y_u^3}\right) dy$$

nach Integration und Einsetzen der Relativgrößen die Beziehung

$$\frac{J_s x}{y_u} = \eta - \left[\frac{1}{6}\,ln\,\frac{\eta^2 + \eta + 1}{(\eta - 1)^2} + \frac{1}{\sqrt{3}}\,\text{arc tan}\,\frac{2\eta + 1}{\sqrt{3}}\right] + C$$

$$= \eta - \varphi(\eta) + C = f(\eta) + C \tag{4.91}$$

erhalten. Für beliebige Abschnittslängen folgt sodann der Ausdruck

$$\frac{J_s}{y_u}(x_R - x_L) = \frac{J_s}{y_u}\,\Delta x = \eta_R - \eta_L - [\varphi(\eta_R) - \varphi(\eta_L)] = f(\eta_R) - f(\eta_L)\,.$$

Die Funktionswerte $f(\eta) = \eta - \varphi(\eta)$ sind hierfür ohne weiteres zu ermitteln. Einige Angaben enthält Tabelle 4-18.

| $y/y_u$ | $f(y/y_u)$ | $y/y_u$ | $f(y/y_u)$ | $y/y_u$ | $f(y/y_u)$ | $y/y_u$ | $f(y/y_u)$ |
|---|---|---|---|---|---|---|---|
| 0 | -0,3023 | 0,80 | -0,4528 | 1,20 | -0,1867 | 2,00 | 0,9613 |
| 0,50 | -0,3191 | 0,90 | -0,6207 | 1,30 | 0,0200 | 3,00 | 2,0367 |
| 0,60 | -0,3394 | 1,00 | $-\infty$ | 1,40 | 0,1892 | 4,00 | 3,0517 |
| 0,70 | -0,3780 | 1,10 | -0,4875 | 1,50 | 0,3383 | 5,00 | 4,0730 |
| 0,80 | -0,4528 | 1,20 | -0,1867 | 2,00 | 0,9613 | 10,00 | 9,0881 |

Tab. 4-18 Funktionswerte $f(y/y_u)$

Mit den auf die ungestörte Spiegellinie bei gleichförmigem Abfluß bezogenen Maßen für Aufstau und Absenkung wird für die Wassertiefen bei ungleichförmigem Abfluß

$$y = y_u + z \quad \text{und} \quad y = y_u - z$$

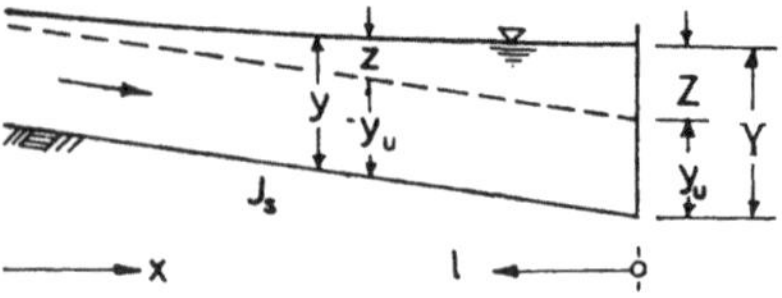


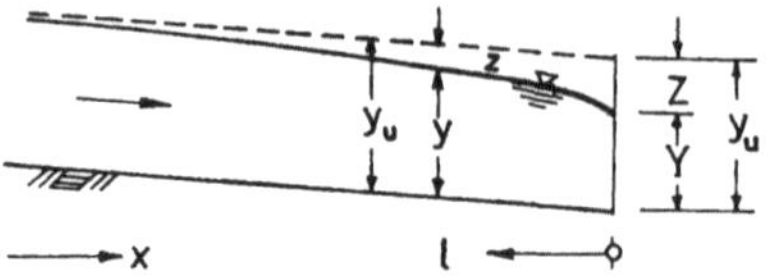


Fig. 4-40 Staukurve und Senkungskurve

gesetzt (Fig. 4-40). Damit lauten die Ausdrücke der Relativ- bzw. Funktionswerte für Stau- und Senkungskurven

$$f\left(\frac{z}{y_u}\right) = f\left(\frac{y}{y_u} - 1\right) \quad \text{und} \quad f\left(\frac{z}{y_u}\right) = f\left(1 - \frac{y}{y_u}\right).$$

Von J. Dupuit wurden bereits Funktionswerte $f(z/y_u)$ für den Aufstau bis $z/y_u = 3$ gegeben. Diese Zahlentafel hat M. Rühlmann aufgrund der Berechnungen von E. Gödecker erweitert. Dabei wurde $x = 0$ für $z = 0{,}0098 y_u$ vorausgesetzt. Aufgrund dieser mehr oder weniger willkürlichen Annahme sind die Zahlenwerte um die Größe $f(z/y_u) = f(0{,}0098) = -1{,}5351$ verschieden, d. h. es folgen nur positive Funktionswerte. Die Werte für die Absenkung sind ebenfalls um den Zahlenwert $f(z/y_u) = -1{,}5351$ verschieden. Diese Größe entspricht hierbei der Verhältniszahl $z/y_u = 0{,}0102$.

#### 4.5.2.2 Flache Parabelprofile

Diese von G. Tolkmitt aufgestellte Berechnungsart eignet sich sowohl für manche natürliche Flußläufe als auch für einige künstliche Gerinne, wie beispielsweise solche mit Trapezprofil. Für den Querschnitt bzw. den parabelförmigen Ersatzquerschnitt (Fig. 4-41) gelten die Beziehungen

$$F = \frac{2}{3}\, b\, y \quad \text{bzw.} \quad F_u = \frac{2}{3}\, b_u\, a \quad \text{und} \quad b = 2\sqrt{p\,y} \quad \text{bzw.} \quad b_u = 2\sqrt{p\,a}$$

mit p als Parameter sowie mit der Annäherung $U \approx b$.

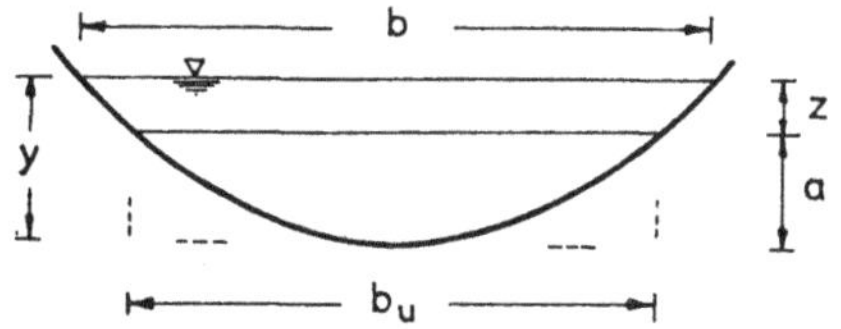


Fig. 4-41 Parabelprofil

Ausgehend von der Differentialgleichung für Gerinne mit gleichbleibendem Profil folgt bei Vernachlässigung des Einflusses der kinetischen Energie der Ausdruck

$$J_s\, dx = -J_s\, dl = \frac{y^4}{y^4 - a^4}\, dy = [1 + \frac{a^4}{y^4 - a^4}]\, dy\, .$$

Die integrierte Gleichung lautet dann

$$\frac{J_s}{a} x = -\frac{J_s}{a} l = \frac{y}{a} - [\frac{1}{4} \ln |\frac{y+a}{y-a}| + \frac{1}{2} \operatorname{arc\,tan} \frac{y}{a}] + C\, . \qquad (4.92)$$

Beliebige Längen entgegen der Fließrichtung werden dann nach der Beziehung

$$l = \frac{a}{J_s} [f(\frac{Y}{y}) - f(\frac{y}{a})]$$

mit

$$f(\frac{y}{a}) = \frac{y}{a} - [\frac{1}{4} \ln |\frac{y+a}{y-a}| + \frac{1}{2} \operatorname{arc\,tan} \frac{y}{a}]$$

ermittelt. Funktionswerte hierzu enthält Tabelle 4-19.

| y/a | f (y/a) | y/a | f (y/a) | y/a | f (y/a) | y/a | f (y/a) |
|---|---|---|---|---|---|---|---|
| 0 | 0 | 0,80 | - 0,0867 | 1,20 | 0,1625 | 2,00 | 1,1718 |
| 0,50 | - 0,0065 | 0,90 | - 0,2025 | 1,30 | 0,3332 | 3,00 | 2,2022 |
| 0,60 | - 0,0168 | 1,00 | - ∞ | 1,40 | 0,4768 | 4,00 | 3,2094 |
| 0,70 | - 0,0390 | 1,10 | - 0,0776 | 1,50 | 0,6062 | 5,00 | 4,2119 |
| 0,80 | - 0,0867 | 1,20 | + 0,1625 | 2,00 | 1,1718 | 10,00 | 9,2143 |

Tab. 4-19 Funktionswerte f (y/a)

Bei Staukurven hat Tolkmitt mit dem Maß des Aufstaues als Wassertiefe $y = a + z$ eingesetzt. Die entsprechenden Funktionswerte sind um den konstanten Wert $\pi/4$ vergrößert, damit für $z = 0$ das Glied mit arc tan aufgehoben wird und zugleich für $(a + z)/a > 1{,}0075$ positive Werte folgen. Aus der Zahlentafel ist zu ersehen, daß mit hinreichender Genauigkeit für Verhältnisse

$$z/a \gtrsim 1{,}5 \quad \text{der Wert} \quad f\left(\frac{a+z}{a}\right) = \frac{a+z}{a}$$

gesetzt werden kann. Danach folgt für die Staulänge mit $z = Z$ der vereinfachte Ausdruck

$$L = (a + Z)/J_s \,.$$

Die praktische Stauweite reicht dann bis zu der Stelle, bei welcher die Gerinnesohle gleiche Höhe wie das Stauziel hat, d. h. bei welcher eine Horizontale durch den gestauten Wasserspiegel die Sohle trifft.

Bei Senkungskurven folgt mit dem Maß der Absenkung der Ausdruck für die Wassertiefe $y = a - z$. Unter Beachtung der Beziehung $dy = -dz$ wird sinngemäß die weitere Behandlung durchgeführt.

Von Tolkmitt wurde der Einfluß der kinetischen Energie mit genannt. Danach gilt für Staukurven

$$J_s dx = \left[1 + \left(1 - J_s \frac{C^2}{g}\right) \frac{a^4}{(a+z)^4 - a^4}\right] dz$$

und für Senkungskurven

$$-J_s dx = [1 - (1 - J_s \frac{C^2}{g}) \frac{a^4}{a^4 - (a - z)^4}] dz \quad .$$

Die Berechnungsformeln sind entsprechend zu ergänzen.

#### 4.5.2.3 Verfahren von Bakhmeteff

Ausgehend von der allgemeinen Geschwindigkeitsformel und dem daraus abgeleiteten Ausdruck der charakteristischen Abflußgröße (4.32) liegt dem Verfahren von B. Bakhmeteff die Beziehung

$$(\overline{A}/\overline{A}_u)^2 = (F^2 C^2 R)/(F_u^2 C_u^2 R_u) = (y/y_u)^n$$

zugrunde. Der hydraulische Exponent n ist lediglich von der Profilform abhängig. Es gelten beispielsweise folgende Größen:

| | |
|---|---|
| Schmale Rechtecksprofile ($b \ll y$ d. h. $b \to 0$) | $n = 2{,}0$ |
| Hydraulisch günstige Rechtecksprofile ($b = 2y$) | $n = 2{,}5$ |
| Breite Rechtecksprofile ($b \gg y$ d. h. $b \to \infty$) | $n = 3{,}0$ |
| Parabelprofil | $n = 4{,}0$ |
| Dreiecksprofil | $n = 5{,}0$ |

Mit den bereits verwendeten abgekürzten Schreibweisen $r = J_s/J_c$ und $\eta = y/y_u$ lautet die Beziehung für beliebige Abschnittslängen

$$\Delta l = \frac{y_u}{J_s} \{ (\eta_R - \eta_L) - (1 - r) [B(\eta_R) - B(\eta_L)]\} \quad . \qquad (4.93)$$

Die entsprechenden Funktionswerte wurden von Bakhmeteff sowohl für $\eta > 1$ als auch für $\eta < 1$ zu hydraulischen Exponenten im Bereich $2{,}8 \leq n \leq 5{,}4$ mit Intervallen $\Delta n = 0{,}2$ angegeben. Damit werden alle Profilformen erfaßt. Einen Auszug dieser Werte enthalten die Tabellen 4-20 und 4-21.

Von Bakhmeteff wurden ferner für den Bereich $\eta > 1$, d. h. für Staukurven, Funktionswerte $f(\eta) = \eta - B(\eta)$ angegeben (Tab. 4-22).

| $\eta$ \ n | 2,8 | 3,0 | 3,2 | 3,6 | 4,0 | 5,0 |
|---|---|---|---|---|---|---|
| 1,005 | 1,818 | 1,649 | 1,506 | 1,279 | 1,107 | 0,817 |
| 1,01 | 1,572 | 1,419 | 1,291 | 1,089 | 0,936 | 0,681 |
| 1,02 | 1,327 | 1,191 | 1,078 | 0,900 | 0,766 | 0,546 |
| 1,03 | 1,186 | 1,060 | 0,955 | 0,790 | 0,668 | 0,469 |
| 1,04 | 1,086 | 0,967 | 0,868 | 0,714 | 0,600 | 0,415 |
| 1,05 | 1,010 | 0,896 | 0,802 | 0,656 | 0,548 | 0,374 |
| 1,06 | 0,948 | 0,838 | 0,748 | 0,608 | 0,506 | 0,342 |
| 1,07 | 0,896 | 0,790 | 0,703 | 0,569 | 0,471 | 0,315 |
| 1,08 | 0,851 | 0,749 | 0,665 | 0,535 | 0,441 | 0,292 |
| 1,09 | 0,812 | 0,713 | 0,631 | 0,506 | 0,415 | 0,272 |
| 1,10 | 0,777 | 0,681 | 0,601 | 0,480 | 0,392 | 0,254 |
| 1,11 | 0,746 | 0,652 | 0,575 | 0,457 | 0,372 | 0,239 |
| 1,12 | 0,718 | 0,626 | 0,551 | 0,436 | 0,354 | 0,225 |
| 1,13 | 0,692 | 0,602 | 0,529 | 0,417 | 0,337 | 0,212 |
| 1,14 | 0,669 | 0,581 | 0,509 | 0,400 | 0,322 | 0,201 |
| 1,15 | 0,647 | 0,561 | 0,490 | 0,384 | 0,308 | 0,191 |
| 1,16 | 0,627 | 0,542 | 0,473 | 0,369 | 0,295 | 0,181 |
| 1,17 | 0,608 | 0,525 | 0,458 | 0,356 | 0,283 | 0.173 |
| 1,18 | 0,591 | 0,509 | 0,443 | 0,343 | 0,272 | 0,165 |
| 1,19 | 0,574 | 0,494 | 0,429 | 0,331 | 0,262 | 0,157 |
| 1,20 | 0,559 | 0,480 | 0,416 | 0,320 | 0,252 | 0,150 |
| 1,22 | 0,531 | 0,454 | 0,392 | 0,299 | 0,235 | 0,138 |
| 1,24 | 0,505 | 0,431 | 0,371 | 0,281 | 0,219 | 0,127 |
| 1,26 | 0,482 | 0,410 | 0,351 | 0,265 | 0,205 | 0,117 |
| 1,28 | 0,461 | 0,391 | 0,334 | 0,250 | 0,193 | 0,108 |
| 1,30 | 0,442 | 0,373 | 0,318 | 0,237 | 0,181 | 0,100 |
| 1,32 | 0,424 | 0,357 | 0,304 | 0,225 | 0,171 | 0,093 |
| 1,34 | 0,408 | 0,342 | 0,290 | 0,214 | 0,162 | 0,087 |
| 1,36 | 0,393 | 0,329 | 0,278 | 0,204 | 0,153 | 0,081 |
| 1,38 | 0,378 | 0,316 | 0,266 | 0,194 | 0,145 | 0,076 |
| 1,40 | 0,365 | 0,304 | 0,256 | 0,185 | 0,138 | 0,071 |
| 1,42 | 0,353 | 0,293 | 0,246 | 0,177 | 0,131 | 0,067 |
| 1,44 | 0,341 | 0,282 | 0,236 | 0,169 | 0,125 | 0,063 |
| 1,46 | 0,330 | 0,273 | 0,227 | 0,162 | 0,119 | 0,059 |
| 1,48 | 0,320 | 0,263 | 0,219 | 0,156 | 0,113 | 0,056 |
| 1,50 | 0,310 | 0,255 | 0,211 | 0,149 | 0,108 | 0,053 |
| 1,60 | 0,269 | 0,218 | 0,179 | 0,123 | 0,087 | 0,040 |
| 1,70 | 0,236 | 0,189 | 0,153 | 0,103 | 0,072 | 0,031 |
| 1,80 | 0,209 | 0,166 | 0,133 | 0,088 | 0,060 | 0,024 |
| 1,90 | 0,188 | 0,147 | 0,117 | 0,076 | 0,050 | 0,020 |
| 2,00 | 0,169 | 0,132 | 0,104 | 0,066 | 0,043 | 0,016 |
| 2,20 | 0,141 | 0,107 | 0,083 | 0,051 | 0,032 | 0,011 |
| 2,40 | 0,119 | 0,089 | 0,068 | 0,040 | 0,024 | 0,008 |
| 2,60 | 0,102 | 0,076 | 0,057 | 0,033 | 0,019 | 0,005 |
| 2,80 | 0,089 | 0,065 | 0,048 | 0,027 | 0,015 | 0,004 |
| 3,00 | 0,078 | 0,056 | 0,041 | 0,022 | 0,012 | 0,003 |
| 3,50 | 0,059 | 0,041 | 0,029 | 0,015 | 0,008 | 0,002 |
| 4,00 | 0,046 | 0,031 | 0,022 | 0,010 | 0,005 | 0,001 |
| 5,00 | 0,031 | 0,020 | 0,013 | 0,006 | 0,003 | 0,000 |
| 10,00 | 0,009 | 0,005 | 0,003 | 0,001 | 0,000 | |

Tab. 4-20 Funktionswerte B ($\eta$) für $\eta > 1$

| $\eta$ \ n | 2,8 | 3,0 | 3,2 | 3,6 | 4,0 | 5,0 |
|---|---|---|---|---|---|---|
| 0,10 | 0,100 | 0,100 | 0,100 | 0,100 | 0,100 | 0,100 |
| 0,20 | 0,201 | 0,200 | 0,200 | 0,200 | 0,200 | 0,200 |
| 0,30 | 0,303 | 0,302 | 0,302 | 0,301 | 0,300 | 0,300 |
| 0,40 | 0,408 | 0,407 | 0,405 | 0,403 | 0,402 | 0,401 |
| 0,44 | 0,452 | 0,450 | 0,448 | 0,445 | 0,443 | 0,441 |
| 0,48 | 0,497 | 0,494 | 0,492 | 0,488 | 0,485 | 0,482 |
| 0,52 | 0,524 | 0,540 | 0,536 | 0,531 | 0,528 | 0,523 |
| 0,56 | 0,593 | 0,587 | 0,583 | 0,576 | 0,572 | 0,565 |
| 0,58 | 0,618 | 0,612 | 0,607 | 0,599 | 0,594 | 0,587 |
| 0,60 | 0,644 | 0,637 | 0,631 | 0,623 | 0,617 | 0,608 |
| 0,61 | 0,657 | 0,650 | 0,644 | 0,635 | 0,628 | 0,619 |
| 0,62 | 0,671 | 0,663 | 0,657 | 0,647 | 0,640 | 0,630 |
| 0,63 | 0,684 | 0,676 | 0,669 | 0,659 | 0,652 | 0,641 |
| 0,64 | 0,698 | 0,690 | 0,683 | 0,672 | 0,664 | 0,652 |
| 0,65 | 0,712 | 0,703 | 0,696 | 0,684 | 0,676 | 0,663 |
| 0,66 | 0,727 | 0,717 | 0,709 | 0,697 | 0,688 | 0,675 |
| 0,67 | 0,742 | 0,731 | 0,723 | 0,710 | 0,701 | 0,686 |
| 0,68 | 0,757 | 0,746 | 0,737 | 0,723 | 0,713 | 0,698 |
| 0,69 | 0,772 | 0,761 | 0,751 | 0,737 | 0,726 | 0,710 |
| 0,70 | 0,787 | 0,776 | 0,766 | 0,750 | 0,739 | 0,722 |
| 0,71 | 0,804 | 0,791 | 0,781 | 0,764 | 0,752 | 0,734 |
| 0,72 | 0,820 | 0,807 | 0,796 | 0,779 | 0,766 | 0,746 |
| 0,73 | 0,837 | 0,823 | 0,811 | 0,793 | 0,780 | 0,759 |
| 0,74 | 0,854 | 0,840 | 0,827 | 0,808 | 0,794 | 0,771 |
| 0,75 | 0,872 | 0,857 | 0,844 | 0,823 | 0,808 | 0,784 |
| 0,76 | 0,890 | 0,874 | 0,861 | 0,839 | 0,823 | 0,798 |
| 0,77 | 0,909 | 0,892 | 0,878 | 0,855 | 0,838 | 0,811 |
| 0,78 | 0,929 | 0,911 | 0,896 | 0,872 | 0,854 | 0,825 |
| 0,79 | 0,949 | 0,930 | 0,914 | 0,889 | 0,870 | 0,839 |
| 0,80 | 0,970 | 0,950 | 0,934 | 0,907 | 0,887 | 0,854 |
| 0,81 | 0,992 | 0,971 | 0,954 | 0,925 | 0,904 | 0,869 |
| 0,82 | 1,015 | 0,993 | 0,974 | 0,945 | 0,922 | 0,885 |
| 0,83 | 1,039 | 1,016 | 0,996 | 0,965 | 0,940 | 0,901 |
| 0,84 | 1,064 | 1,040 | 1,019 | 0,985 | 0,960 | 0,918 |
| 0,85 | 1,091 | 1,065 | 1,043 | 1,007 | 0,980 | 0,935 |
| 0,86 | 1,119 | 1,092 | 1,068 | 1,031 | 1,002 | 0,954 |
| 0,87 | 1,149 | 1,120 | 1,095 | 1,055 | 1,025 | 0,973 |
| 0,88 | 1,181 | 1,151 | 1,124 | 1,081 | 1,049 | 0,994 |
| 0,89 | 1,216 | 1,183 | 1,155 | 1,110 | 1,075 | 1,015 |
| 0,90 | 1,253 | 1,218 | 1,189 | 1,140 | 1,103 | 1,039 |
| 0,91 | 1,294 | 1,257 | 1,225 | 1,173 | 1,133 | 1,064 |
| 0,92 | 1,340 | 1,300 | 1,266 | 1,210 | 1,166 | 1,092 |
| 0,93 | 1,391 | 1,348 | 1,311 | 1,251 | 1,204 | 1,123 |
| 0,94 | 1,449 | 1,403 | 1,363 | 1,297 | 1,246 | 1,158 |
| 0,95 | 1,518 | 1,467 | 1,423 | 1,352 | 1,296 | 1,199 |
| 0,96 | 1,601 | 1,545 | 1,497 | 1,417 | 1,355 | 1,248 |
| 0,97 | 1,707 | 1,644 | 1,590 | 1,501 | 1,431 | 1,310 |
| 0,98 | 1,855 | 1,783 | 1,720 | 1,617 | 1,536 | 1,395 |
| 0,99 | 2,106 | 2,017 | 1,940 | 1,814 | 1,714 | 1,537 |
| 0,995 | 2,355 | 2,250 | 2,159 | 2,008 | 1,889 | 1,678 |

Tab. 4-21 Funktionswerte B ($\eta$) für $\eta < 1$

| $\eta$ \ n | 2,8 | 3,0 | 3,2 | 3,6 | 4,0 |
|---|---|---|---|---|---|
| 1,005 | − 0,813 | − 0,644 | − 0,501 | − 0,274 | − 0,102 |
| 1,01 | − 0,562 | − 0,409 | − 0,281 | − 0,079 | + 0,074 |
| 1,02 | − 0,307 | − 0,171 | − 0,058 | + 0,120 | 0,254 |
| 1,03 | − 0,156 | − 0,030 | + 0,075 | 0,240 | 0,362 |
| 1,04 | − 0,046 | + 0,073 | 0,172 | 0,326 | 0,440 |
| 1,05 | + 0,040 | 0,154 | 0,248 | 0,394 | 0,502 |
| 1,06 | 0,112 | 0,222 | 0,312 | 0,452 | 0,554 |
| 1,07 | 0,174 | 0,280 | 0,367 | 0,501 | 0,599 |
| 1,08 | 0,229 | 0,331 | 0,415 | 0,545 | 0,639 |
| 1,09 | 0,278 | 0,377 | 0,459 | 0,584 | 0,675 |
| 1,10 | 0,323 | 0,419 | 0,499 | 0,620 | 0,708 |
| 1,12 | 0,402 | 0,494 | 0,569 | 0,684 | 0,766 |
| 1,14 | 0,471 | 0,559 | 0,631 | 0,740 | 0,818 |
| 1,16 | 0,533 | 0,618 | 0,687 | 0,791 | 0,865 |
| 1,18 | 0,589 | 0,671 | 0,737 | 0,837 | 0,908 |
| 1,20 | 0,641 | 0,720 | 0,784 | 0,880 | 0,948 |
| 1,22 | 0,689 | 0,766 | 0,828 | 0,921 | 0,985 |
| 1,24 | 0,735 | 0,809 | 0,869 | 0,959 | 1,021 |
| 1,26 | 0,778 | 0,850 | 0,909 | 0,995 | 1,055 |
| 1,28 | 0,819 | 0,889 | 0,946 | 1,030 | 1,087 |
| 1,30 | 0,858 | 0,927 | 0,982 | 1,063 | 1,119 |
| 1,32 | 0,896 | 0,963 | 1,016 | 1,095 | 1,149 |
| 1,34 | 0,932 | 0,998 | 1,050 | 1,126 | 1,178 |
| 1,36 | 0,967 | 1,031 | 1,082 | 1,156 | 1,207 |
| 1,38 | 1,002 | 1,064 | 1,114 | 1,186 | 1,235 |
| 1,40 | 1,035 | 1,096 | 1,144 | 1,215 | 1,262 |
| 1,42 | 1,067 | 1,127 | 1,174 | 1,243 | 1,289 |
| 1,44 | 1,099 | 1,158 | 1,204 | 1,271 | 1,315 |
| 1,46 | 1,130 | 1,187 | 1,233 | 1,298 | 1,341 |
| 1,48 | 1,160 | 1,217 | 1,261 | 1,324 | 1,367 |
| 1,50 | 1,190 | 1,245 | 1,289 | 1,351 | 1,392 |
| 1,60 | 1,331 | 1,382 | 1,421 | 1,477 | 1,513 |
| 1,70 | 1,464 | 1,511 | 1,547 | 1,597 | 1,628 |
| 1,80 | 1,591 | 1,634 | 1,667 | 1,712 | 1,740 |
| 1,90 | 1,712 | 1,753 | 1,783 | 1,824 | 1,850 |
| 2,00 | 1,831 | 1,868 | 1,896 | 1,934 | 1,957 |
| 2,50 | 2,390 | 2,418 | 2,438 | 2,464 | 2,478 |
| 3,00 | 2,922 | 2,944 | 2,959 | 2,978 | 2,988 |
| 3,50 | 3,441 | 3,459 | 3,471 | 3,485 | 3,492 |
| 4,00 | 3,954 | 3,969 | 3,978 | 3,990 | 3,995 |
| 5,00 | 4,969 | 4,980 | 4,987 | 4,994 | 4,997 |

Tab. 4–22 Funktionswerte $f(\eta) = \eta - B(\eta)$ für $\eta > 1$

Dies sind die entsprechenden Vereinfachungen bei Vernachlässigung des Einflusses der kinetischen Energie, wonach

$$\Delta l = \frac{y_u}{J_s} \left[ f(\eta_R) - f(\eta_L) \right]$$

zu setzen ist.

### 4.5.3 Gebrauchsformeln für Staukurven

Für die Staulängen bis zum angenommenen praktischen Ende im Querschnitt mit den Verhältnissen $y/y_u = 1{,}01$ folgt bei Vernachlässigung des Einflusses der kinetischen Energie die Beziehung

$$l = \frac{y_u}{J_s} \left[ f\left(\frac{y}{y_u}\right) - f(1{,}01) \right] .$$

Unter der Voraussetzung, daß die Funktionswerte $f(y/y_u)$ um den Wert $f(1{,}01)$ reduziert sind, folgt mit der umgeformten Beziehung

$$f\left(\frac{y}{y_u}\right) = \frac{y}{y_u} \Phi\left(\frac{y}{y_u}\right) = \frac{y}{y_u} \Phi$$

die Bestimmungsgleichung

$$l = \frac{y}{J_s} \Phi = \frac{y_u + z}{J_s} \Phi . \qquad (4.94)$$

Als Ausdruck für Abschnittslängen gilt danach

$$\Delta l = \frac{1}{J_s} (\Phi_R y_R - \Phi_L y_L) \qquad (4.95)$$

Einige Funktionswerte sind in Tab. 4-23 enthalten.

Die Funktionswerte für breite rechteckige Profile werden sowohl nach der betreffenden Grundgleichung als auch nach dem Verfahren von Dupuit–Rühlmann und demjenigen von Bakhmeteff mit n = 3 erhalten. Die Werte für breite parabelförmige Profile folgen nach dem Verfahren von Tolkmitt und demjenigen von Bakhmeteff mit n = 4. Die entsprechenden Werte nach dem Verfahren von F. Schaffernak liegen zwischen den genannten Größen und entsprechen nahezu denjenigen nach Bakhmeteff mit n = 3,5. Ähnliche Beziehungen wurden u. a. auch von E. Faber, F. Marzolo und F. Ramponi aufgestellt.

| $\frac{y}{y_u}$ | $\Phi$ n = 3 | $\Phi$ n = 4 | $\frac{y}{y_u}$ | $\Phi$ n = 3 | $\Phi$ n = 4 |
|---|---|---|---|---|---|
| 1,05 | 0,54 | 0,41 | 1,50 | 1,10 | 0,88 |
| 1,10 | 0,75 | 0,58 | 1,75 | 1,13 | 0,92 |
| 1,15 | 0,87 | 0,67 | 2,00 | 1,14 | 0,94 |
| 1,20 | 0,94 | 0,73 | 2,50 | 1,13 | 0,96 |
| 1,25 | 0,99 | 0,77 | 3,00 | 1,12 | 0,97 |
| 1,30 | 1,03 | 0,80 | 4,00 | 1,09 | 0,98 |
| 1,40 | 1,08 | 0,84 | 5,00 | 1,08 | 0,98 |
| 1,50 | 1,10 | 0,88 | 10,00 | 1,04 | 0,99 |

Tab. 4-23 Funktionswerte $\Phi$ für $y/y_u > 1$

# 5. Stationäre Strömung in Druckleitungen

## 5.1 Allgemeine Beziehungen

### 5.1.1 Profilgrößen und Bewegungsart

Bei der Strömung in Druckleitungen sind die Abmessungen des benetzten Querschnittes jeweils konstante Größen und somit unabhängig vom Abflußvorgang. Normalerweise wird der Kreisquerschnitt gewählt. Die entsprechenden Profilgrößen für Rohre und Stollen sind durch die Beziehungen

$$F = \frac{d^2 \pi}{4} \quad \text{sowie} \quad U = d\,\pi \quad \text{und} \quad R = \frac{F}{U} = \frac{d}{4}$$

gegeben. Für Reynoldssche Kennzahl und relative Rauhigkeit (Abschn. 1.2.10) folgen die Ausdrücke

$$\mathrm{Re} = \frac{1}{\nu}\,\mathrm{d}\,\mathrm{v} = \frac{1}{\nu}\frac{4}{\pi}\frac{\mathrm{Q}}{\mathrm{d}} \quad \text{und} \quad \mathrm{r_s} = \frac{\epsilon}{\mathrm{d}}\,.$$

Als Anhalt zur Bestimmung der Reynolds-Zahl kann mit den Längen in [cm] der Ausdruck Re = 90d v = 115 Q/d dienen, der für die Wassertemperatur von 16° C zutreffend ist. Das Maß $\epsilon$ entspricht im allgemeinen den Erhebungen von Sand bei größter Lagerungsdichte. Für technische Rauhigkeiten ist demzufolge die äquivalente Sandrauhigkeit maßgebend.

Für andere Querschnittsformen ist in den Formeln von Reynoldszahl und relativer Rauhigkeit anstatt d die Größe 4 R einzusetzen. Die Verhältnisse werden in solchen Fällen umso besser erfaßt, je mehr das betreffende Profil dem Kreisquerschnitt angenähert ist. Die Einführung von Formbeiwerten ist ebenfalls möglich.

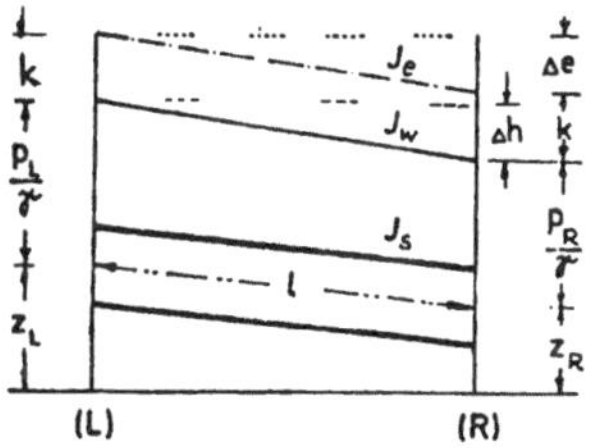


Fig. 5-1 Abflußverhältnisse

Bei gleichförmiger Bewegung (Fig. 5-1) verlaufen Energielinie und Piezometerlinie parallel zueinander, d. h. für die Relativgefälle gilt $J_e = J_w = J$ und somit für die Absolutgefälle zwischen zwei Abschnitten $\Delta e = \Delta h = J\,l$. Nach Gleichung (1.32) folgt für das relative Strömungsgefälle

$$J = \frac{\tau}{\gamma}\frac{4}{d}$$

wobei mit $\tau$ die mittlere Schubspannung bezeichnet ist. Sinngemäß gelten die Beziehungen

$$J = \lambda \frac{1}{d} \frac{v^2}{2g} = \lambda \frac{k}{d} \quad \text{und} \quad v = \sqrt{\frac{2g}{\lambda}} \sqrt{d\,J} = \frac{C}{2} \sqrt{d\,J} . \qquad (5.1)$$

Wird für die mittlere Fließgeschwindigkeit $v = Q/F$ eingeführt, so lautet der Ausdruck für das Relativgefälle

$$J = \lambda \frac{16}{2 g \pi^2} \frac{Q^2}{d^5} = \overline{\lambda} \frac{Q^2}{d^5} \qquad (5.2)$$

wobei $\overline{\lambda}$ ein dimensionsgebundener Faktor ist.

In Zonen mit ungleichförmiger Bewegung treten noch zusätzliche oder örtliche Verluste an Energiehöhe auf, deren Größe wesentlich von der jeweiligen Form der Übergangsstrecke abhängig ist. Im allgemeinen wird für die zusätzliche Verlusthöhe

$$\Delta e = \Delta e_z = \zeta\, k = \zeta\, v^2/2g$$

gesetzt, wobei v normalerweise die mittlere Geschwindigkeit nach der Änderungsstrecke ist.

### 5.1.2 Laminare und turbulente Strömung

Die Grenze zwischen laminarer und turbulenter Strömung ist durch die Reynoldszahl Re = 2300 gekennzeichnet (Abschn. 1.2.10). Unterhalb dieser Kennzahl ist die laminare Strömung auf jeden Fall, also auch bei Störungen, stabil. Oberhalb derselben bleibt sie nur bei vorsichtigem Experimentieren, d. h. bei Verhinderung störender Einflüsse, noch in einem weiteren Anschlußbereich erhalten.

Die Geschwindigkeitsprofile beider Strömungsformen sind völlig verschieden. Bei laminarer Bewegung erfolgt von der Rohrwand bis zur Strömungsachse eine nahezu gleichmäßige Geschwindigkeitszunahme. Bei turbulenter Bewegung erfolgt in einer dünnen Randzone, die von L. Prandtl als Grenz- oder Reibungsschicht bezeichnet wurde, der Hauptanteil des Geschwindigkeitsanstieges. Außerhalb dieser Schicht ist die Geschwindigkeitsänderung nur noch gering. Es können somit zwei Bereiche unterschieden werden, und zwar die Randschicht mit ausgeprägt starkem Geschwindigkeitsanstieg und die Hauptströmung mit nahezu konstanter Geschwindigkeit. Hierbei wird die Form des Geschwindigkeitsprofiles $u/u_{max} = f(y/r)$ mit wachsenden Re-Zahlen fülliger. Für die Betrachtung der Flüssigkeitsbewegung in einem geraden Rohr wird im Abstand $z < r$ von der Strömungsachse die Fließgeschwindigkeit mit u und der Schichtenabstand mit dz bezeichnet. Aufgrund der Erfahrung, daß natürliche Flüssigkeiten an festen Wandungen haften, ist für $z = r$ der Wert $u = 0$. Gegen die Rohrachse nimmt die Geschwindigkeit zu und hat für $z = 0$ ihren Größtwert (Fig. 5.2).

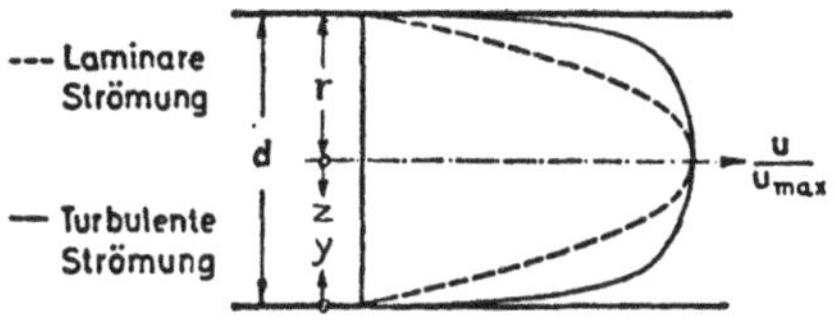


Fig. 5-2 Geschwindigkeitsverteilung

Da die Fließgeschwindigkeit entgegen der z-Richtung anwächst, ist für laminare Strömung der Newtonsche Ansatz für die Flüssigkeitsreibung (Gl. 1.34) in der Form

$$\tau = -\eta \frac{du}{dz} = -\frac{\gamma}{g} \nu \frac{du}{dz}$$

zu schreiben. Sodann folgt für die Geschwindigkeit, bezogen auf einen beliebigen koaxialen Zylinder, die schon von G. Stokes abgeleitete Gleichung

$$u = \frac{J\,g}{4\nu}(r^2 - z^2)\,. \tag{5.3}$$

Die Geschwindigkeitsverteilung in jedem Schnitt längs der Rohrachse ist somit parabelförmig und stellt insgesamt ein Rotationsparaboloid dar.

Ausgehend von der sekundlichen Abflußmenge, die durch einen Kreisring vom Radius z und der Dicke dz strömt, folgt für den Gesamtabfluß im Rohr die Beziehung

$$Q = \frac{J\,g}{8\nu}\pi r^4 = \frac{J\,g}{128\nu}\pi d^4 \,.$$

Diese Gesetzmäßigkeit haben sowohl G. Hagen als auch J. L. Poiseuille durch Versuche festgestellt. Aus der Abflußgleichung ist unmittelbar die Beziehung für die mittlere Fließgeschwindigkeit $v = Q/F = u_{max}/2$ zu ersehen. Aufgrund der sehr kleinen Geschwindigkeitsgrößen ist ein Korrektionsfaktor für die mittlere Geschwindigkeitshöhe nicht erforderlich. Das Verhältnis zwischen den Geschwindigkeiten u und v kann durch die Beziehung $u/v = 2\,(1 - z^2/r^2)$ ausgedrückt werden.

Unter Berücksichtigung der mittleren Geschwindigkeit folgt für das relative Energieliniengefälle die Beziehung

$$J = \frac{\Delta e}{l} = \frac{32\nu}{g\,d^2}\,v = \frac{64}{Re}\,\frac{k}{d} \,.$$

Danach gilt für den Reibungsbeiwert der Ausdruck $\lambda = 64/Re$. Aus diesen Gleichungen ist zu ersehen, daß das Relativgefälle direkt proportional der mittleren Geschwindigkeit ist.

Bei turbulenter Strömung findet im Gegensatz zur laminaren Bewegung ein Durcheinanderwirbeln der Flüssigkeitsteilchen zwischen benachbarten Schichten, abgesehen von der dünnen laminaren Wandzone, statt. Diese unregelmäßigen Neben- oder Mischbewegungen haben einen Impulsaustausch zwischen benachbarten Gebieten zur Folge. Die Strömungswiderstände sind deshalb auch erheblich größer als bei laminarer Bewegung. Das relative Strömungsgefälle ist entweder nahezu oder vollständig dem Quadrat der mittleren Geschwindigkeit verhältnisgleich. Durch Messungen wurde festgestellt, daß zwischen der mittleren Fließgeschwindigkeit und der maximalen Geschwindigkeit die Verhältnisse $0{,}83 \lesssim v/u_{max} \lesssim 0{,}87$ bestehen.

Die Geschwindigkeit hat an jeder Stelle parallel zur Rohrachse einen stationären Mittelwert $\overline{u}$, der durch unregelmäßige Schwankungen überlagert ist. Die Schwankungskomponenten werden in Strömungsrichtung mit u′ und normal dazu mit u″ bezeichnet. Als momentane Geschwindigkeiten folgen somit in axialer und in radialer Richtung $u = \bar{u} + u'$ und $u_r = u''$. An der Rohrwand sind sowohl $u = 0$ als auch die Pulsationsgeschwindigkeiten $u' = u'' = 0$. Wird ein koaxialer Flüssigkeitszylinder vom Radius $z < r$, der Länge $l$ und der Mantelfläche $F_M$ betrachtet, so ist zu ersehen, daß der Mittelwert

$$\frac{1}{F_M} \int u' u'' \, dF_M = \overline{u' u''}$$

eine Funktion von z ist. Ausgehend von der durch ein Flächenelement des Zylindermantels in der Zeiteinheit tretenden Flüssigkeitsmasse folgt für den je Zeiteinheit durch den ganzen Zylindermantel austretenden Impuls bezüglich der Achsenrichtung

$$\rho \int dF_M \, u'' (\bar{u} + u') = \rho \int u' u'' \, dF_M = 2\pi z l \rho \, \overline{u'} \, \overline{u''} \, .$$

Mit den äußeren Kräften sowie der auf die Mantelfläche wirkenden Widerstandskraft folgt nach dem Impulssatz bezogen auf die Flächeneinheit des Zylindermantels

$$\frac{\gamma z J}{2} + \eta \frac{d\bar{u}}{dz} = \rho \, \overline{u'} \, \overline{u''} \, .$$

Hierbei ist $d\bar{u}/dz < 0$, weil die Geschwindigkeit $\bar{u}$ entgegen der z-Richtung anwächst. Infolge der Schwankungsbewegungen werden zusätzliche Widerstände hervorgerufen. Daher wird die Beziehung

$$\rho \overline{u' u''} = \tau'$$

als scheinbare oder turbulente Schubspannung bezeichnet. Für die Ermittelung der Geschwindigkeitsverteilung folgt sodann die Beziehung

$$\bar{u} = \frac{1}{\nu} \int \overline{u' u''} \, dz - \frac{g J}{4 \nu} z^2 + C \qquad (5.4)$$

wobei die Konstante C aufgrund der Randbedingung $\bar{u} = 0$ für $z = r$ unmittelbar zu bestimmen ist. Unbekannt ist jedoch die Abhängigkeit der Größe $\overline{u'u''} = f(z)$. Aus diesem Grunde sind Ansätze für die turbulente Schubspannung aufgestellt worden. Wegen der annähernd gleichmäßigen Geschwindigkeitsverteilung kann mit hinreichender Genauigkeit für den Korrektionsfaktor der mittleren Geschwindigkeit $\alpha = 1$ gesetzt werden.

### 5.1.3 Rauhigkeitsbereiche

Das Verhältnis zwischen Dicke der laminaren Randschicht und Höhe der Wandunebenheiten stellt ein Kriterium für den Rauhigkeitsgrad dar. Werden die Unebenheiten der Wand von dieser Schicht völlig eingehüllt, so gilt das Rohr als „hydraulisch glatt". Überwiegen hingegen die Rauhigkeitserhebungen gegenüber der Schichtdicke, so wird die Leitung als „hydraulisch rauh" bezeichnet. Zwischen beiden Gebieten liegt noch ein Übergangsbereich. Die Dicke $\delta$ der laminaren Unterschicht ist sowohl von der kinematischen Zähigkeit als auch von der Schubspannungsgeschwindigkeit (Gl. 1.33) abhängig. Da der Quotient dieser beiden Bestimmungsgrößen wiederum eine Länge darstellt, so kann $\delta$ proportional $\nu/v_*$ gesetzt werden. Die Relativgröße $\epsilon\, v_*/\nu$ ist, analog der Reynoldszahl, eine für die Rauhigkeitseinflüsse charakteristische Wandkennzahl. Nach Versuchsergebnissen werden bei Sandrauhigkeit die Verhältnisse

$\epsilon\, v_*/\nu < 5$ als hydraulisch glatt

und

$\epsilon\, v_*/\nu > 70$ als hydraulisch rauh

bezeichnet. Dazwischen liegt eine ausgeprägte Übergangszone.

## 5.2 Geschwindigkeitsformeln für turbulente Strömung

### 5.2.1 Logarithmische Formeln

#### 5.2.1.1 Grundgleichungen

Zur Erleichterung einer theoretischen Erfassung des turbulenten Bewegungsvorganges hat L. Prandtl die Länge des sogenannten

Mischungsweges eingeführt. Diese kleine Strecke (Fig. 5-3) stellt den Weg der Flüssigkeitsballen dar, welchen dieselben bei Querbewegung durchlaufen bis sie sich mit einer anderen Schicht vermischt und somit ihre Individualität verloren haben. Hierzu wird angenommen, daß dabei die Impulsgröße in Fließrichtung erhalten bleibt. Teilchen, die von der Schicht $(y - l)$ in die wandfernere Bahn (y) eintreten $(u'' > 0)$, besitzen demnach eine kleinere Geschwindigkeit als der dortigen Schicht entspricht, so daß in Fließrichtung eine Geschwindigkeitsdifferenz entsteht. Umgekehrt sind die Verhältnisse für Teilchen, die von der Bahn $(y + l)$ nach (y) gelangen. Diese durch die Querbewegungen hervorgerufenen Geschwindigkeitsunterschiede können als die entsprechenden Längsschwankungen $u'$ in der im Abstand y liegenden Schicht gedeutet werden, deren Betrag in erster Näherung $u' = \Delta\bar{u} = l\, d\bar{u}/dy$ ist. Die Quergeschwindigkeit $u''$ ist von gleicher Größenordnung. Im vorliegenden Falle $(d\bar{u}/dy > 0)$ ist $\overline{u'u''} < 0$. Somit gilt für die turbulente oder scheinbare Schubspannung $\tau' = \tau = -\rho\, \overline{u'}\, \overline{u''}$ und da $u''$ proportional $u'$ ist, folgt mit $u'' = -\alpha u'$ der Ausdruck $\tau = \alpha\rho\,(u')^2 = \alpha\rho\,(l\, d\bar{u}/dy)^2$. Mit $\alpha = 1$, was lediglich eine Modifikation der Länge des Mischungsweges bedeutet, wird die Beziehung

$$\tau = \rho\left(l\,\frac{d\bar{u}}{dy}\right)^2 \quad \text{bzw.} \quad \tau = \rho\, l^2 \left|\frac{d\bar{u}}{dy}\right| \frac{d\bar{u}}{dy}$$

erhalten. Schubspannung und Größe $d\bar{u}/dy$ haben gleiches Vorzeichen.

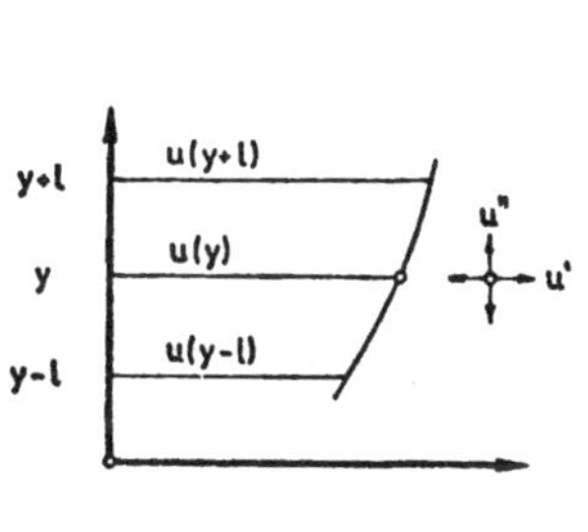


Fig. 5-3 Mischungsweg

Zur Vereinfachung der Schreibweise wird weiterhin der Querstrich über der Geschwindigkeit u nicht mehr gesetzt, zumal im folgenden die Pulsationsgeschwindigkeiten außer Betracht bleiben und somit Verwechslungen ausgeschlossen sind.

Die Beziehung für die turbulente Schubspannung steht in Übereinstimmung mit der von J. Boussinesq gegebenen Form $\tau = \rho \nu' \, du/dy$ bzw. dem Ausdruck $\tau = A \, du/dy$, wobei die Größe $\nu'$ als scheinbare kinematische Zähigkeit der turbulenten Strömung und der Faktor A als Austauschgröße bezeichnet werden. Der veränderliche Wert $A = A(y)$ hat zwar die Dimension einer Zähigkeit, ist aber naturgemäß, wie schon H. A. Lorentz gezeigt hat, wesentlich größer als das lediglich von der Temperatur abhängige Zähigkeitsmaß der Flüssigkeit. Wird eine konstante Schubspannung angenommen, so kann für die Summe aus dem Mittelwert der Zähigkeitsspannung und der scheinbaren Schubspannung bei Turbulenz die Beziehung

$$\tau = \eta \frac{du}{dy} + \rho \, l^2 \left(\frac{du}{dy}\right)^2 = (\eta + A) \frac{du}{dy} \tag{5.5}$$

gesetzt werden. Das erste Glied dieser Gleichung ist bei turbulenter Bewegung nur in unmittelbarer Wandnähe von Bedeutung, während es sonst vernachlässigt werden kann.

Aus der Gleichung für die scheinbare Schubspannung wird nach Umformung der Ausdruck für die Schubspannungsgeschwindigkeit

$$v_* = \sqrt{\tau/\rho} = l \, du/dy \quad \text{und somit} \quad du/dy = v_*/l$$

erhalten. Zur Bestimmung der Geschwindigkeiten $u = u(y)$ ist noch eine Angabe über den Mischungsweg $l = l(y)$ erforderlich. Wird für diese Länge der sowohl von L. Prandtl als auch von Th. v. Kármán gewählte einfache Ansatz $l = \kappa \, y$ eingeführt, so folgt $du/dy = v_*/(\kappa \, y)$ und daraus mit $v_* = \text{const}$ die allgemeine Beziehung für die Geschwindigkeitsverteilung

$$u = v_* \left(\frac{1}{\kappa} \ln y + c\right) . \tag{5.6}$$

Hierbei ist vorausgesetzt, daß im Abstand y weder Zähigkeit noch Wandrauhigkeit von Einfluß sind. Die Gleichung gilt somit nur für die sogenannte Kernströmung. Daher kommt es auch, daß in unmittelbarer Wandnähe diese vereinfachte Beziehung nicht mehr zutreffend sein kann. Die zunächst vernachlässigten Einflüsse werden jedoch zur näheren Bestimmung der Größe c herangezogen, wobei zu beachten ist, daß der Klammerausdruck dieser Gleichung lediglich ein Zahlenwert ist. Der dimensionslose Faktor $\kappa$ stellt eine wesentliche Größe des Turbulenzproblemes dar. Mit den Gegebenheiten in der Rohrachse kann unmittelbar die dimensionslose Beziehung

$$\frac{u_{max} - u}{v_*} = \frac{1}{\kappa} \ln \frac{r}{y}$$

aufgestellt werden. Ausgehend von der mittleren Geschwindigkeit im Durchflußquerschnitt folgt

$$\frac{u_{max} - v}{v_*} = \frac{2}{\kappa r^2} \int_0^r (r - y) \ln \left(\frac{r}{y}\right) dy = c_* . \qquad (5.7)$$

Zwischen der Verhältniszahl $c_*$ und dem Kármánschen Faktor $\kappa$ besteht die Beziehung $2c_* = 3/\kappa$. Von J. Nikuradse wurden aufgrund seiner Untersuchungen über die Strömung in glatten Rohren die Werte $4{,}03 \leq c_* \leq 4{,}09$ und $0{,}38 \leq \kappa \leq 0{,}42$ gefunden. Wenngleich die Größe $\kappa$ eine veränderliche Zahl ist, so haben doch die experimentellen Ergebnisse gezeigt, daß die mit dem in unmittelbarer Wandnähe gültigen Wert $\kappa = 0{,}4$ aufgestellten Beziehungen angenähert bis zur Rohrmitte gelten.

Nach L. Prandtl kann zur Bestimmung des Widerstandsbeiwertes $\lambda$ vom allgemeinen Ausdruck für die Geschwindigkeitsverteilung ausgegangen werden. Mit den Beziehungen

$$\frac{v}{v_*} = \sqrt{\frac{8}{\lambda}} \quad \text{und} \quad u_{max} - v = c_* v_* \quad \text{sowie} \quad \frac{u_{max}}{v_*} = \frac{1}{\kappa} \ln r + c$$

wird sodann die Grundgleichung

$$\frac{1}{\sqrt{\lambda}} = \frac{1}{\sqrt{8}}\left(\frac{u_{max}}{v_*} - c_*\right) = \frac{1}{\sqrt{8}}\left(\frac{1}{\kappa} \ln r + c - c_*\right) \tag{5.8}$$

erhalten.

### 5.2.1.2 Hydraulisch glatte Verhältnisse

Mit Hilfe der Länge $\nu/v_*$ wird die Konstante in Gleichung (5.6) durch den Ausdruck

$$c = c_0 - \frac{1}{\kappa} \ln \frac{\nu}{v_*}$$

ersetzt, wobei die neue Konstante $c_0$ dimensionslos ist. Danach folgt mit den empirischen Werten von J. Nikuradse die Beziehung

$$\frac{u}{v_*} = 2{,}50 \ln \frac{y\, v_*}{\nu} + 5{,}50 = 5{,}75 \log \frac{y\, v_*}{\nu} + 5{,}50\,. \tag{5.9}$$

Der allgemeine Ausdruck für $u_{max}/v_*$ mit $y = r$ wurde schon von Th. v. Kármán abgeleitet.

Für die Bestimmung des Reibungsbeiwertes werden mit $\lambda = \lambda_0$ die Beziehungen

$$\frac{1}{\sqrt{\lambda_0}} = \frac{1}{\sqrt{8}}\left(\frac{1}{\kappa} \ln \frac{r\, v_*}{\nu} + c_0 - c_*\right) = \frac{\ln 10}{\kappa\sqrt{8}} \log\left(\frac{Re\sqrt{\lambda_0}}{2\sqrt{8}}\right) + \frac{c_0 - c_*}{\sqrt{8}}$$

erhalten. Für die weiteren Betrachtungen sollen die Schreibweisen

$$\frac{1}{\sqrt{\lambda_0}} = A \log\left(\frac{Re\sqrt{\lambda_0}}{2\sqrt{8}}\right) + b_0 = A\left[\log\left(Re\sqrt{\lambda_0}\right) + B_0\right] = A \log \frac{Re\sqrt{\lambda_0}}{x_0} \tag{5.10}$$

dienen. Hierbei ist $A = 0{,}8141/\kappa \approx 2$. Der Zusammenhang zwischen den Konstanten $b_0$, $B_0$ und $x_0$ ist unmittelbar zu ersehen.

Nach den Messungsergebnissen von Nikuradse wurde die allgemeine Gleichung für die Geschwindigkeitsverteilung mit den Werten $\kappa = 0{,}40$

und $c_0 = 5{,}50$ aufgestellt. Unter Berücksichtigung der von L. Prandtl angenommenen Verhältniszahl $c_* = 4{,}07$ wird sodann $B_0 = -0{,}50$ bzw. $x_0 = 3{,}16$ erhalten. Da in der Ausgangsbeziehung ein Zusatzglied vernachlässigt wurde, hat Prandtl aufgrund der Messungen die Konstante $B_0 = -0{,}4$, d. h. $x_0 = 2{,}51$, eingeführt. Danach folgt als Gleichung für den Reibungsbeiwert

$$\frac{1}{\sqrt{\lambda_0}} = 2 \log (\mathrm{Re} \sqrt{\lambda_0}) - 0{,}8 = 2 \log \frac{\mathrm{Re} \sqrt{\lambda_0}}{2{,}5}$$

oder $$\lambda_0 = \frac{1}{4} \left(\log \frac{\mathrm{Re} \sqrt{\lambda_0}}{2{,}5}\right)^{-2}$$

Dies entspricht einem Wert $c_0 = 6{,}05$.

#### 5.2.1.3 Hydraulisch rauhe Verhältnisse

Wenn die Länge $\nu/v_*$ gegenüber der Größe $\epsilon$ völlig zurücktritt, so kann für die Konstante der Gleichung (5.6)

$$c = c_I - \frac{1}{\kappa} \ln \epsilon$$

gesetzt werden. Damit folgt mit den von J. Nikuradse aus Versuchen ermittelten Größen die Formel

$$\frac{u}{v_*} = 5{,}75 \log \frac{y}{\epsilon} + 8{,}5\,. \tag{5.11}$$

Hierbei entspricht das Maß $\epsilon$ der sogenannten Sandkornrauhigkeit. Den allgemeinen Ausdruck für $u_{max}/v_*$ hat schon Th. v. Kármán abgeleitet.

Zur Bestimmung des Reibungsbeiwertes lauten sodann die Beziehungen

$$\frac{1}{\sqrt{\lambda_I}} = \frac{1}{\sqrt{8}} \left(\frac{1}{\kappa} \ln \frac{r}{\epsilon} + c_I - c_*\right) = \frac{\ln 10}{\kappa \sqrt{8}} \log \left(\frac{d}{2\epsilon}\right) + \frac{c_I - c_*}{\sqrt{8}}\,.$$

In vereinfachter Schreibweise wird für die folgenden Betrachtungen

$$\frac{1}{\sqrt{\lambda_I}} = A \log\left(\frac{d}{2\epsilon}\right) + b_I = A\left[\log\left(\frac{d}{\epsilon}\right) + B_I\right] = A \log\frac{x_I}{r_s} \tag{5.12}$$

gesetzt. Die Ausdrücke für die Konstanten sind unmittelbar abzulesen.

Die Gleichung für die Geschwindigkeitsverteilung wurde mit den Werten $\kappa = 0{,}40$ und $c_I = 8{,}50$ aufgestellt. Unter Berücksichtigung der Verhältniszahl $c_* = 4{,}07$ wird sodann $b_I = 1{,}57$ oder $B_I = 0{,}48$ bzw. $x_I = 3{,}03$ erhalten. Aufgrund experimenteller Nachprüfung hat Prandtl, mit Rücksicht auf die vernachlässigte Zusatzfunktion in den Ausgangsbeziehungen, eine Änderung des Beiwertes auf $b_I = 1{,}74$, d. h. $B_I = 0{,}57$ bzw. $x_I = 3{,}71$, durchgeführt. Danach lautet die Gleichung für den Reibungsbeiwert

$$\frac{1}{\sqrt{\lambda_I}} = 2\log\left(\frac{1}{2r_s}\right) + 1{,}74 = 2\log\frac{3{,}7}{r_s} \quad \text{oder} \quad \lambda_I = \frac{1}{4}\left(\log\frac{3{,}7}{r_s}\right)^{-2} .$$

Dementsprechend würde $c_I = 9{,}0$ sein.

## 5.2.2 Potenzformeln

### 5.2.2.1 Allgemeine Betrachtung

Für eine Flüssigkeit von der Dichte $\rho$ und der dynamischen Zähigkeit $\eta$ sollen bei gleichförmiger Bewegung in einem geraden Rohr vom Durchmesser d und dem Rauhigkeitsmaß $\epsilon$ die mittlere Fließgeschwindigkeit v und der Druck p vorhanden sein. Nach dem Satz von den dimensionslosen Potenzprodukten (s. a. Abschn. 10.2) folgt sodann für das relative Strömungsgefälle der Ausdruck

$$J = \frac{a}{\gamma} v^n \rho^{n-1} d^{n-3-z} \eta^{2-n} \epsilon^z =$$

$$= \frac{a}{g}\frac{v^2}{d} \mathrm{Re}^{-x} r_s^z = 2a\frac{k}{d} \mathrm{Re}^{-x} r_s^z . \tag{5.13}$$

Hierbei ist die Größe a ein Zahlenfaktor. Die Gleichung für das Relativgefälle ist auch in der Schreibweise

$$J = a_* \frac{v^n}{d^m} \tag{5.14}$$

gebräuchlich, wobei ableitungsgemäß $m = 3 - n + z = 1 + x + z$ ist. Im Falle sehr kleiner Geschwindigkeiten kann unabhängig von den Rauhigkeitsverhältnissen zwischen J und v eine lineare Abhängigkeit zugrunde gelegt werden. Bei den technisch vorherrschenden Fließvorgängen ist das Relativgefälle je nach dem Einfluß der Rauhigkeit entweder angenähert oder vollständig dem Quadrat der Geschwindigkeit verhältnisgleich. Nach den Angaben von O. Reynolds für glatte und rauhe Rohre ist $1{,}7 \leq n \leq 2{,}0$. Infolge der Reibungseinflüsse gilt ferner $n + m > 3$.

Aufgrund dieser Beziehungen folgt, daß zur Geschwindigkeitsformel (Gl. 4.35) in der Form

$$v = K \left(\frac{d}{4}\right)^\alpha J^\beta = K_* d^\alpha J^\beta = d^\alpha \left(\frac{J}{a_*}\right)^\beta$$

zwischen den Exponenten der Zusammenhang

$$n = \frac{1}{\beta} \quad \text{und} \quad m = \frac{\alpha}{\beta} \quad \text{bzw.} \quad \alpha = \frac{m}{n} \quad \text{und} \quad \beta = \frac{1}{n}$$

besteht. Für den Reibungsbeiwert in Gleichung (5.1) wird aufgrund der Ausgangsgleichung (5.13) die Beziehung

$$\lambda = 2a\, Re^{-x}\, r_s^z \tag{5.15}$$

erhalten. Danach folgt $f(\lambda; Re; r_s) = 0$. Auf diesen Zusammenhang hat wohl erstmals W. Nußelt hingewiesen.

### 5.2.2.2 Hydraulisch glatte Verhältnisse

Bei technisch glatten Verhältnissen ($z = 0$) folgt für das Relativgefälle der Ausdruck

$$J = \frac{a}{g}\frac{v^2}{d} Re^{n-2} = 2a \frac{k}{d} Re^{-x}\,.$$

Nach der vereinfachten Schreibweise muß n + m = 3 sein, d. h. für $1{,}7 \leq n < 2$ ist $1{,}3 \geq m > 1$. Für den Reibungsbeiwert $\lambda_0 = \lambda(Re)$ folgt

$$\lambda_0 = 2a\,Re^{-x} \quad \text{bzw.} \quad \frac{1}{\sqrt{\lambda_0}} = \frac{1}{\sqrt{2a}}\,Re^{\frac{x}{2}} . \tag{5.16}$$

Mit Hilfe der Prandtlschen Gleichung (5.10) hat O. Kirschmer zur Bestimmung des Exponenten die Beziehung

$$\frac{x}{2} = \frac{2\sqrt{\lambda_0}}{\ln 10 + 2\sqrt{\lambda_0}} \tag{5.17}$$

abgeleitet. Damit folgen die weiteren Ausdrücke

$$n = 2 - x \quad \text{und} \quad m = 1 + x \quad \text{sowie} \quad \alpha = \frac{1+x}{2-x} \quad \text{und} \quad \beta = \frac{1}{2-x} .$$

Einige Werte hierzu sind in Tabelle 5-1 enthalten.

| Re | $10^4$ | $10^5$ | $10^6$ | $10^7$ | $10^8$ |
|---|---|---|---|---|---|
| $\lambda_0$ | 0,031 | 0,018 | 0,012 | 0,008 | 0,006 |
| x | 0,264 | 0,208 | 0,171 | 0,145 | 0,125 |
| n | 1,736 | 1,792 | 1,829 | 1,855 | 1,875 |
| m | 1,264 | 1,208 | 1,171 | 1,145 | 1,125 |
| $\alpha$ | 0,728 | 0,674 | 0,640 | 0,617 | 0,600 |
| $\beta$ | 0,576 | 0,558 | 0,547 | 0,539 | 0,533 |

Tab. 5-1 Exponenten für hydraulisch glatte Verhältnisse

Formeln mit dem Exponenten n = 7/4, d. h. x/n = 1/7, der schon von A. Flamant sowie von A. Saph und E. Schoder angegeben und von H. Blasius erneut bestätigt wurde, sind seither für viele Betrachtungen im unteren Turbulenzbereich ($10^4 \lesssim Re \lesssim 10^5$) herangezogen worden.

### 5.2.2.3 Hydraulisch rauhe Verhältnisse

Wird davon ausgegangen, daß bei rauhen Wandungen und entsprechend großen Reynoldszahlen, d. h. bei voll ausgebildeter Rauhigkeitsströmung, die Zähigkeit der Flüssigkeit praktisch ohne Einfluß ist, so folgt x = 2 - n = 0 und damit n = 2. Für das Relativgefälle wird dann die Beziehung

$$J = \frac{a}{g} \frac{v^2}{d} r_s^z = 2a \frac{k}{d} r_s^z$$

erhalten. Nach der abgekürzten Schreibweise ist n + m = 3 + z eine veränderliche Größe. Für den Reibungsbeiwert $\lambda_I = \lambda(r_s)$ gilt dann der Ausdruck

$$\lambda_I = 2a\, r_s^z \quad \text{sowie} \quad \frac{1}{\sqrt{\lambda_I}} = \frac{1}{\sqrt{2a}}\, r_s^{-\frac{z}{2}} \, . \tag{5.18}$$

Kirschmer hat mit Hilfe der Gleichung von Prandtl (5.12) die Beziehung

$$\frac{z}{2} = \frac{2}{\ln 10} \sqrt{\lambda_I} \tag{5.19}$$

abgeleitet. Somit lauten die einzelnen Ausdrücke der Exponenten

$$n = 2 \quad \text{und} \quad m = 1 + z \quad \text{sowie} \quad \alpha = \frac{1+z}{2} \quad \text{und} \quad \beta = \frac{1}{2} \, .$$

In Tabelle 5-2 sind einige Werte angegeben.

| $r_s$ | $10^{-6}$ | $10^{-5}$ | $10^{-4}$ | $10^{-3}$ | $10^{-2}$ |
|---|---|---|---|---|---|
| $\lambda_I$ | 0,006 | 0,008 | 0,012 | 0,020 | 0,038 |
| z | 0,132 | 0,156 | 0,190 | 0,244 | 0,340 |
| m | 1,132 | 1,156 | 1,190 | 1,244 | 1,340 |
| $\alpha$ | 0,566 | 0,578 | 0,595 | 0,622 | 0,670 |

Tab. 5-2 Exponenten für hydraulisch rauhe Verhältnisse

#### 5.2.2.4 Zusammenfassung

Aus den Ähnlichkeitsbetrachtungen ist zu ersehen, daß bei turbulenter Strömung die Exponenten n und m bzw. $\alpha$ und $\beta$ im allgemeinen veränderliche Größen sind. Für die Gebiete der technisch glatten und rauhen Verhältnisse sind jedoch hierzu generelle Angaben möglich.

Glatt: $n \leq 2$ und $m \geq 1$ sowie $m + n = 3$

Rauh: $n = 2$ und $m \geq 1$ sowie $m + n \geq 3$.

Zwischen diesen beiden Zonen liegt ein ausgedehnter Übergangsbereich. Formeln, die diesen Bedingungen nicht genügen, sind auf jeden Fall abzulehnen.

Zur Geschwindigkeitsformel $v = K R^{\alpha} J^{\beta}$ folgt mit $\beta = 1/2$, daß die Exponenten

$$\alpha = \frac{3}{5} = 0{,}60 \quad \text{im Bereich} \quad 85 \gtrsim K \gtrsim 70$$

also für verhältnismäßig glatte Rohre und Stollen,

$$\alpha = \frac{5}{8} = 0{,}625 \quad \text{im Bereich} \quad 65 \gtrsim K \gtrsim 55$$

für normal ausgeführte Leitungen und

$$\alpha = \frac{2}{3} = 0{,}67 \quad \text{im Bereich} \quad 50 \gtrsim K \gtrsim 40$$

also für sehr rauhe Verhältnisse zutreffend sind.

### 5.2.3 Allgemeine Formel für den Reibungsbeiwert

Zwischen der Kurve $\lambda_0 = \lambda(\mathrm{Re})$ und dem Gebiet $\lambda_I = \lambda(r_s)$ liegt ein Übergangsbereich, in dem die generelle Beziehung $\lambda = \lambda(\mathrm{Re}; r_s)$ von Bedeutung ist (Fig. 5-4). Aufgrund der Untersuchungen von

L. Prandtl, Th. v. Kármán und J. Nikuradse haben C. M. White und C. F. Colebrook zur Bestimmung des Reibungsbeiwertes die Formel

$$\frac{1}{\sqrt{\lambda}} = -2\log\left(\frac{x_0}{\mathrm{Re}\sqrt{\lambda}} + \frac{r_s}{x_I}\right)$$

bzw. (5.20)

$$\frac{1}{\sqrt{\lambda}} = -2\log\frac{1}{x_I}\left(\frac{x_0\, x_I}{\mathrm{Re}\sqrt{\lambda}} + r_s\right)$$

aufgestellt. Dieser Ausdruck ist durch Kombination der Formeln für glatte Verhältnisse (Gl. 5.10) und für rauhe Verhältnisse (Gl. 5.12) entstanden und schließt naturgemäß diese beiden Fälle ein. Für $r_s = 0$ folgt $\lambda = \lambda_0$ und für $\mathrm{Re} \to \infty$ wird $\lambda = \lambda_I$ erhalten. Wenn anstatt der beiden Zahlenwerte $\sqrt{8g}/x_0 = 3{,}53$ und $x_I = 3{,}71$ eine einzige Größe eingeführt wird, so kann

$$\frac{1}{\sqrt{\lambda}} = -2\log\left[\frac{1}{x}\left(\frac{\sqrt{8g}}{\mathrm{Re}\sqrt{\lambda}} + r_s\right)\right] \tag{5.21}$$

gesetzt werden, wobei für die gemeinsame Konstante der Mittelwert $x = 3{,}60$ ist.

Die in impliziter Form gegebene Gleichung hat G. Supino für den einfacheren Gebrauch durch zwei explizite Ausdrücke ersetzt. Die eine Formel schließt an die $\lambda_0$-Kurve an, gilt in dem relativ kleinen Bereich $\mathrm{Re}\, r_s < 100$, und lautet

$$\lambda = \lambda_0 + 0{,}17\, \mathrm{Re}\, r_s\, \lambda_o^2 = \lambda_o\,(1 + 0{,}17\, \mathrm{Re}\, r_s\, \lambda_o)\,.$$

Für den gesamten anderen Bereich kann die Bestimmung des Reibungsbeiwertes nach der einfachen Beziehung

$$\lambda = a\, \lambda_I \quad \text{mit} \quad a = 1 + \frac{16{,}20}{\mathrm{Re}\, r_s} + \frac{65{,}60}{(\mathrm{Re}\, r_s)^2} \tag{5.22}$$

erfolgen. Damit wird die Mehrzahl aller praktischen Fälle erfaßt. Entsprechend der Randbedingung ist $a \leq 1{,}2$. Wenn das praktische Ende des Übergangsbereiches bei Werten a = 1,01 angenommen wird, so kann als Grenze Re $r_s$ = 2000 angesehen werden.

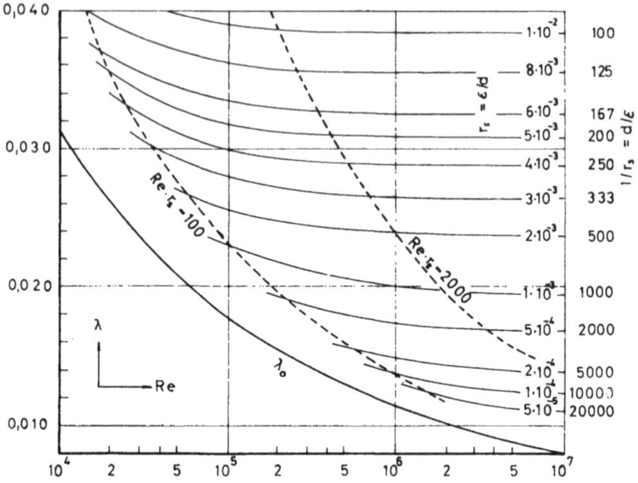


Fig. 5-4 Kurven λ = λ (Re; $r_s$)

Aus der direkten Beziehung zwischen den Beiwerten C und λ ist zu ersehen, daß für den Geschwindigkeitsbeiwert eine analoge Kombinationsformel (Gl. 4.39) bestehen muß. Im Bereich Re $r_s > 100$ gilt nach der Formel von Supino der entsprechende Ausdruck (Gl. 4.40)

$$C = C_I/\sqrt{a} \quad \text{und demzufolge auch} \quad v = v_I/\sqrt{a}\,.$$

Eine Änderung der Werte tritt nur bei Kennzahlen Re $r_s < 2000$, d. h. mit $\sqrt{a} > 1{,}005$, auf.

Einige Werte λ und C für hydraulisch glatte und hydraulisch rauhe Verhältnisse sind in den Tabellen 5-3 und 5-4 zusammengestellt. Hilfswerte a enthält Tabelle 5-5.

| Re | $\lambda_0$ | $C_0$ |
|---|---|---|
| $1 \cdot 10^4$ | 0,0307 | 50,5 |
| 2 | 0,0258 | 55,2 |
| 3 | 0,0234 | 57,9 |
| 4 | 0,0219 | 59,9 |
| 5 | 0,0208 | 61,4 |
| 6 | 0,0200 | 62,7 |
| 7 | 0,0193 | 63,7 |
| 8 | 0,0188 | 64,6 |
| 9 | 0,0183 | 65,5 |
| $1 \cdot 10^5$ | 0,0179 | 66,2 |
| 2 | 0,0156 | 71,0 |
| 3 | 0,0144 | 73,8 |
| 4 | 0,0137 | 75,8 |
| 5 | 0,0131 | 77,4 |
| 6 | 0,0127 | 78,6 |
| 7 | 0,0123 | 79,7 |
| 8 | 0,0121 | 80,6 |
| 9 | 0,0118 | 81,5 |
| $1 \cdot 10^6$ | 0,0116 | 82,2 |
| 2 | 0,0103 | 87,1 |
| 3 | 0,0097 | 90,0 |
| 4 | 0,0093 | 92,0 |
| 5 | 0,0090 | 93,6 |
| 6 | 0,0087 | 94,9 |
| 7 | 0,0085 | 96,0 |
| 8 | 0,0083 | 96,9 |
| 9 | 0,0082 | 97,8 |
| $1 \cdot 10^7$ | 0,0081 | 98,5 |

Tab. 5-3 Werte $\lambda_0$ und $C_0$

| $r_s$ | $\lambda_I$ | $C_I$ |
|---|---|---|
| $1 \cdot 10^{-5}$ | 0,0081 | 98,4 |
| 2 | 0,0091 | 93,1 |
| 3 | 0,0097 | 90,0 |
| 4 | 0,0102 | 87,8 |
| 5 | 0,0106 | 86,0 |
| 6 | 0,0110 | 84,6 |
| 7 | 0,0113 | 83,5 |
| 8 | 0,0116 | 82,4 |
| 9 | 0,0118 | 81,5 |
| $1 \cdot 10^{-4}$ | 0,0120 | 80,7 |
| 2 | 0,0138 | 75,4 |
| 3 | 0,0150 | 72,3 |
| 4 | 0,0160 | 70,0 |
| 5 | 0,0168 | 68,3 |
| 6 | 0,0175 | 66,9 |
| 7 | 0,0182 | 65,7 |
| 8 | 0,0187 | 64,7 |
| 9 | 0,0193 | 63,8 |
| $1 \cdot 10^{-3}$ | 0,0198 | 63,0 |
| 2 | 0,0236 | 57,7 |
| 3 | 0,0264 | 54,5 |
| 4 | 0,0286 | 52,3 |
| 5 | 0,0306 | 50,6 |
| 6 | 0,0324 | 49,2 |
| 7 | 0,0340 | 48,0 |
| 8 | 0,0355 | 47,0 |
| 9 | 0,0369 | 46,1 |
| $1 \cdot 10^{-2}$ | 0,0383 | 45,3 |

Tab. 5-4 Werte $\lambda_I$ und $C_I$

| Re $r_s$ | a | $\sqrt{a}$ | Re $r_s$ | a | $\sqrt{a}$ |
|---|---|---|---|---|---|
| 100 | 1,1686 | 1,081 | 600 | 1,0272 | 1,013 |
| 125 | 1,1338 | 1,065 | 700 | 1,0233 | 1,012 |
| 150 | 1,1109 | 1,054 | 800 | 1,0204 | 1,010 |
| 175 | 1,0947 | 1,046 | 900 | 1,0181 | 1,009 |
| 200 | 1,0826 | 1,040 | 1000 | 1,0163 | 1,008 |
| 250 | 1,0658 | 1,032 | 1500 | 1,0108 | 1,005 |
| 300 | 1,0547 | 1,027 | 2000 | 1,0081 | 1,004 |
| 350 | 1,0468 | 1,023 | 2500 | 1,0065 | 1,003 |
| 400 | 1,0409 | 1,020 | 3000 | 1,0054 | 1,003 |
| 450 | 1,0363 | 1,018 | 4000 | 1,0040 | 1,002 |
| 500 | 1,0327 | 1,016 | 5000 | 1,0032 | 1,002 |
| 600 | 1,0272 | 1,013 | 10000 | 1,0016 | 1,001 |

Tab. 5-5 Werte für a und $\sqrt{a}$

### 5.2.4 Rauhigkeitswerte

In Anbetracht der Schwierigkeiten für die Ermittlung der absoluten Rauhigkeit und die Bestimmung der gleichwertigen Sandrauhigkeit ist es zweckmäßig, den $\epsilon$-Wert für die betreffende Wandbeschaffenheit als charakteristischen Parameter anzusehen. Ein Fehler in der Wahl dieses Rauhigkeitsmaßes innerhalb der betreffenden Kategorie wirkt sich auf den $\lambda$-Wert im allgemeinen nur unwesentlich aus. Hierauf haben schon E. Marchi und O. Kirschmer hingewiesen.

In Tabelle 5-6 sind Angaben über das Rauhigkeitsmaß enthalten. Dieser Bereich ist auch in der Rauhigkeitsskala (Tab. 4-5) erfaßt.

| Art | $\epsilon$ [m] |
|---|---|
| Gezogene Stahlrohre | $1 \div 5 \cdot 10^{-5}$ |
| Geschweißte Stahlrohre | |
| Neue Leitungen mit glatten Verbindungen | $5 \div 10 \cdot 10^{-5}$ |
| Leicht angerostete od. verkrustete Leitungen | $4 \div 5 \cdot 10^{-4}$ |
| Stark angerostete od. verkrustete Leitungen | $2 \div 3 \cdot 10^{-3}$ |
| Genietete Stahlrohre | $1 \div 5 \cdot 10^{-3}$ |
| Gußeiserne Rohre | |
| Innenseitig bituminiert | $1 \div 2 \cdot 10^{-4}$ |
| Neue Leitungen | $2 \div 8 \cdot 10^{-4}$ |
| Angerostete od. verkrustete Leitungen | $1 \div 5 \cdot 10^{-3}$ |
| Betonrohre und Druckstollen | |
| Glatter Beton | $1 \div 5 \cdot 10^{-4}$ |
| Roher Beton | $1 \div 5 \cdot 10^{-3}$ |
| Asbestzement-Rohre | $1 \div 10 \cdot 10^{-5}$ |
| Verzinkte Rohre | $2 \div 4 \cdot 10^{-5}$ |
| Steinzeugrohre | $2 \div 3 \cdot 10^{-4}$ |
| Holzrohre | $1 \div 10 \cdot 10^{-4}$ |

Tab. 5-6 Rauhigkeitsmaße

### 5.2.5 Vereinfachte Beziehungen

Nach Gleichsetzen der Kutter-Formel (Gl. 4.34) mit dem entsprechenden logarithmischen Ausdruck für hydraulisch rauhe Verhältnisse

(Gl. 5.12), d. h.

$$C = C_I = \frac{100\sqrt{R}}{\sqrt{R}+m} = 2\sqrt{8g}\log\frac{x}{r_s}$$

wird für den Kutterschen Rauhigkeitswert der Ausdruck

$$m = [\frac{50/\sqrt{8g}}{\log(x/r_s)} - 1]\frac{\sqrt{d}}{2}$$

erhalten. Die Maximalwerte sind bei relativen Rauhigkeiten $r_s \approx 1 \cdot 10^{-4}$ vorhanden, wofür $m = m_{max} = 0{,}12\sqrt{d}$ gilt. Wenn der zugehörige Durchmesser mit $d_0$ bezeichnet wird, so kann der Bereich, in welchem die m-Werte nur unwesentlich geringer als die betreffende maximale Größe sind, mit $\frac{1}{2}d_0 \leq d \leq 2d_0$ angegeben werden. In solchen Fällen ist die Anwendung der Kutter-Formel durchaus gerechtfertigt.

Aus der Potenzformel für hydraulisch rauhe Verhältnisse (4.36) und der zugehörigen Beziehung für den Exponenten (5.19) folgen die Ausdrücke

$$K = \frac{1}{n} = C_I/R^{\alpha - 1/2} \quad \text{und} \quad \alpha = \frac{1}{2} + \frac{2\sqrt{8g}}{C_I \ln 10}.$$

Werden die Größen des Rauhigkeitsbeiwertes für konstante Rauhigkeitsmaße und variable Durchmesser ermittelt, so ist für $R = 1$ der Wert $K = C$ zugleich der Minimalwert $K_{min}$. Die Abweichungen von der jeweiligen minimalen Größe sind im Bereich $\frac{1}{2} \leq R \leq 2$ [m], d. h. $2 \leq d \leq 8$ [m], praktisch unbedeutend. Die Exponenten bleiben hingegen nicht konstant. Daraus ist zu erkennen, daß die Annahme konstanter K-Werte nur dann richtige Ergebnisse liefert, wenn die Berechnung mit dem jeweils zutreffenden Exponenten $\alpha$ durchgeführt wird. Hierbei kann als K der zu $d = 4$ [m] gehörige Wert $C_I = C(r_s)$ gesetzt und mit hinreichender Genauigkeit im Bereich $2 < d < 10$[m] beibehalten werden. Die Annahme eines durchaus konstanten Exponenten $\alpha$ bedingt hingegen mit der relativen Rauhigkeit veränderliche K-Werte. Der Einfluß von $\alpha$ wird naturgemäß umso geringer, je näher der Durchmesser bei d = 4 [m] liegt.

## 5.3 Beiwerte für zusätzliche Verlusthöhen

Jede Querschnitts- und Richtungsänderung in der Leitung erfordert einen besonderen Verlust an Energiehöhe. Aus Zweckmäßigkeitsgründen wird für die gesamte Verlusthöhe im Störungsbereich $\Delta e_{ges} = \Delta e_R + \Delta e_z$ gesetzt, wobei mit $\Delta e_R$ der Anteil infolge Reibung für die entsprechende Länge und mit $\Delta e_z$ der zusätzliche oder örtliche Anteil bezeichnet sind. Die zusätzlichen Verlusthöhen werden als Prozentsatz einer maßgebenden Geschwindigkeitshöhe in der Form

$$\Delta e = \Delta e_z = \zeta\, k = \zeta\, v^2/2g$$

ausgedrückt. Der Beiwert ist eine dimensionslose Größe.

### 5.3.1 Einläufe

Die $\zeta$-Werte sind umso kleiner, je besser die Formgebung des Einlaufes den Strombahnen angepaßt ist. Nachfolgend sind einige empirische Werte gegeben.

| | |
|---|---|
| Sehr gute Ausbildung | $\zeta = 0{,}05$ |
| Trompeten- oder kegelförmiger Einlauf | $\zeta = 0{,}10$ |
| Geringe Ausrundung | $\zeta = 0{,}20$ |
| Einlauf mit gebrochenen Kanten | $\zeta = 0{,}25$ |
| Scharfkantiger Einlauf | $\zeta = 0{,}5$ |

Wenn der Rohranfang in den Entnahmeraum ragt, kann der Beiwert bis zu $\zeta = 3{,}0$ ansteigen.

### 5.3.2 Querschnittserweiterungen

Bei der plötzlichen Querschnittserweiterung (Fig. 5-5) tritt erst nach einer gewissen Entfernung unterstrom der Erweiterungsstelle wieder gleichförmige Bewegung ein, da die Strombahnen der schroffen Änderung nicht folgen können. Mit den Druckkräften in den beiden Flüssigkeitsquerschnitten $D_1 = p_1 F_1$ und $D_2 = p_2 F_2$ sowie auf die Abschlußwand an der Erweiterungsstelle $D' = p'(F_2 - F_1)$ folgt nach dem Impulssatz die Beziehung

$$(p_1 - p')\frac{F_1}{F_2} + (p' - p_2) = \frac{\gamma}{g}(v_2^2 - v_1 v_2) .$$

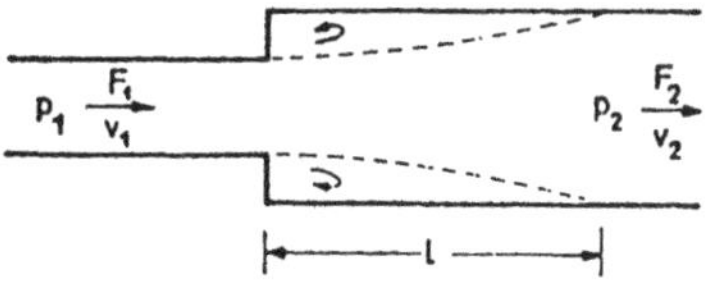


Fig. 5-5 Plötzliche Erweiterung

Für die weitere Behandlung dieses Problemes wird die Annahme $p' = p_1$ getroffen. Für den Beiwert $\zeta$, bezogen auf die Geschwindigkeitshöhe nach der Erweiterung, wird sodann

$$\zeta = (\frac{F_2}{F_1} - 1)^2 \tag{5.23}$$

erhalten. Diese Beziehung wurde erstmals von J. Ch. Borda aufgestellt und entspricht sinngemäß dem Satz von L. N. Carnot über den Verlust an lebendiger Kraft beim Stoße starrer Körper. Die Art des Verlustes wird daher auch als Borda-Carnotscher Stoßverlust bezeichnet. Wenngleich die Anwendung der vorgenannten Gleichung im Falle der plötzlichen Rohrerweiterungen durch Versuchsergebnisse in befriedigender Weise bestätigt wurde, so soll doch darauf hingewiesen werden, daß A. Föppl davor warnt, den Satz von Carnot in der technischen Hydraulik als allgemein gültig anzusehen.
Bei einer allmählichen Querschnittserweiterung ist die zusätzliche Verlusthöhe kleiner als bei einem plötzlichen Übergang. So beträgt bei einem Erweiterungswinkel von $\delta \approx 8°$ der Abminderungsfaktor $\eta = 1/10$. Für Winkel $\delta > 30°$ ist praktisch $\eta = 1$ einzuführen.

### 5.3.3 Querschnittsverengungen

Bei der plötzlichen Querschnittsverengung (Fig. 5-6) entsteht eine Strahleinschnürung. Da die zusätzliche Verlusthöhe kleiner ist als bei einer plötzlichen Erweiterung, kann ausgehend von jener Gleichung

$$\zeta = \eta \left(\frac{F_2}{F_1} - 1\right)^2 = \eta \left(1 - \frac{F_2}{F_1}\right)^2$$

gesetzt werden. Von J. Weisbach wurde für den Abminderungsfaktor $\eta = 0{,}4 \div 0{,}5$ angegeben. Aufgrund verschiedener empirischer Beziehungen und der verhältnismäßig großen Abweichungen im Bereich $F_2/F_1 \leq 0{,}8$ erscheint es angebracht, eine lineare Abhängigkeit der Beiwerte vom Flächenverhältnis anzunehmen und dafür

$$\zeta = 0{,}4 \div 0{,}5 \left(1 - \frac{F_2}{F_1}\right) \tag{5.24}$$

zu setzen.

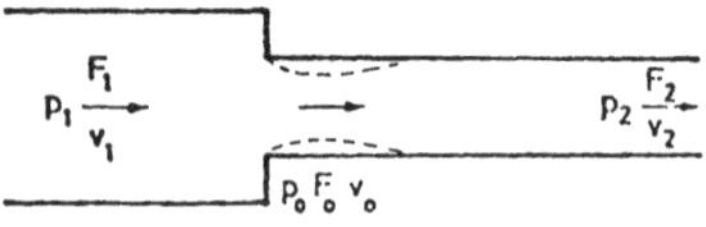


Fig. 5-6 Plötzliche Verengung

Die allmähliche Querschnittsverengung hat nur sehr geringe Verlusthöhen zur Folge. Für Winkel $\delta \lesssim 8°$ kann ohne weiteres $\zeta = 0$ gesetzt werden.

### 5.3.4 Krümmungen

Definitionsgemäß muß der $\zeta$-Wert mit steigendem Krümmungsverhältnis x (Krümmungsradius/Durchmesser) abnehmen und für $x \to \infty$ zu Null werden. Ausgehend von dieser Feststellung kann als Beziehung für die Bestimmung des Beiwertes der zusätzlichen Verlusthöhe für Reynolds-Zahlen $Re \leq 200\,000$ und Krümmungsverhältnissen x > 1,5 die Formel

$$\zeta = \frac{1}{\sqrt{x}} (0{,}20 + 2{,}25 \cdot 10^5 r_s^2) \frac{\varphi^\circ}{90} \tag{5.25}$$

dienen, wobei mit $\varphi$ der Umlenkungswinkel bezeichnet ist. In Figur 5-7 sind für 90°-Krümmer die Beiwerte mit $r_s = 0$ und $r_s = 1 \cdot 10^{-3}$ in Abhängigkeit vom Krümmungsverhältnis aufgetragen. Normalerweise werden die $\zeta$-Werte zwischen diesen beiden Kurven liegen. Zum Vergleich sind die entsprechenden Größen nach den Formeln von J. Weisbach und H. Lorenz mit eingezeichnet.

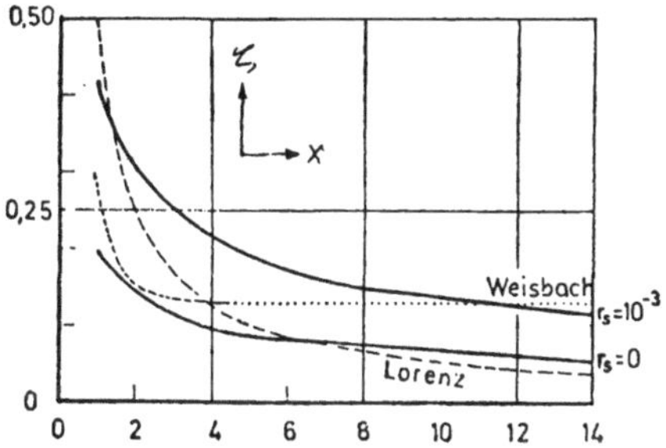


Fig. 5-7 $\zeta$-Werte für 90°-Krümmer

Für den Beiwert der gesamten Verlusthöhe ist festzustellen, daß mit steigenden x-Werten der Reibungsanteil naturgemäß zunimmt, während der zusätzliche Anteil definitionsgemäß abnimmt. Bei Überlagerung dieser beiden Teile tritt somit eine Minimalgröße auf. Ein Vergleich der charakteristischen $\zeta_{ges}$-Kurve mit früheren Versuchsergebnissen für $\zeta$-Werte zeigt teilweise ähnliche Formen. Daraus ist zu entnehmen, daß die Elimination des Reibungsanteils aus den betreffenden Versuchswerten nicht immer restlos gelungen war.

Zur Erfassung der Druckverhältnisse in einer Krümmung (Fig. 5-8) wird von Gleichung (1.20) ausgegangen. Für die Änderung der Geschwindigkeit wird hierbei $v \cdot r = \text{const}$ gesetzt. Wenn ab Krümmungsachse jeweils nur ein Abschnitt angenommen wird, so folgt für die zusätzliche Druckhöhenänderung

$$\frac{\Delta p_{zus}}{\gamma} = \mp \frac{k_m}{x - \frac{1}{4}}$$

wobei das negative Vorzeichen für die Innenseite des Krümmers ($\Delta n > 0$) und das positive Vorzeichen für die Außenseite ($\Delta n < 0$) gilt. Der Unterschied der zusätzlichen Druckhöhe zwischen Außen- und Innenseite kann angenähert nach der Formel

$$\frac{\Delta p_{zus}}{\gamma} = 2 \frac{k}{x}$$

ermittelt werden.

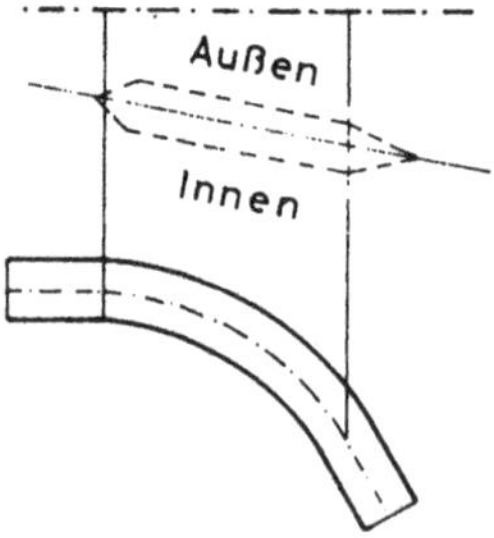


Fig. 5-8 Druckverhältnisse in einem Krümmer

### 5.3.5 Kniestücke

Die einfachste Form der Richtungsänderung ist das Kniestück. Nach den Versuchsergebnissen von H. Kirchbach mit glatten Rohren und von W. Schubart mit rauhen Rohren ($r_s \approx 2{,}5 \cdot 10^{-3}$) ist der Beiwert für die Verlusthöhe vom Umlenkungswinkel, von der Reynoldsschen Zahl und von den Rauhigkeitsverhältnissen abhängig. Der Einfluß der Reynolds-Zahl ist jedoch im Bereich Re > 200000 bedeutungslos. Werte $\zeta = \zeta\,(\varphi; r_s)$ sind in Tabelle 5-7 nach einem einigermaßen kontinuierlichen Kurvenverlauf angegeben.

| $\zeta$ \ $\varphi^o$ | 5 | 10 | 15 | 22,5 | 30 | 45 | 60 | 90 |
|---|---|---|---|---|---|---|---|---|
| Glatt | 0,014 | 0,029 | 0,044 | 0,075 | 0,120 | 0,245 | 0,470 | 1,15 |
| Rauh | 0,021 | 0,043 | 0,064 | 0,105 | 0,165 | 0,325 | 0,600 | 1,30 |

Tab. 5–7 $\zeta$-Werte für einfache Kniestücke

Zur Bestimmung des Beiwertes der zusätzlichen Verlusthöhe kann der einfache Ausdruck

$$\zeta = \eta \tan^2 \frac{\varphi}{2} \tag{5.26}$$

dienen. Nach den Kirchbach-Schubartschen Versuchsergebnissen nehmen die $\eta$-Werte im Bereich $0 \leq \varphi^o \leq 90$ ständig zu.

Bei mehreren plötzlichen Richtungsänderungen können die einzelnen Umlenkungen gleichsinnig oder gegensinnig verlaufen. Der Beiwert für die zusätzliche Verlusthöhe im Bereich einer gleichsinnigen Richtungsänderung um $\varphi^o$ wird bei nacheinander angeordneten Teilumlenkungen mit $\delta^o$ immer kleiner sein, als derjenige für die Gesamtumlenkung mit nur einem einzigen Kniestück. Bei Polygonkrümmern ist es gebräuchlich, für den Beiwert der zusätzlichen Verluste die Summe der Einzelbeiwerte anzunehmen. Dies setzt voraus, daß die Zwischenstrecken eine genügende Länge haben und somit das Streckenverhältnis s /d entsprechend groß ist.

Erfolgt die Richtungsänderung mit gleichgroßen Teilwinkeln, so ist $\varphi = n\,\delta$. Ausgehend von der Betrachtung für einzelne Kniestücke wird für den Beiwert der zusätzlichen Verlusthöhe die Beziehung

$$\zeta = \eta\, n \tan^2 \frac{\delta}{2} = \eta\, n \tan^2 \frac{\varphi}{2n} \tag{5.27}$$

erhalten.

Es ist zweifellos zutreffend, daß die gesamte Verlusthöhe für eine Richtungsänderung mit gebrochener Linienführung größer ist als diejenige mit stetiger Krümmung. Der Polygonkrümmer geht immer mehr zum Bogenkrümmer über, wenn bei gleichbleibenden Größen $\varphi$ und R die Anzahl der Knickstellen erhöht wird und somit die Einzelwinkel sowie die Teilstrecken kleiner werden. Dadurch wird der Unterschied zwischen Polygonlänge und Bogenlänge immer geringer. Sind beide Längen nahezu gleichgroß, wo werden auch die Beiwerte gleichgroß sein. Hiernach stellen diese Beiwerte die theoretischen Minimalgrößen für Polygonkrümmer dar. Charakteristisch hierzu ist die Verhältniszahl zwischen Polygon- und Bogenlänge. Für Teilwinkel $\delta < 20°$ sind die Längenunterschiede kleiner 1%. Umfangreiche Versuche mit mehrfachen Kniestücken haben ebenfalls Kirchbach und Schubart durchgeführt.

### 5.3.6 Vereinigungsstellen

Bei der Vereinigung von zwei Wasserströmen in einem gemeinsamen Strang (Fig. 5-9) werden die zusätzlichen Verlusthöhen in Abhängigkeit von der Geschwindigkeitshöhe nach der Zusammenführung ausgedrückt. Somit lauten die Beziehungen $\Delta e_l = \zeta_l k$ und $\Delta e_r = \zeta_r k$. Für die Größe der $\zeta$-Werte sind die generelle Anordnung, der Ablen-

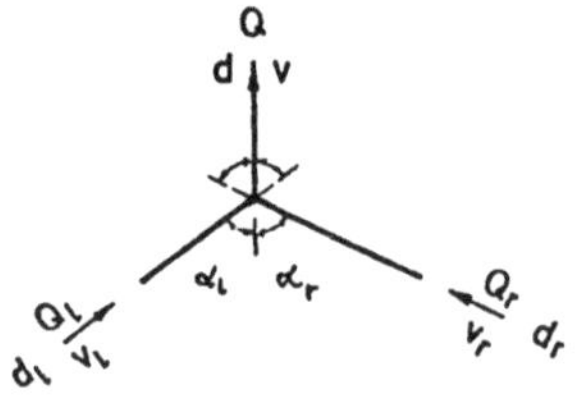


Fig. 5-9 Vereinigung

kungswinkel, die Einmündungsform, das Verhältnis der Durchmesser und das Wassermengenverhältnis von Bedeutung. Für die Aufstellung des Energieplanes ist es zweckmäßig von der Druckhöhe bzw. der Höhenkote des Wasserspiegels am Ende des gemeinsamen Stranges auszugehen. Empirische Beiwerte für eine horizontale Anordnung mit verschiedenen Einmündungsformen sind in Figur 5-10 und für eine vertikale Anordnung in Figur 5-11 aufgetragen. Die Stränge haben gleiche Durchmesser.

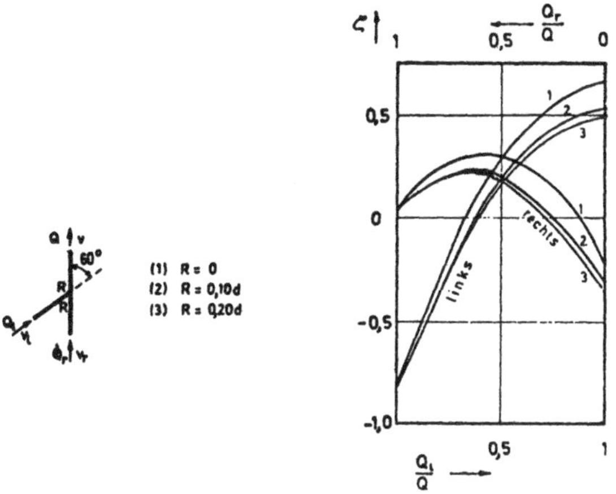


Fig. 5-10 Horizontale Anordnung

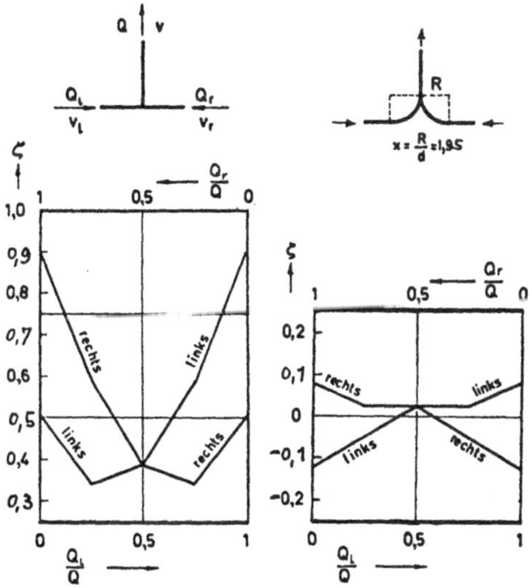


Fig. 5-11 Vertikale Anordnung (Steigschacht)

### 5.3.7 Verzweigungsstellen

Es gelten sinngemäß dieselben Ausführungen wie für Vereinigungsstellen. Einzelwerte für horizontale Anordnungen mit scharfrandiger Ausbildung und gleichgroßen Durchmessern sind aus der Kurventafel (Fig. 5-12) zu ersehen. Bei Abzweigungen mit abgerundetem Übergang oder kegeligen Ansatzstücken sind die Beiwerte jeweils kleiner.

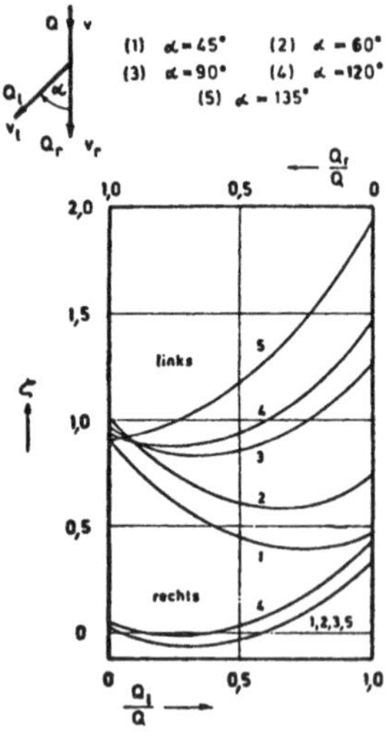


Fig. 5-12 ζ-Werte für Verzweigungen

### 5.3.8 Absperrorgane

Für Schieber, Ventile und Klappen sind in erster Linie die Beiwerte der zusätzlichen Verlusthöhe im vollgeöffneten Zustand von Interesse. Maßgebend hierbei sind Bauart und Durchgangsweite. Bei Schiebern nehmen die Beiwerte mit steigenden Verhältniszahlen zwischen Baulänge und Nennweite zu. Infolge der Vielzahl von empirischen Einzelwerten wird diesbezüglich auf die entsprechende

Literatur verwiesen. Die Zustände bei teilweiser Öffnung sind normalerweise nur von geringer Dauer. Die Beiwerte, bezogen auf die Geschwindigkeitshöhe im Rohr, werden mit der Abnahme des Querschnittsverhältnisses ($F/F_0 < 1$) immer größer.

## 5.4 Ermittlung des Durchmessers

Es wird im allgemeinen angestrebt, das Energieliniengefälle und somit den Anteil an mechanischer Energie, der für die weitere Ausnutzung nicht mehr zur Verfügung steht, möglichst klein zu halten. Diese Forderung beeinflußt den Gesamtwirkungsgrad und ist deshalb für Anlagen mit langen Druckstollen und für Pumpspeicherwerke von besonderer Bedeutung.

Für die Untersuchungen zur Wahl des Durchmessers wird zunächst ein überschlägiger mittlerer Wert D bestimmt, gleichgültig ob es sich dann um eine konstante Einzelgröße oder um einen Mittelwert bei abgestuften Größen handelt. Hierzu sind im allgemeinen die sekundliche Wasserführung Q und die gesamte Leitungslänge L gegeben. Bei vorgegebener Fließgeschwindigkeit kann somit der Durchmesser ermittelt werden. Ist für die Verlusthöhe ein zulässiger Größtwert festgesetzt, beispielsweise als Prozentsatz der Fallhöhe, so kann danach die Bestimmung des Durchmessers erfolgen.

Aufgrund verschiedener Betrachtungen können zur überschlägigen Bestimmung des mittleren Durchmessers die Formeln

$$D = A Q^{2/5} \quad \text{und} \quad D = B Q^{1/3} \tag{5.28}$$

dienen. Für Stollen liegen hierzu die Beiwerte im Bereich $0{,}8 \leq A \leq 1{,}0$ und $1{,}0 \leq B \leq 1{,}5$, wobei Q in [$m^3/s$] und D in [m] gelten.

Wenn der Rohrdurchmesser mit zunehmender Fallhöhe, d. h. mit steigendem Innendruck, verkleinert werden soll, so sind für die Einzeldurchmesser die zugehörigen Abschnittslängen zu bestimmen. In einer Vorberechnung werden zu Q und L zunächst die Größen $\Delta e$ und D festgelegt. Ausgehend von der Verlusthöhe entlang der gesamten Leitung

$$\Delta e = \bar{\lambda}\,\frac{Q^2}{D^5}\,L = \bar{\lambda}_1\,\frac{Q^2}{d_1^5}\,l_1 + \bar{\lambda}_2\,\frac{Q^2}{d_2^5}\,l_2 + \ldots + \bar{\lambda}_n\,\frac{Q^2}{d_n^5}\,l_n$$

gilt sodann (5.29)

$$\bar{\lambda}_1\,\frac{l_1}{d_1^5} + \bar{\lambda}_2\,\frac{l_2}{d_2^5} + \ldots + \bar{\lambda}_n\,\frac{l_n}{d_n^5} = \bar{\lambda}\,\frac{L}{D^5}\,.$$

Mit $\bar{\lambda}_i = \bar{\lambda} = \text{const}$ folgt der einfache Ausdruck

$$\frac{l_1}{d_1^5} + \frac{l_2}{d_2^5} + \ldots + \frac{l_n}{d_n^5} = \frac{L}{D^5} = \frac{l_1 + l_2 + \ldots + l_n}{D^5}$$

oder in anderer Schreibweise (5.30)

$$\left(\frac{D}{d_1}\right)^5 l_1 + \left(\frac{D}{d_2}\right)^5 l_2 + \ldots + \left(\frac{D}{d_n}\right)^5 l_n = L = l_1 + l_2 + \ldots + l_n\,.$$

Soll der berechnete mittlere Durchmesser D beispielsweise in zwei Einzelgrößen $d_1$ und $d_2$ aufgegliedert werden, wobei $d_1 > D$ und $d_2 < D$ ist, so folgt mit der abgekürzten Schreibweise $c = \bar{\lambda}\,Q^2/d^5$ für die Verlusthöhe der Ausdruck

$$\Delta e = c_1 l_1 + c_2 l_2 = (c_1 - c_2)\,l_1 + c_2 L$$

und nach Umstellung

$$l_1 = \frac{c_2 L - \Delta e}{c_2 - c_1} \quad \text{sowie} \quad l_2 = L - l_1\,.$$

Mit der Annahme $\bar{\lambda}_1 = \bar{\lambda}_2 = \bar{\lambda}$ wird aus dem entsprechend vereinfachten Ausdruck die Ralativbeziehung $l_1/L$ erhalten, wonach ebenfalls die Länge $l_1$ zu ermitteln ist.

## 5.5 Freier ungehinderter Ausfluß

Der maximale Abfluß aus einer Druckleitung ist vorhanden, wenn am Austritt der Querschnitt vollständig gefüllt ist (Fig. 5-13). Ausgehend vom Vergleich der Energiehöhen zwischen Oberwasser und Austritt gilt für die Verhältnisse im Endquerschnitt

$$k_a + \Sigma\, \Delta e = H + \frac{\Delta \bar{p}}{\gamma} + k_o$$

wobei der Unterschied des atmosphärischen Luftdruckes $\Delta \bar{p} < 0$ ist. Unter Vernachlässigung von $\Delta \bar{p}$ und $k_o$, d. h. also $\Delta \bar{p}/\gamma + k_o = 0$, wird für die mittlere Austrittsgeschwindigkeit die einfache Beziehung

$$v_a = \sqrt{2g}\ \sqrt{H - \Sigma \Delta e} = \varphi \sqrt{2gH} = c\sqrt{H} \qquad (5.31)$$

erhalten. Daraus ist nun ohne weiteres zu erkennen, daß die Verlusthöhe relativ groß sein wird. Es gelten für Werte

$$3{,}5 \geq c \geq 2{,}0 \quad \text{die Verhältniszahlen} \quad 0{,}4 \leq \Sigma\, \Delta e/H \leq 0{,}8\ .$$

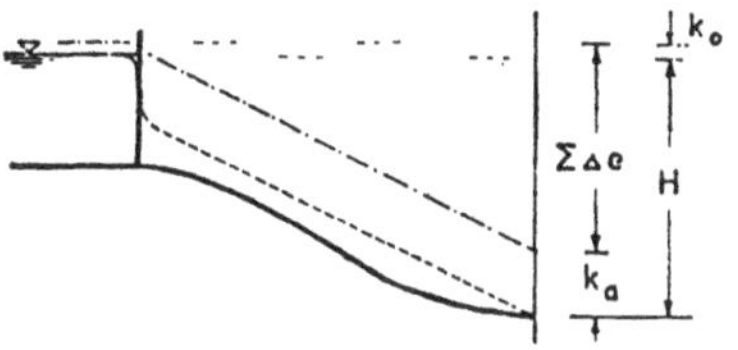


Fig. 5-13 Freier Ausfluß

Die Berechnung der sekundlichen Austrittswassermenge erfolgt nach der Abflußgleichung $Q = F_a\, v_a$. Diese allgemeine Beziehung ist auch gültig, wenn der Austrittsquerschnitt nur teilweise gefüllt ist. Dafür sind aber dann zur betreffenden Fülltiefe die Querschnittsfläche und die Fließgeschwindigkeit gesondert zu bestimmen.

Bei durchgehend gleichbleibendem Fließquerschnitt folgt für die Verlusthöhe

$$\Sigma\, \Delta e = (\lambda \frac{l}{d} + \Sigma\, \zeta)\, \frac{v^2}{2g} = \omega v^2$$

womit sodann

$$k + \Sigma\, \Delta e = (\frac{1}{2g} + \omega)\, v^2 = \frac{v^2}{c^2}$$

erhalten wird. Für überschlägige Berechnungen werden die Beiwerte der zusätzlichen Verlusthöhen nicht eigens in Ansatz gebracht, sondern lediglich ein größerer Reibungsbeiwert verwendet. Es folgt dann

$$\frac{1}{c^2} = \frac{1}{2g}\left(1 + \lambda \frac{l}{d}\right) \quad \text{und} \quad v = \sqrt{2g}\sqrt{\frac{H}{1 + \lambda\, l/d}} . \tag{5.32}$$

Analog kann für eine abzuführende Wassermenge der erforderliche Leitungsdurchmesser ermittelt werden.

Bei hohen Fließgeschwindigkeiten und verhältnismäßig kleinem Wasserstand über dem Einlauf kann im oberen Teil der Leitung Unterdruck auftreten. Zur Vermeidung von Kavitationserscheinungen muß der Gesamtdruck größer als der Dampfdruck sein. Aus Sicherheitsgründen wird deshalb im allgemeinen $p^* \gtrsim 10 p_d$ oder $p^*/\gamma \gtrsim 2{,}0$ [m] angenommen. Eine Verminderung oder auch Vermeidung des Unterdruckes ist möglich, wenn im entsprechenden Bereich ein größerer Fließquerschnitt gewählt wird.

Wird eine Leitung mit zwei verschiedenen Durchmessern ausgeführt, wobei $d_1 > d_2$ ist, so folgt für die Verlusthöhe der Ausdruck

$$\Sigma\, \Delta e = \omega_1 v_1^2 + \omega_2 v_2^2 .$$

Werden alle Größen auf die Verhältnisse im unteren Teil der Leitung bezogen, so gilt unter Berücksichtigung der Kontinuitätsbedingung die Beziehung

$$\Sigma\, \Delta e = \left(\omega_1 \frac{d_2^4}{d_1^4} + \omega_2\right) v_2^2 .$$

Danach ist der Ausdruck für die Austrittsgeschwindigkeit zu erhalten.

Für den Abfluß aus mehreren Öffnungen (Fig. 5-14) wird die Berechnung ab der letzten Ausflußöffnung entgegen der Hauptfließrichtung durchgeführt. Für sekundliche Austrittswassermenge je Öffnung und Verlusthöhe je Rohrabschnitt gilt in allgemeiner Form

$$q = \mu f \sqrt{2gH} \quad \text{und} \quad \Delta H = \frac{8\lambda}{g\pi^2} \frac{l}{D^5} Q^2 . \tag{5.33}$$

Mit konstanten Größen für Querschnittsflächen, Abschnittslängen, Abflußziffer und Reibungsbeiwert kann in abgekürzter Schreibweise

$$q = a\sqrt{H} \quad \text{und} \quad \Delta H = b\,Q^2$$

gesetzt werden. Dabei sind q und f auf den betreffenden Austritt sowie Q und D auf den zuführenden Rohrstrang bezogen. Danach können für verschiedene Bedingungen und Kombinationen die entsprechenden Einzelwerte ermittelt werden. Das Problem wurde bereits von J. P. Frizell für Sprinkleranlagen behandelt.

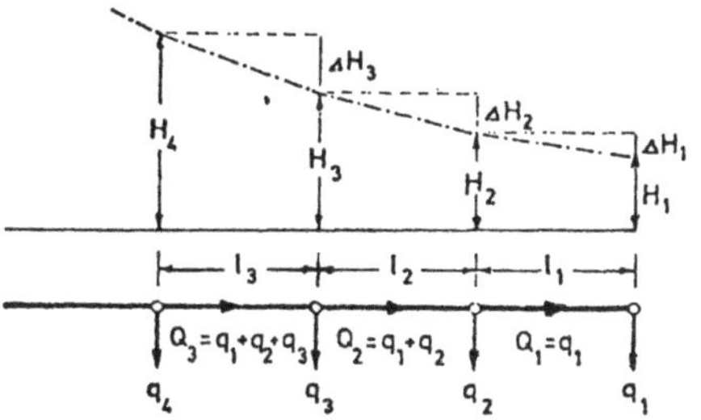


Fig. 5-14 Abfluß aus mehreren Öffnungen

## 5.6 Saugheber

Der Saugheber kann generell als eine gekrümmte Druckleitung betrachtet werden, bei welcher der Scheitel über dem Entnahmespiegel und der Auslauf unter demselben liegt. Der Flüssigkeitsstrom ist somit über eine gewisse Erhebung zu fördern. Die Fließgeschwindigkeit hängt wesentlich von der Größe des Unterdruckes in der Scheitelzone ab. Unter bestimmten Voraussetzungen kann ein selbsttätiges Einsetzen und Abbrechen des Abflußvorganges durch entsprechende Maßnahmen erreicht werden.

Bezüglich der Form wird unterschieden zwischen Schlauchheber und Schachtheber. Während der Schlauchheber einen kurzen ansteigenden Einlaufschenkel besitzt, hat der Schachtheber einen Einlauftrichter mit darüberstehender Kuppel. Bei beiden Arten sind verschiedenartige Anspringvorrichtungen möglich. Für große Abflußwassermengen werden die Heber so angeordnet, daß sie entweder einzeln oder in Gruppen nacheinander anspringen.

Wenn das Oberwasser über die Heberkrone ansteigt, erfolgt zunächst ein freier Überlauf, wobei Luft aus der Leitung mitgerissen und dadurch wiederum das Abflußvermögen erhöht wird. Die volle Leistung setzt ein, wenn die gesamte Leitung mit Wasser gefüllt ist. Das Absaugen der Luft beginnt bei Fließgeschwindigkeiten von etwa 3 ÷ 4 [m/s]. Ein verhältnismäßig schnelles Anspringen bei nur geringem Aufstau kann mittels besonderer konstruktiver Maßnahmen erreicht werden. Die Saugwirkung wird abgebrochen, wenn von oberstrom wieder Luft in die Leitung eintritt.

Die Leistungsfähigkeit ist bei gegebener Fallhöhe und vollständiger Füllung vom kleinsten Querschnitt und der betreffenden Geschwindigkeit abhängig.

Den folgenden Betrachtungen ist die einfache Form des Schlauchhebers (Fig. 5-15) zugrunde gelegt. Die Berechnungen sind für andere Arten sinngemäß anwendbar. Als maßgebende Rohfallhöhe ist bei freiem ungehinderten Ausfluß die Größe $H = H_o$ bzw. bei Ausfluß unter Wasser $H = H_r$ einzuführen. Für die Ausflußgeschwindigkeit wird mit $\Delta\overline{p}/\gamma + k_o = 0$ der Ausdruck (Gl. 5.31)

$$v_a = \sqrt{2g}\,\sqrt{H - \Sigma\,\Delta e} = \varphi\sqrt{2gH}$$

erhalten. Danach folgt für die Geschwindigkeitsziffer die Beziehung

$$\varphi = \sqrt{1 - \frac{\Sigma\,\Delta e}{H}}\quad .$$

Dieser Faktor, auch Wirkungsgrad des Hebers genannt, liegt bei hydraulisch günstigen Verhältnissen in der Größenordnung $0{,}75 \lesssim \varphi < < 0{,}90$. Da die Geschwindigkeitshöhe am Austritt gleich der dortigen Nutzfallhöhe ist, kann für die Austrittsgeschwindigkeit auch

$$v_a = \sqrt{2gH_n} \quad \text{und weiterhin} \quad \varphi = \sqrt{H_n/H}$$

geschrieben werden. Zur Berechnung der Ausflußwassermenge gilt sodann

$$Q = F_a v_a = F_a \sqrt{2gH_n} = F_a \varphi \sqrt{2gH} = \varphi Q_i \,. \qquad (5.34)$$

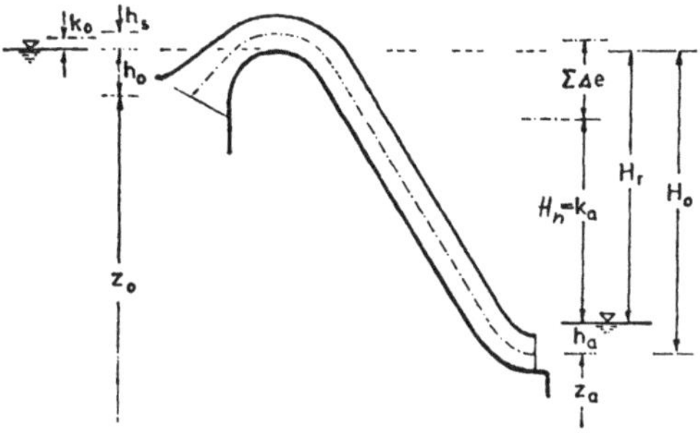


Fig. 5-15 Schlauchheber

Die Berechnung kann folgendermaßen durchgeführt werden:

(1) Ermittelung von $Q_i$.

(2) Annahme einer Wasserführung $Q < Q_i$ und Berechnung von $\varphi = Q/Q_i$ oder Annahme von $\varphi$ und Ermittelung von $Q = \varphi Q_i$.

(3) Aus der Beziehung $H_n = \varphi^2 H$ folgt für die Verlusthöhe $\Sigma \Delta e = H - H_n = (1 - \varphi^2) H$.

(4) Bestimmung aller Einzelverluste in der Heberleitung für die angenommene Wasserführung Q.

Die Berechnung muß solange wiederholt werden, bis die Summe der Werte aus (4) gleich dem Gesamtverlust von (3) entspricht. Diese Methode ist für jede Querschnittsform und Anordnung anwendbar.

Die barometrische Saughöhe oder theoretisch höchstmögliche Hebung ist durch die Gleichung

$$H_B = \frac{\overline{p}}{\gamma} - \frac{p_d}{\gamma}$$

gegeben. Der Dampfdruck ist von der Temperatur der Flüssigkeit abhängig. Die tatsächliche Saughöhe wird durch die Beziehung

$$H_s = \frac{\overline{p}}{\gamma} - \frac{p^*}{\gamma} = -\frac{p}{\gamma}$$

ausgedrückt. Danach folgt für die Differenz der Saughöhen

$$H_B - H_s = \frac{p^*}{\gamma} - \frac{p_d}{\gamma} \quad .$$

Dies zeigt, daß der kleinste Gesamtdruck größer als der Dampfdruck sein muß. Für den störungsfreien Betrieb ist jedoch ein beträchtlich größerer Wert erforderlich. Normalerweise soll eine gesamte Druckhöhe von $p^*/\gamma > 2{,}0$ [m] zugrunde gelegt werden.

Die Fließgeschwindigkeit im Heberscheitel kann theoretisch bis etwa 12 [m/s] anwachsen. Mit den Annahmen $k_o = 0$ und $\overline{p}/\gamma = 10$ [m] sowie $p_s^*/\gamma = 2$ [m] folgt die Gleichung

$$v_s = \varphi \sqrt{2g} \, \sqrt{8{,}0 - h_s} \qquad (5.35)$$

wobei die Geschwindigkeitsziffer $\varphi$ naturgemäß nur auf die Verhältnisse im betrachteten Abschnitt bezogen ist. Die Fließgeschwindigkeit im Ablaufschenkel kann bei weiterer Beschleunigung Größen $v > v_s$ erreichen. Nach der Kontinuitätsbedingung wird dann mit zunehmender Fallhöhe die benetzte Querschnittsfläche immer kleiner. Mit Rücksicht darauf, daß die Leitung an jedem Orte vollgefüllt sein muß, ist in solchen Fällen eine allmähliche Querschnittsverengung erforderlich.

Der geringste Druck tritt am Innenrand der Krümmung auf. Ausgehend von der Bedingung $v \cdot r = c$ gilt dafür Gleichung (4.83).

## 5.7 Bemessung von Versorgungsleitungen

### 5.7.1 Einzelstränge

Bei Versorgungsleitungen ist es normalerweise nicht möglich, die zusätzlichen Verlusthöhen einzeln zu erfassen. Für die Berechnungen wird deshalb ein entsprechend größerer Reibungsbeiwert angenommen. Infolgedessen ist es auch gerechtfertigt, die Unterschiede der Geschwindigkeitshöhen zwischen den Rohrsträngen nicht zu berücksichtigen. Es wird daher in jedem Strang die Verlusthöhe gleich dem absoluten Piezometergefälle gesetzt. Somit gilt

$$\Delta h = h = \lambda \frac{l}{d} \frac{v^2}{2g} = \overline{\lambda} \frac{l}{d^5} Q^2 \quad \text{und} \quad d = \sqrt[5]{\overline{\lambda}} \sqrt[5]{\frac{l Q^2}{h}} = \sqrt[5]{\overline{\lambda}} \sqrt[5]{\frac{Q^2}{J}} . \tag{5.36}$$

Als reichlicher Reibungsbeiwert kann $\lambda = 0{,}03$ eingeführt werden.

Für die Zuleitung aus zwei Wasserfassungen mit zunächst getrennten Strängen und dann gemeinsamer Leitung zu einem Zwischenbehälter (Fig. 5-16) gelten bei konstantem Reibungsbeiwert die Beziehungen

$$h_1 = \overline{\lambda} \left( \frac{l_1 Q_1^2}{d_1^5} + \frac{l_3 Q_3^2}{d_3^5} \right) \quad \text{und} \quad h_2 = \overline{\lambda} \left( \frac{l_2 Q_2^2}{d_2^5} + \frac{l_3 Q_3^2}{d_3^5} \right) . \tag{5.37}$$

Die Betrachtungen sind natürlich ebenso zutreffend, wenn am Ende der Leitung eine Druckhöhe anstatt des Behälters mit freiem Spiegel vorgegeben ist.

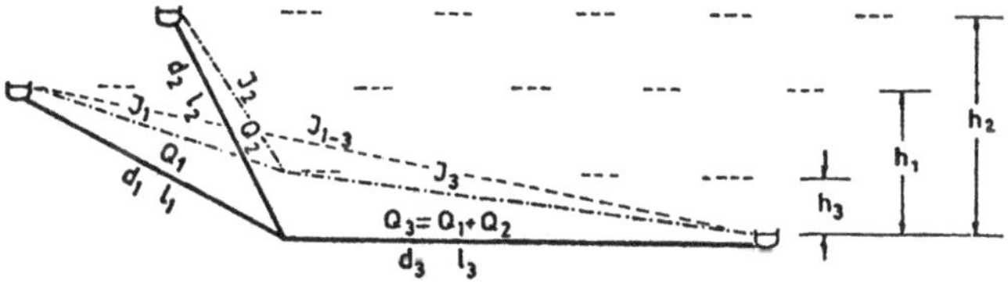

Fig. 5-16 Zuleitung aus zwei Wasserfassungen

Sind für die einzelnen Wasserdargebote und Leitungslängen die Rohrdurchmesser zu ermitteln, so wird für den gemeinsamen Strang der Durchmesser so gewählt, daß das Relativgefälle ($J_3$) kleiner als das geringste Gefälle ($J_{1-3}$) bleibt. Damit ist dann auch das Absolutgefälle $h_3$ festgelegt und die Bestimmung der anderen beiden Durchmesser bietet keine Schwierigkeiten. Gegebenenfalls müssen die erhaltenen rechnerischen Mittelwerte in gangbare Durchmesser mit zugehörigen Längen aufgeteilt werden. Ebenso ist zu verfahren, wenn eine Druckhöhe bereits vorgegeben ist.

Wenn die Wasserführungen unter den Druckhöhen $h_1$ und $h_2$ bei gegebenen Leitungslängen und Durchmessern zu ermitteln sind, so gelten die Beziehungen

$$(Q_1 + Q_2)^2 + \frac{l_1}{d_1^5}\frac{d_3^5}{l_3} Q_1^2 = \frac{h_1}{\bar{\bar{\lambda}}}\frac{d_3^5}{l_3} \quad \text{und} \quad (Q_1 + Q_2)^2 + \frac{l_2}{d_2^5}\frac{d_3^5}{l_3} Q_2^2 = \frac{h_2}{\bar{\bar{\lambda}}}\frac{d_3^5}{l_3}$$

woraus die allgemeinen Formen

$$(Q_1 + Q_2)^2 + b_1 Q_1^2 = a_1 \quad \text{und} \quad (Q_1 + Q_2)^2 + b_2 Q_2^2 = a_2 \tag{5.38}$$

folgen. Nach Umformung werden die Einzelbeziehungen

$$Q_1^2 = \frac{1}{b_1}(a_1 - a_2 + b_2 Q_2^2) \quad \text{und} \quad Q_2^2 = \frac{1}{b_2}(a_2 - a_1 + b_1 Q_1^2)$$

erhalten. Danach ist es möglich unter Beachtung der allgemeinen Ausdrücke die Wasserführungen zu ermitteln.
Sinngemäß ist zu verfahren, wenn von einem gemeinsamen Strang aus eine Verzweigung erfolgt. Aufgrund der generellen Beziehungen für die Druckhöhen werden für die Zweigstränge die Bestimmungsgleichungen

$$d_1^5 = \frac{l_1 Q_1^2}{\frac{h_1}{\bar{\bar{\lambda}}} - \frac{l\,Q^2}{d^5}} \quad \text{und} \quad d_2^5 = \frac{l_2 Q_2^2}{\frac{h_2}{\bar{\bar{\lambda}}} - \frac{l\,Q^2}{d^5}} \tag{5.39}$$

erhalten, wobei die Größen des Hauptstranges ohne Index versehen sind.

## 5.7.2 Rohrnetze

Für die Ermittlung der Wassermengenverteilung in Rohrnetzen, d. h. Bestimmung der Wasserführung in den einzelnen Leitungen eines Systemes (Fig. 5-17), wird im allgemeinen je Strang

$$\Delta h = J\,l = b\,Q^2 \quad \text{mit} \quad b = \bar{\lambda}\,\frac{l}{d^5}$$

gesetzt. Unter Beachtung des Vorzeichens der Verlusthöhe, und zwar in Fließrichtung positiv und entgegen derselben negativ, gilt in einem geschlossenen Kreislauf $\Sigma\,\Delta h = 0$. Nach dem Iterationsverfahren von H. Cross wird für die Wasserführung in einem Strang $Q = Q_0 + \Delta Q$ gesetzt. Hierbei sind $Q_0$ der angenommene Durchfluß und $\Delta Q$ die erforderliche Ausgleichswassermenge. Sodann gilt

$$\Delta h = b\,(Q_0 + \Delta Q)^2 = b\,(Q_0^2 + 2\,Q_0 \Delta Q + \Delta Q^2)$$

und mit $\Delta Q \ll Q_0$ für den Kreislauf

$$\Sigma\, b Q_0^2 + \Sigma\, 2b\, Q_0 \Delta Q = 0\,.$$

Da der Wert $\Delta Q$ für alle Glieder der Summe gleichgroß ist, wird der Ausdruck

$$\Delta Q = -\frac{\Sigma\, b Q_0^2}{\Sigma\, 2b\, Q_0} = -\frac{\Sigma\, \Delta h_0}{\Sigma\, 2b\, Q_0} \qquad (5.40)$$

erhalten. Mit dieser Verbesserung werden die Wasserführungen verändert. Die Berechnung ist solange zu wiederholen, bis die gewünschte Annäherung erreicht ist.

Hat der betrachtete Netzteil eine Zwischenleitung (Fig. 5-17), so kann es u. U. vorteilhaft sein, für die Wasserführung in diesem Strang zunächst $Q_0 = 0$ anzusetzen. Bei relativ großen Werten von $\Delta Q$ ist es zweckmäßig im folgenden Rechnungsgang dieselben mit geringerem Absolutwert anzunehmen.

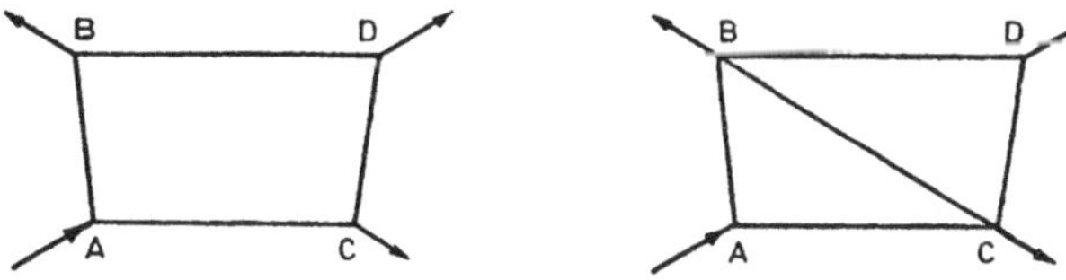


Fig. 5-17 System ohne und mit Zwischenleitung

## 5.8 Beeinträchtigung der Abflußleistung

Die Leistungsfähigkeit von Leitungen ist wesentlich davon abhängig, inwieweit die wirklichen Verhältnisse mit den getroffenen Annahmen der hydraulischen Berechnung in Einklang stehen. Dies ist besonders für große Fernleitungen von Bedeutung. Bezüglich dieser Übereinstimmung sind folgende Einflüsse maßgebend:

(1) Abweichung von der Nennweite
(2) Abweichung von der Querschnittsform
(3) Ungenaue Linienführung
(4) Änderung der Rauhigkeitsverhältnisse.

Beeinträchtigungen des Abflußvermögens können also schon durch die Herstellung bedingt sein oder infolge von Rauhigkeitsänderungen erst im Laufe des Betriebes auftreten. Hierbei ist zu beachten, daß die Rauhigkeitsstruktur einen wesentlichen Einfluß hat. Änderungen der Zähigkeit infolge von Temperaturschwankungen sind in diesem Zusammenhang unwesentlich, weil normalerweise keine nennenswerten Temperaturunterschiede zu erwarten sind.

Im folgenden werden die genannten Änderungsmöglichkeiten ohne Berücksichtigung gegenseitiger Einwirkungen betrachtet. Die entsprechenden Größen bei Überlagerung einzelner Einflüsse sind danach ohne weiteres ableitbar. Wenn die ursprünglichen Verhältnisse mit dem Index (1) und später vorhandene mit dem Index (2) versehen werden, so gibt die Relativzahl

$$\frac{Q_2}{Q_1} = \frac{F_2 v_2}{F_1 v_1}$$

Aufschluß über die Folgen von Veränderungen.

### 5.8.1 Änderung der Querschnittsfläche

Die Einwirkung einer Änderung der Durchflußfläche auf Reibungs- bzw. Geschwindigkeitsbeiwert und Gefälle bleibt im folgenden unberücksichtigt, d. h. es wird $\lambda_1 J_2 = \lambda_2 J_1$ bzw. $C_2 \sqrt{J_2} = C_1 \sqrt{J_1}$ angenommen. Damit folgt die vereinfachte Beziehung

$$Q_2/Q_1 = F_2 \sqrt{R_2}/F_1 \sqrt{R_1} \; .$$

Hierbei ist zu unterscheiden, ob mit Änderung der Querschnittsfläche auch die Umfangslänge verändert wird oder nicht. Bei

Abweichung des Durchmessers von der Nennweite tritt auch eine Veränderung des Umfanges ein. Es ist sodann $Q_2/Q_1 = (d_2/d_1)^{5/2}$. Für $0{,}90 \leq d_2/d_1 \leq 1{,}10$ folgen Größen $0{,}75 \leq Q_2/Q_1 \leq 1{,}25$. Bei Abweichung der Querschnittsform vom Kreisprofil wird vorausgesetzt, daß eine Flächenverminderung bei konstantem Umfang auftritt. Damit folgt

$$Q_2/Q_1 = (F_2/F_1)^{3/2}$$

oder für eine ellipsenähnliche Verformung

$$Q_2/Q_1 = (4\,a\,b/d_1^2)^{3/2}$$

wobei a und b die beiden Halbachsen sind. Ausgehend von der Bedingung $U_2 = U_1$ wird mit der Näherungsformel für den Umfang der Ellipse die Beziehung $\kappa\,(a + b) = d$ erhalten. In Anbetracht der normalerweise nur geringfügigen Verformungen ist es zulässig in erster Näherung $\kappa = 1$ zu setzen. Das Abflußvermögen fällt für $d_2/d_1 = 0{,}90$ und $d_2/d_1 = 1{,}10$ jeweils auf $Q_2 = 0{,}98\,Q_1$ ab.

### 5.8.2 Ungenaue Verlegung von Rohren

Abweichungen von der exakten Linienführung durch leicht zick-zackförmige Verlegung der einzelnen Rohre bedingen eine Vergrößerung der Verlusthöhe. Dieser Einfluß wird bei langen Leitungen zweckmäßig durch eine Erhöhung des Rauhigkeitsmaßes berücksichtigt. Nach Versuchsergebnissen von O. Kirschmer mit geradlinig verlegten Steinzeugrohren und jeweils um den Ablenkungswinkel $\alpha = 5°$ gegeneinander verschwenkten Rohren ist im Bereich $1 \cdot 10^5 \leq Re \leq 5 \cdot 10^5$ die entsprechende Größe des Rauhigkeitsmaßes $\epsilon_{\alpha=5°} = 2{,}5\ \epsilon_{\alpha=0}$. Die einzelnen Rohre hatten 1,5 [m] Länge und 30 [cm] Nennweite. Ferner war $0{,}07\ [mm] \geq \epsilon \geq 0{,}04\ [mm]$. Ungenauigkeiten in der Verlegung treten sowohl in horizontaler als auch in vertikaler Richtung auf.

### 5.8.3 Änderung der Rauhigkeitsverhältnisse

Die Einwirkung einer Rauhigkeitsänderung auf Querschnittsgrößen und Strömungsgefälle bleibt unberücksichtigt. Danach folgt

$$\frac{Q_2}{Q_1} = \frac{\sqrt{\lambda_1}}{\sqrt{\lambda_2}} = \frac{C_2}{C_1} = \frac{\sqrt{a_1}}{\sqrt{a_2}} \frac{\log(x/r_{s2})}{\log(x/r_{s1})} .$$

Derartige Abweichungen können zwischen der getroffenen Annahme für die Entwurfsberechnung und der betreffenden Ausführung vorhanden sein, aber auch erst im Laufe mehrjähriger Betriebsdauer auftreten. Während im erstgenannten Falle die Auswirkungen auf die Leistungsfähigkeit normalerweise gering sind, kann im zweiten Falle u. U. eine wesentliche Leistungsminderung stattfinden. Änderungen im Bereich

$$1{,}5 \lesssim \frac{\lambda_2}{\lambda_1} \lesssim 3{,}0$$

sind durchaus möglich, wie aufgrund von Messungsergebnissen an großen Leitungen (Leitzach, Bévercé, Cavaglia, Söse und Ecker) festgestellt wurde. Mit der Beziehung für die Rauhigkeitsverhältnisse $r_{s2}/r_{s1} = \epsilon_2/\epsilon_1 = \alpha$ folgt

$$\frac{\lambda_2}{\lambda_1} = \frac{a_2}{a_1} \left[\frac{\log x - \log r_{s1}}{\log \frac{x}{\alpha} - \log r_{s1}}\right]^2 .$$

Das Maß $\epsilon$ entspricht den Rauhigkeitserhebungen von Sand bei größter Lagerungsdichte bzw. für alle anderen technischen Rauhigkeiten der gleichwertigen Sandrauhigkeit. Diese wird naturgemäß auch von der Anordnung der einzelnen Rauhigkeitselemente beeinflußt. Nach experimentellen Bestimmungen der äquivalenten Sandrauhigkeit für eine Anzahl regelmäßig angeordneter Rauhigkeiten hat H. Schlichting Werte

$$0{,}12 \lesssim \epsilon/\epsilon_* \lesssim 12$$

gefunden, wobei mit $\epsilon_*$ die vorhandene Höhe der Rauhigkeitserhebungen bezeichnet ist. Hieraus ist zu erkennen, daß die Einordnung technischer Rauhigkeiten in die Skala einer Normalrauhigkeit nicht immer einfach ist. Besonders beachtenswert ist die riffelartige Rauhigkeit, die bei dafür geeignetem Ablagerungsmaterial von der Strömung selbst aufgebaut wird und gegenüber der Sandrauhigkeit von gleicher Höhe wesentlich größere Reibungsbeiwerte zur Folge hat.

# 6. Instationäre Fließvorgänge in Freispiegelgerinnen

## 6.1 Grundgleichungen für Einzelwellen

Die Wellenbewegung soll als eben gelten, d. h. daß alle Wellenkämme normal zur Fortpflanzungsrichtung parallel sind und daß in allen zu dieser Richtung parallelen Ebenen derselbe Bewegungszustand vorhanden ist (Fig. 6-1).

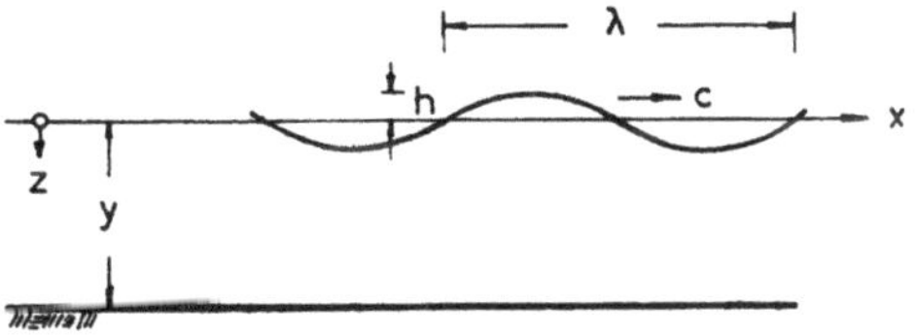


Fig. 6-1 Verlauf einer geraden, fortschreitenden Welle

Es wird vorausgesetzt, daß die Bewegung aus dem Zustand der Ruhe lediglich unter dem Einfluß der Schwere erfolgt und wirbelfrei ist. Dafür lautet die Kontinuitätsgleichung (1.4)

$$\frac{\partial^2 \varphi}{\partial x^2} + \frac{\partial^2 \varphi}{\partial z^2} = 0 .$$

Für das vorhandene Geschwindigkeitspotential wird der Ansatz

$$\varphi = Z \cos(\alpha x - \beta t)$$

getroffen, worin $\alpha$ und $\beta$ Konstante sind und $Z = f(z)$ ist. Danach folgt

$$\frac{\partial^2 Z}{\partial z^2} - \alpha^2 Z = 0 .$$

Mit der allgemeinen Lösung dieser Differentialgleichung

$$Z = A e^{\alpha z} + B e^{-\alpha z}$$

geht der Ausdruck für das Geschwindigkeitspotential über in

$$\varphi = (A e^{\alpha z} + B e^{-\alpha z}) \cos(\alpha x - \beta t)$$

und mit Hilfe der Randbedingung $v_z = \partial\varphi/\partial z = 0$ für $z = y$ d. h.

$$A e^{\alpha y} = B e^{-\alpha y} = \frac{C}{2}$$

wird schließlich nach Umformung

$$\varphi = C \cosh \alpha (y - z) \cos(\alpha x - \beta t)$$

erhalten. Damit können die Ausdrücke für die Geschwindigkeitskomponenten $v_x$ und $v_z$ sowie die Bahnen der Teilchenbewegung ermittelt werden.

Die Erhebung der Oberfläche über den ungestörten Wasserspiegel kann nach der Beziehung

$$h = \beta \frac{C}{g} \cosh(\alpha y) \sin(\alpha x - \beta t) = A_o \sin(\alpha x - \beta t) \tag{6.1}$$

ermittelt werden. Es ist dies die Gleichung der freien Oberfläche.

Für die Fortpflanzungsgeschwindigkeit wird die nach der Theorie von G. B. Airy geltende Beziehung

$$c = \sqrt{\frac{\lambda g}{2\pi} \tanh \frac{2\pi y}{\lambda}} \tag{6.2}$$

erhalten, wobei mit $\lambda = 2\pi/\alpha$ die Wellenlänge bezeichnet ist. Daraus sind unmittelbar die vereinfachten Formeln für zwei Randbereiche abzuleiten.

(1) Für Wellen, deren Länge kleiner als die zweifache Wassertiefe ist ($\lambda/y < 2$), folgt mit

$$\frac{2y}{\lambda} > 1 \quad \text{d. h.} \quad \tanh\frac{2\pi y}{\lambda} \approx 1$$

der Ausdruck

$$c = \sqrt{\frac{\lambda g}{2\pi}}$$

Die Fortpflanzungsgeschwindigkeit ist hierbei nur von der Wellenlänge abhängig.

(2) Für Wellen in seichtem Wasser ($y \ll \lambda$) folgt mit

$$\tanh\frac{2\pi y}{\lambda} \approx \frac{2\pi y}{\lambda}$$

die Beziehung

$$c = \sqrt{g y}\ .$$

Die Fortpflanzungsgeschwindigkeit ist dann nur von der Wassertiefe abhängig und entspricht der Grenzgeschwindigkeit. Diese Wellen werden auch als Grundwellen oder Lagrangesche Wellen bezeichnet.

Von diesen beiden vereinfachten Beziehungen ist der letztgenannte Ausdruck für den Abfluß in Gerinnen von besonderer Bedeutung.

## 6.2 Kleine Wasserstandsänderungen

In einem Gerinne mit gerader Linienführung und gleichbleibender Querschnittsform gelten bei der mit der Zeit veränderlichen Bewegung die bereits von Barré de Saint-Venant genannten Gleichungen

$$J_w = J_s - \frac{\partial y}{\partial x} = J_e + \frac{1}{2g}\frac{\partial v^2}{\partial x} + \frac{1}{g}\frac{\partial v}{\partial t} \tag{6.3}$$

und (Gl. 1.12)

$$F\frac{\partial v}{\partial x} + v\frac{\partial F}{\partial x} + \frac{\partial F}{\partial t} = 0 = \frac{\partial Q}{\partial x} + \frac{\partial F}{\partial t} .$$

Hierbei ist die Krümmung des Wasserspiegels nicht berücksichtigt. Für das relative Reibungs- bzw. Energieliniengefälle wird der für stationäre Bewegungsvorgänge gültige Ausdruck $J_e = v^2/(C^2 R)$ eingesetzt.

Es wird vorausgesetzt (Fig. 6-2), daß die Unterschiede zwischen geänderter und normaler Spiegellage ($h = y - y_0$) sowie zwischen geänderter und normaler mittlerer Geschwindigkeit ($w = v - v_0$) klein sind und somit vorkommende Glieder höherer Ordnung vernachlässigt werden können. In allgemeiner Form ist für die Wassertiefe der Ausgangslage der mittlere Wert $y_0 = F_0/b_0$ zu setzen.

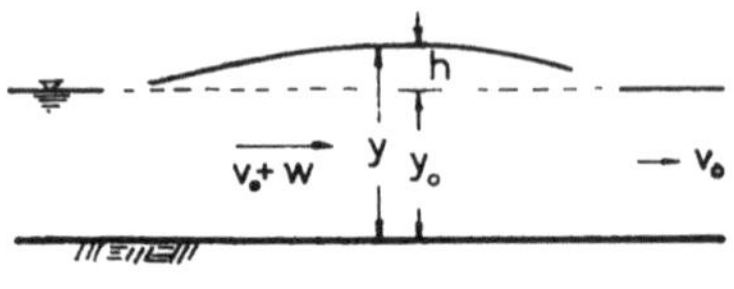


Fig. 6-2 Anschwellung

Für die Verhältnisse in Rechtecksgerinnen und mit der Annahme $J_e = J_s$ lauten die beiden Grundgleichungen

$$\frac{\partial y}{\partial x} + \frac{v}{g}\frac{\partial v}{\partial x} + \frac{1}{g}\frac{\partial v}{\partial t} = 0$$

und

$$y\frac{\partial v}{\partial x} + v\frac{\partial y}{\partial x} + \frac{\partial y}{\partial t} = \frac{\partial q}{\partial x} + \frac{\partial y}{\partial t} = 0 . \tag{6.4}$$

Nach Erweiterung und Eliminierung von $\partial y/\partial t$ wird $g - y\,(\partial v/\partial y)^2 = 0$ und danach

$$v = \pm 2\sqrt{g\,y} + \text{const}$$

bzw. (6.5)

$$w = v - v_0 = \pm 2\sqrt{g\,y} \mp 2\sqrt{g\,y_0}$$

erhalten.

Mit den bereits genannten Größen $y = y_0 + h$ und $v = v_0 + w$ sowie mit den folgenden Ausdrücken

$$F = F_0 + b_0 h \quad \text{und} \quad v^2 \approx v_0^2 + 2 v_0 w$$

werden die Ausgangsbeziehungen umgeformt. In der Bewegungsgleichung wird ferner $J_e = J_s$ gesetzt und in der Kontinuitätsgleichung werden die Größen $w$ gegenüber $v_0$ und $b_0 h$ gegenüber $F_0$ vernachlässigt. Dann folgen die Beziehungen

$$\frac{\partial h}{\partial x} + \frac{v_0}{g}\frac{\partial w}{\partial x} + \frac{1}{g}\frac{\partial w}{\partial t} = 0$$

und (6.6)

$$y_0 \frac{\partial w}{\partial x} + v_0 \frac{\partial h}{\partial x} + \frac{\partial h}{\partial t} = 0 .$$

Nach Eliminierung von $w$ aus diesen Ausdrücken wird

$$\frac{\partial^2 h}{\partial x^2}\left(1 - \frac{v_0^2}{g y_0}\right) - 2\,\frac{v_0}{g\,y_0}\frac{\partial^2 h}{\partial x\,\partial t} - \frac{1}{g y_0}\frac{\partial^2 h}{\partial t^2} = 0$$

bzw.

$$\frac{\partial^2 h}{\partial x^2}\left(1 - \frac{g\,y_0}{v_0^2}\right) + \frac{2}{v_0}\frac{\partial^2 h}{\partial x\,\partial t} + \frac{1}{v_0^2}\frac{\partial^2 h}{\partial t^2} = 0$$

erhalten. Zur Lösung dieser Gleichung dient der Ansatz

$$h = f\,(x - a\,t) . \tag{6.7}$$

Mit den Ableitungen

$$\frac{\partial^2 h}{\partial t^2} = a^2 f'' \quad \text{und} \quad \frac{\partial^2 h}{\partial x\, \partial t} = -a f'' \quad \text{sowie} \quad \frac{\partial^2 h}{\partial x^2} = f''$$

geht die zu lösende Gleichung nach Umformung über in

$$a^2 - 2 v_0 a + (v_0^2 - g y_0) = 0 .$$

Daraus folgt die Beziehung

$$a = v_0 \pm \sqrt{g y_0} = v_0 \pm c_0 . \tag{6.8}$$

Wenn die Spiegelerhebung h über den ungestörten Verlauf am Orte x zur Zeit t mit gleicher Größe am Ort x + Δx zur Zeit t + Δt auftreten soll, so muß

$$f(x - a t) = f[x + \Delta x - a(t + \Delta t)] \quad \text{d. h.} \quad \Delta x = a \Delta t$$

sein. Danach ist a diejenige Geschwindigkeit, mit welcher die Spiegeländerung ohne Änderung der Gestalt vom Ort x nach x + Δx fortschreitet. Dabei entspricht das positive Vorzeichen dem Vorrücken in Fließrichtung und das negative demjenigen entgegen der Strömung. Kleine Anschwellungen vermögen daher nur bei strömendem Fließvorgang stromaufwärts zu laufen.

Wenn bei Normalabfluß (Index 0) im Gerinne eine Welle flußabwärts (a) und eine andere flußaufwärts (b) wandert (Fig. 6-3), so gelten die Beziehungen

$$v_a - 2\sqrt{g y_a} = v_0 - 2\sqrt{g y_0}$$

und

$$v_b + 2\sqrt{g y_b} = v_0 + 2\sqrt{g y_0} .$$

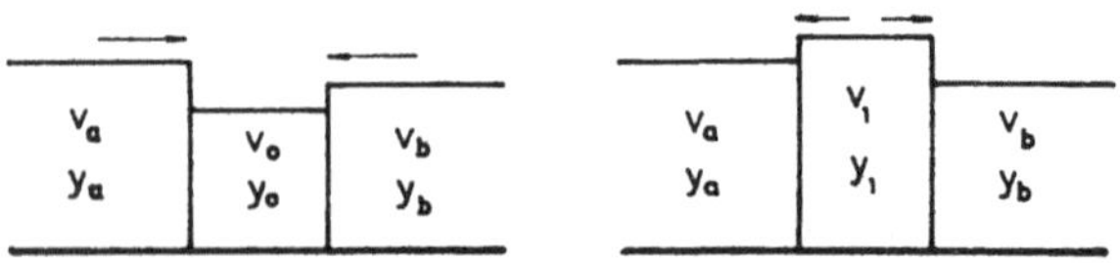


Fig. 6-3 Begegnung von zwei Elementarwellen

Nach Begegnung der beiden Wellen entsteht ein neuer Zustand (Index 1), dessen Ausbreitung ebenfalls in und auch entgegen der Fließrichtung erfolgt. Hierfür muß

$$v_1 - 2\sqrt{g\,y_1} = v_b - 2\sqrt{g\,y_b}$$

und

$$v_1 + 2\sqrt{g\,y_1} = v_a + 2\sqrt{g\,y_a}$$

sein. Diese linearen Gleichungen können in einfacher Form dargestellt werden (Fig. 6-4). Es sind Gerade mit der Neigung ± 1/2. Sinngemäß kann die Bewegung von zwei Wellenreihen behandelt werden. Das graphische Verfahren wurde von A. Craya entwickelt.

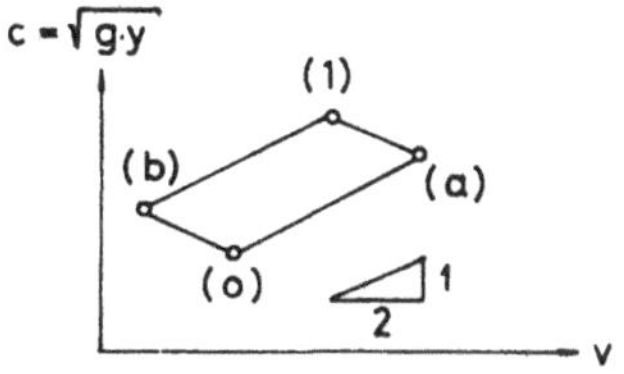


Fig. 6-4 Graphische Darstellung

## 6.3 Schwall- und Sunkerscheinungen

### 6.3.1 Vorgang im ruhenden Wasser

Es wird zunächst vorausgesetzt, daß zwischen den Ruhelagewasserspiegeln ober- und unterstrom eines geschlossenen Absperrorgans ein Höhenunterschied vorhanden ist (Fig. 6-5). Bei aufeinanderfolgendem Öffnen und Schließen der Schütze entsteht im Unter-

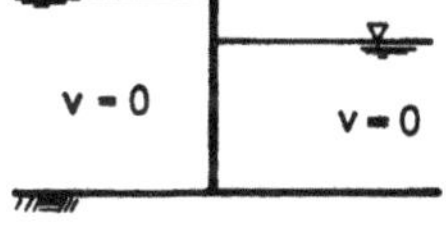


Fig. 6-5 Ruhelage

wasser ein Schwall und im Oberwasser ein Sunk. Unter gleichen Gerinneverhältnissen bewegt sich die Schwallwelle schneller als die Sunkwelle. Es ist gebräuchlich, den Sunk auch als negativen Schwall zu bezeichnen.

Eine scheinbar stationäre Strömung ist für einen Beobachter vorhanden, wenn er sich ebenfalls mit der Geschwindigkeit c bewegt. In den Querschnitten (L) und (R) treten somit die relativen Fließgeschwindigkeiten (u - c) und (- c) auf, wobei mit u die neue mittlere Fließgeschwindigkeit bezeichnet ist (Fig. 6-6). Aus der Beziehung für die scheinbare Wasserführung

$$Q = (u - c)(F_0 + b\,h) = -\,c F_0$$

folgt der Ausdruck $u = c\,b\,h/(F_0 + b\,h)$.

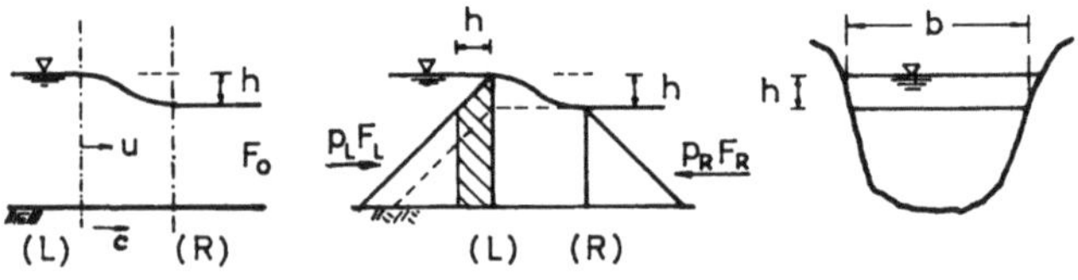


Fig. 6-6 Schwall in einem Stillwasserkanal

Bei Anwendung des Impulssatzes (Gl. 1.17) auf den engen Bereich zwischen den beiden Kontrollquerschnitten, wobei als äußere Kräfte lediglich die Druck-Kräfte anzusetzen sind, folgt die Beziehung

$$\rho\, c\, F_0\, u = \gamma\,(F_0\, h + \frac{h^2}{2}\, b)$$

woraus nach Umformung

$$c = \pm\sqrt{g\,(\frac{F_0}{b} + \frac{3}{2}\,h + \frac{b\,h^2}{2F_0})} = \pm\sqrt{g\,\frac{F_0}{b}}\;\sqrt{1 + \frac{3}{2}\,h\,\frac{b}{F_0} + \frac{1}{2}\,(h\,\frac{b}{F_0})^2} \quad (6.9)$$

erhalten wird. Die Fortpflanzungsgeschwindigkeit c ist also stets größer als die Grenzgeschwindigkeit $v_c$. Bei Vernachlässigung des quadratischen Gliedes geht der Ausdruck über in die von Barré de

Saint-Venant genannte Form

$$c = \pm \sqrt{g\,(\frac{F_0}{b} + \frac{3}{2}\,h)}$$

und ohne Berücksichtigung der Schwallhöhe wird die einfache Näherungsformel

$$c = \pm \sqrt{g\,F_0/b}$$

erhalten. Die Ermittelung der Schwallhöhe kann nach der allgemeinen Beziehung

$$h = \frac{\Delta Q}{b\,c}$$

erfolgen, wobei $\Delta Q$ die maßgebende Wassermenge des Schwalles ist. Aus der Bedingung

$$\Delta Q = c\,b\,h = u\,F = u\,(F_0 + b\,h)$$

kann ebenso der Ausdruck für die gedachte Geschwindigkeit u abgelesen werden.

Mit sinngemäßen Betrachtungen kann die Bewegung der Sunkwelle behandelt werden. Es folgen ebenfalls die vorgenannten Gleichungen, wobei lediglich zu beachten ist, daß die Sunktiefe ein negatives Vorzeichen hat. Die Fortpflanzungsgeschwindigkeit ist dabei stets kleiner als die Grenzgeschwindigkeit.

### 6.3.2 Vorgang im fließenden Wasser

Für die absolute Fortpflanzungsgeschwindigkeit von Schwall- und Sunkwellen gilt

$$a = v_0 + c \tag{6.10}$$

wobei die relativen Geschwindigkeiten in Fließrichtung der Normalströmung positiv und entgegengesetzt derselben negativ gezählt werden. Schwallhöhe bzw. Sunktiefe werden aus der Beziehung

$$h = \frac{\Delta Q}{b\,a} \tag{6.11}$$

erhalten mit $\Delta Q = Q_I - Q_0$ als Unterschied zwischen neuer und alter Wasserführung. Die Vorzeichen von $\Delta Q$ und a sind zu beachten. Aus diesen Gleichungen folgt für die Ermittelung von Schwallhöhe und Sunktiefe der Ausdruck

$$h^4 + 3\frac{F_0}{b}h^3 + 2\frac{F_0}{b}\left(\frac{F_0}{b} - 2k_0\right)h^2 + 8k_0\frac{F_0^2}{b^2}\frac{\Delta Q}{Q_0}h = \frac{2}{g}\frac{F_0}{b}\frac{\Delta Q^2}{b^2}\,. \tag{6.12}$$

Zur Bestimmung der maximalen Höhe des Stauschwalles, wofür $\Delta Q = -Q_0$ gilt, kann mit guter Annäherung

$$h^4 + 2\frac{F_0}{b}\left(\frac{F_0}{b} - 2k_0\right)h^2 = \frac{2}{g}\frac{F_0}{b}\frac{\Delta Q^2}{b^2}$$

gesetzt werden. Sodann wird

$$h_{max} = \sqrt{\frac{8}{3}k_0\frac{F_0}{b}}$$

erhalten.

Hinsichtlich der Erscheinungsformen von Schwall und Sunk ist zu unterscheiden, ob die Störung durch eine positive oder negative Änderung in der Wasserführung verursacht wird. So treten im Falle $\Delta Q > 0$ Entnahmesunk und Füllschwall (Fig. 6-7) und im Falle $\Delta Q < 0$ Stauschwall und Absperrsunk (Fig. 6-8) auf.

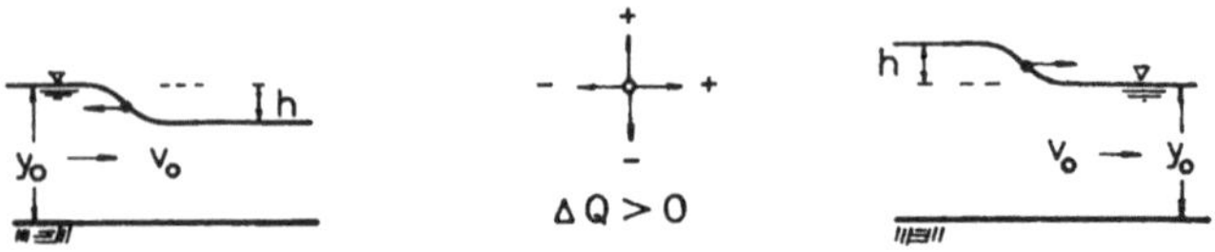


Fig. 6-7 Entnahmesunk und Füllschwall

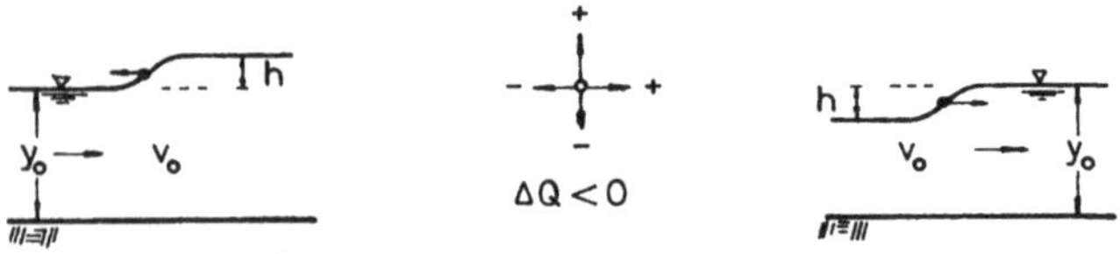


Fig. 6-8 Stauschwall und Absperrsunk

Für die Berechnungen wird ein plötzlicher Übergang von $Q_0$ auf $Q_I$ vorausgesetzt. Erfolgt dieser Übergang allmählich, so werden die hiernach berechneten Größen nicht ganz erreicht. Die Maximalwerte von h treten auf, wenn unter den betreffenden Verhältnissen der größtmögliche Wassermengenunterschied $\Delta Q$ gegeben ist.

| $\frac{hb}{F_0}$ | Schwall $h > 0$ | Sunk $h < 0$ |
|---|---|---|
| 0 | 1 | 1 |
| 0,05 | 1,037 | 0,962 |
| 0,10 | 1,075 | 0,925 |
| 0,15 | 1,112 | 0,887 |
| 0,20 | 1,149 | 0,848 |
| 0,25 | 1,186 | 0,810 |
| 0,30 | 1,223 | 0,771 |
| 0,35 | 1,260 | 0,732 |
| 0,40 | 1,296 | 0,693 |
| 0,45 | 1,333 | 0,653 |
| 0,50 | 1,369 | 0,612 |
| 0,60 | 1,442 | 0,529 |
| 0,70 | 1,515 | 0,442 |
| 0,80 | 1,588 | 0,346 |
| 0,90 | 1,660 | 0,234 |
| 1,00 | 1,732 | 0 |

Tab. 6-1 Hilfswerte $\sqrt{1 + 3b\,h/(2F_0) + (bh/F_0)^2/2}$

Beim Schwall ($h > 0$) ist die Geschwindigkeit $c > v_c$ und beim Sunk ($h < 0$) ist $c < v_c$, bedingt durch die Größe des Faktors

$$\sqrt{1 + \frac{3}{2}h\frac{b}{F_0} + \frac{1}{2}(h\frac{b}{F_0})^2} \gtrless 1 \, .$$

Einige Werte hierzu sind in Tabelle 6-1 zusammengestellt. Für Rechtecksgerinne folgt $h\,b/F_0 = h/y_0$.

Bei der Schwallwelle ist die charakteristische Form der Oberfläche konvex (Krümmungsradius nach innen gerichtet) und bei der Sunkwelle konkav. Daraus ist zu ersehen, daß bei größeren Wellen der Kopf schneller fortschreitet als der Fuß und somit zum Kippen (Sturzwelle) führt.

## 6.4 Hochwasserwellen

Der Scheitel einer Hochwasserwelle wandert im Fluß ähnlich wie eine Schwallwelle, d. h. mit einer Geschwindigkeit die größer als die mittlere Fließgeschwindigkeit ist, stromabwärts. Die theoretische Schwallgeschwindigkeit wird dabei nicht erreicht.

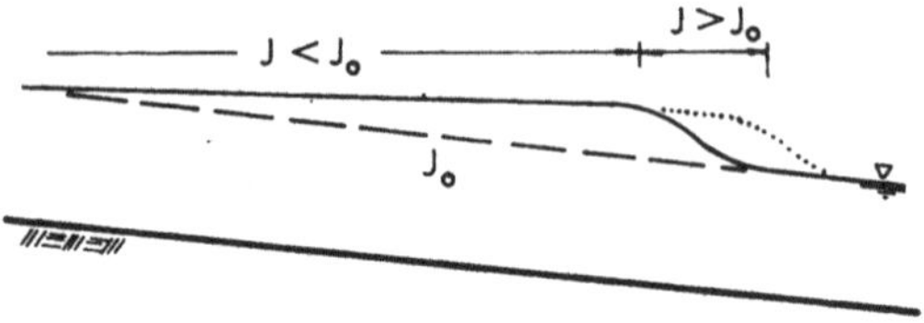


Fig. 6-9 Längsschnitt einer Hochwasserwelle

Im Bereich des anlaufenden Hochwassers ist das Spiegelgefälle größer als bei gleichförmigem Abfluß, d. h. $J > J_0$. Bei ablaufendem Hochwasser ist demzufolge das relative Gefälle $J < J_0$ vorhanden (Fig. 6-9). Wenn im Beobachtungsquerschnitt der Hochwasserscheitel auftritt ($J = J_0$) kann momentan ein Beharrungszustand angenommen werden. Berechnungen unter der Voraussetzung eines stationären, d. h. zeitunabhängigen Abflußvorganges sind somit für die Zeit der Kulmination annähernd zutreffend.

Mit Hilfe des Q-t-Diagrammes für einen Hochwasserdurchgang (Fig. 6-10) und der Beziehung

$$\frac{\partial Q}{\partial t} = \frac{\partial}{\partial t}(F\,v) = F\frac{\partial v}{\partial t} + v\frac{\partial F}{\partial t} \qquad (6.13)$$

sind Aussagen über die einzelnen Maximalwerte möglich.

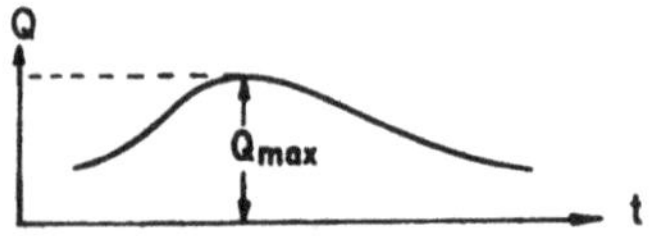


Fig. 6-10 Zeitlicher Ablauf einer HW-Welle

Im Kulminationspunkt ist $Q = Q_{max}$ und somit $\partial Q/\partial t = 0$. Folglich müssen nach Gleichung (6.13) die Glieder $\partial F/\partial t$ und $\partial v/\partial t$ verschiedene Vorzeichen haben. Wenn beispielsweise $F_{max}$ noch nicht erreicht ist, so wird $\partial F/\partial t > 0$ und $\partial v/\partial t < 0$ sein, d. h. aber, daß die Geschwindigkeit abnimmt und somit $v_{max}$ schon vorüber ist. Zur Zeit der größten Geschwindigkeit ist $\partial v/\partial t = 0$ und demzufolge müssen $\partial Q/\partial t$ und $\partial F/\partial t$ gleiches Vorzeichen haben. Dies ist nur im ansteigenden Kurvenast der Fall.

Für den Durchgang des Hochwasserscheitels wird vorausgesetzt, daß keine Änderung der Wasserführung eintritt. Demzufolge muß

$$dQ = \frac{\partial Q}{\partial x}\,dx + \frac{\partial Q}{\partial t}\,dt = 0$$

sein. Danach wird unter Berücksichtigung der Kontinuitätsbedingung (Gl. 1.12) als Ausdruck der Fortpflanzungsgeschwindigkeit

$$a = \frac{dx}{dt} = \frac{\partial Q/\partial t}{\partial F/\partial t} \tag{6.14}$$

bzw. mit $\partial Q/\partial t$ nach Gleichung (6.13) die Beziehung

$$a = v + F\,\frac{\partial v/\partial t}{\partial F/\partial t} \tag{6.15}$$

erhalten. Wird angenommen, daß die Maximalwerte von Q und F gleichzeitig auftreten, so kann

$$a = v + F\,\frac{dv}{dF} \tag{6.16}$$

gesetzt werden. Sodann folgt für breite Rechtecksgerinne ($b \gg y$) mit

$$v = C\sqrt{y\,J} = C\sqrt{\frac{F}{b}\,J} \quad \text{und} \quad \frac{dv}{dF} = \frac{C\sqrt{J}}{2b\sqrt{y}}$$

schließlich der Ausdruck

$$a = \frac{3}{2}\,v\,. \tag{6.17}$$

In analoger Weise wird für parabelförmige Profile der Näherungswert $a = \frac{4}{3}\,v$ erhalten.

## 6.5 Charakteristiken-Verfahren

Für die Behandlung von Bewegungsprozessen, die keine explizite Lösung gestatten, ist die Methode der Charakteristiken eine wertvolle Hilfe. Zur Erläuterung des Verfahrens wird ein Gerinne mit Rechtecksquerschnitt von konstanter Breite und mit konstantem Sohlengefälle vorausgesetzt. Bewegungsgleichung und Kontinuitätsbedingung lauten hierfür

$$g\,\frac{\partial y}{\partial x} + v\,\frac{\partial v}{\partial x} + \frac{\partial v}{\partial t} = g\,(J_s - J_e)$$

und

$$v\,\frac{\partial y}{\partial x} + y\,\frac{\partial v}{\partial x} + \frac{\partial y}{\partial t} = 0\,.$$

Das Gleichungssystem ist von hyperbolischem Typ und hat zwei unabhängige Veränderliche (x, t) sowie zwei abhängige Variable (y, v). Eine hyperbolische Differentialgleichung besitzt zwei Scharen reeller Charakteristiken.

Zunächst ist die Größe y mit Hilfe des Ausdruckes für die Geschwindigkeit langer und relativ flacher Wellen

$$c = \sqrt{g\,y} \quad \text{bzw.} \quad y = c^2/g$$

zu eliminieren. Unter Berücksichtigung der entsprechenden Ableitung $dy = d\,(c^2/g) = 2c\,dc/g$ lauten nach Umformung die Ausgangsgleichungen

$$2c\,\frac{\partial c}{\partial x} + v\,\frac{\partial v}{\partial x} + \frac{\partial v}{\partial t} = g\,(J_s - J_e) \qquad (6.18)$$

und

$$2v\,\frac{\partial c}{\partial x} + c\,\frac{\partial v}{\partial x} + 2\,\frac{\partial c}{\partial t} = 0\,. \qquad (6.19)$$

Dann folgt als Summe und als Differenz dieser beiden Beziehungen

$$\frac{\partial v}{\partial t} + (v \pm c)\frac{\partial v}{\partial x} \pm 2\frac{\partial c}{\partial t} \pm 2(v \pm c)\frac{\partial c}{\partial x} = g(J_s - J_e)$$

oder in anderer Schreibweise

$$(v \pm c)\frac{\partial(v \pm 2c)}{\partial x} + \frac{\partial(v \pm 2c)}{\partial t} = g(J_s - J_e). \tag{6.20}$$

Hierbei sind naturgemäß $v = v(x, t)$ und $c = c(x, t)$. Die linke Seite jeder Gleichung ist ein totales Differential. Die entsprechenden Ableitungsoperatoren stellen die Änderung aus der Sicht von Beobachtern dar, die sich mit den Geschwindigkeiten $(v + c)$ und $(v - c)$ bewegen. Die charakteristischen Wegelinien dieser Beobachter können in einem x-t-Diagramm dargestellt werden. Im allgemeinen ist $dx/dt = v \pm c$ nicht konstant; die Charakteristiken sind dann gekrümmte Linien.

Bei vereinfachter Betrachtung der Wellenbewegung ist $J_s - J_e = 0$. Für die Beobachter mit der Geschwindigkeit $(v \pm c)$ folgt $(v \pm 2c) =$ $=$ const. Im Weg-Zeit-Diagramm (Fig. 6-11) charakterisieren die Linien der $C_1$-Gruppe die Verhältnisse mit dem positiven Vorzeichen und diejenigen der $C_2$-Gruppe die Verhältnisse mit dem negativen Vorzeichen.

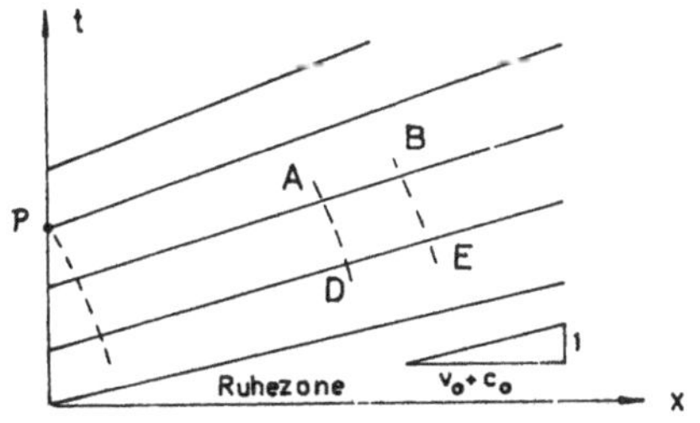


Fig. 6-11 Charakteristik-Kurven im x-t-Diagramm
—— $C_1$-Linien ---- $C_2$-Linien

Die untere $C_1$-Linie mit der Steigung $1/(v_0 + c_0)$ ist eine Gerade. Somit sind alle anderen $C_1$-Linien, Neigungen $1/(v + c)$, ebenfalls Geraden. Die $C_2$-Linien, Neigungen $1/(v - c)$, sind hingegen keine Geraden. Für einen beliebigen Punkt P auf der t-Achse hat die dort beginnende $C_1$-Linie die Steigung

$$\frac{dx}{dt} = v(t) + c(t)$$

und die dort beginnende $C_2$-Linie charakterisiert die Verhältnisse

$$v(t) - 2c(t) = v_0 - 2c_0 .$$

Damit wird der Ausdruck

$$\frac{dx}{dt} = 3c(t) + v_0 + 2c_0 = \frac{3}{2}v(t) - \frac{1}{2}v_0 + c_0$$

erhalten, wonach die Beziehungen zwischen den Größen v und c für jeden Ort ermittelt werden können.

Werden in den unter der Annahme $J_e = J_s$ für Gerinne mit Rechtecksprofil gültigen Beziehungen (Gl. 6.4)

$$g\frac{\partial y}{\partial x} + v\frac{\partial v}{\partial x} + \frac{\partial v}{\partial t} = 0$$

und

$$v\frac{\partial y}{\partial x} + y\frac{\partial v}{\partial x} + \frac{\partial y}{\partial t} = 0$$

die Glieder mit $\partial v/\partial x$ vernachlässigt, so lauten die Gleichungen

$$g\frac{\partial y}{\partial x} + \frac{\partial v}{\partial t} = 0$$

und

$$v\frac{\partial y}{\partial x} + \frac{\partial y}{\partial t} = 0 .$$

Damit wird die weitere Behandlung entsprechend vereinfacht.

# 7. Instationäre Strömung in Druckleitungen

## 7.1 Spiegelbewegung in Wasserschlössern

### 7.1.1 Lage und Beaufschlagung

Nach der Fließrichtung des Betriebswassers ist die Lage eines Wasserschlosses oberstrom oder unterstrom des Kraftwerkes (Fig. 7-1). Es wird infolge des Betriebes jeweils nur von einer Seite aus beaufschlagt. Bei Pumpspeicherwerken kann ein und dasselbe Wasserschloß je nach Art des Betriebes sowohl oberstrom als auch unterstrom des Kraftwerkes liegen.

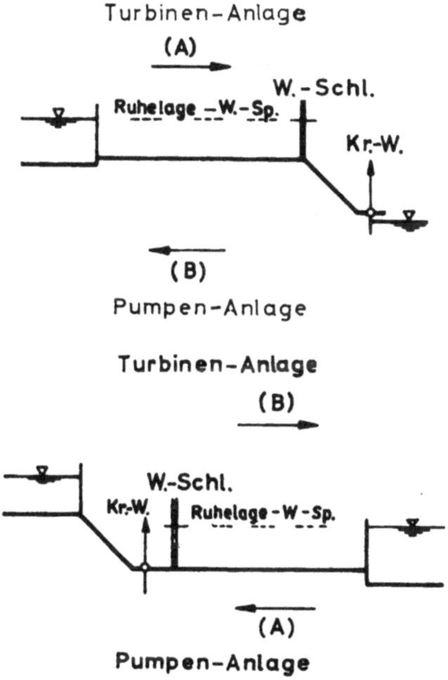


Fig. 7-1 Lage des Wasserschlosses
(A) in der Zuleitung, (B) in der Ableitung

Der Ruhelage-Wasserspiegel entspricht stets demjenigen der in Richtung nach Kraftwerk und Wasserschloß folgenden Wasserfassung. Er stellt sich im Wasserschloß bei Betriebsstillstand ein.

Die Wassermenge, welche in der Zeiteinheit durch das Wasserschloß fließt beziehungsweise demselben entnommen wird, besteht aus der Betriebswassermenge und der evtl. Entlastungswassermenge, d. h. $Q = Q_B + Q_E$. Die Betriebswassermenge entspricht der jeweiligen Turbinenwassermenge oder der Pumpenwassermenge. Entsprechend der Fließrichtung sind folgende Vorzeichen zu beachten:

Wasserführung vom Wasserschloß zum Kraftwerk $= + Q$
Wasserführung vom Kraftwerk zum Wasserschloß $= - Q$.

Wird die Betriebswassermenge des bestehenden Beharrungszustandes mit $Q_0$ und diejenige des folgenden Beharrungszustandes mit $Q_I$ bezeichnet, so gelten für den Unterschied der Beaufschlagung

$$\Delta Q = Q_I - Q_0 \tag{7.1}$$

die in Tabelle 7-1 zusammengestellten Werte. Die gleichen Verhältnisse sind anzutreffen für die Änderung der entsprechenden Fließgeschwindigkeiten im Stollen, d. h. für $\Delta v = v_I - v_0$. Der Übergang von $Q_0$ auf $Q_I$ kann allmählich und in gewissen Fällen auch nahezu plötzlich erfolgen. Während einer allmählichen Beaufschlagungsänderung ist $Q_B = Q\,(t)$. Für Entlastungswassermengen gilt in jedem Falle $Q_E = Q\,(t)$.

Das Vorzeichen von $\Delta Q$ entspricht zugleich demjenigen des ersten Schwingungsausschlages gemäß den Vorzeichen für die ab Ruhelagewasserspiegel zu zählenden z-Werte. Es zeigt somit die Richtung der beginnenden Spiegelbewegung im Wasserschloß an (Fig. 7-2 und 7-3).

| $\Delta Q$ | Wasserschloß O. W. | Wasserschloß U. W. |
|---|---|---|
| Entlastung | $< 0$ | $> 0$ |
| Belastung | $> 0$ | $< 0$ |

Tab. 7-1 Änderung der Beaufschlagung

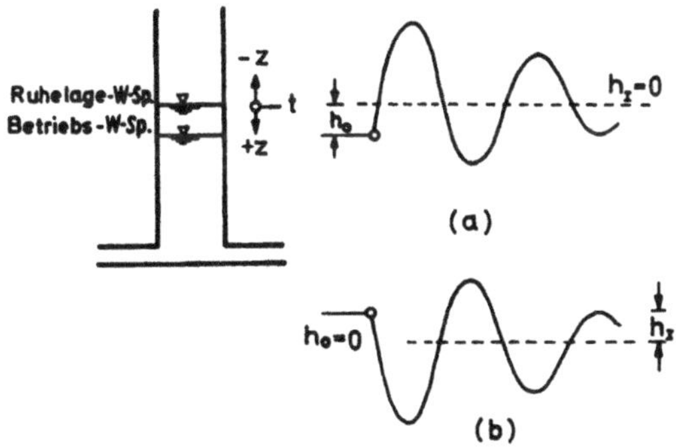


Fig. 7-2 Wasserschloß in der Triebwasser-Zuleitung
(a) Übergang von einem Betriebszustand auf Betriebsstillstand
(b) Übergang von Betriebsstillstand auf einen Betriebszustand

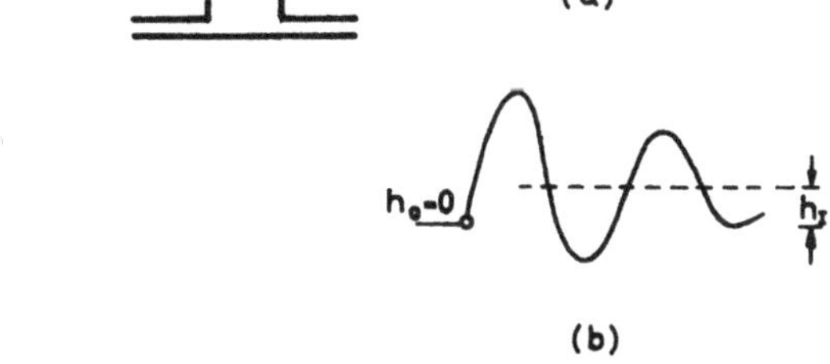


Fig. 7-3 Wasserschloß in der Triebwasser-Ableitung
(a) Übergang von einem Betriebszustand auf Betriebsstillstand
(b) Übergang von Betriebsstillstand auf einen Betriebszustand

Werden die Ausschläge anstatt auf den Ruhelagewasserspiegel ($\pm$ z) auf den neuen Beharrungswasserspiegel ($\pm$ y) bezogen, so gilt $y = z - h_I$, wobei $h_I$ den Spiegelunterschied im Wasserschloß zwischen Ruhelage und neuer Beharrungslage darstellt.

Die tiefste Spiegellage im Wasserschloß tritt ein, wenn zur Zeit der größten Abwärtsschwingung zugleich der tiefste Ruhelagewasserspiegel, d. h. Absenkziel im Entnahmespeicher, vorhanden ist. Die höchste Spiegellage im Wasserschloß ist demzufolge vorhanden, wenn bei größter Aufwärtsschwingung im Speicher zugleich der höchste Wasserstand gegeben ist.

Für jede Anlage gilt, daß die Ausschläge bei Belastungszunahme durch allmähliches Zuschalten in gewünschten Grenzen gehalten werden können. Große Entlastungen sind hingegen nicht immer zu verhindern. Daher ist auf jeden Fall der zweite Ausschlag bei der größtmöglichen Entlastung zu berechnen, weil er größer sein kann, als der größte im Betrieb vorkommende Ausschlag bei Belastungszunahme.

### 7.1.2 Formen der Wasserschlösser

Die älteste und einfachste Form des Wasserschlosses ist das Standrohr. Es genügt jedoch nur für kleine Verhältnisse. Bei größeren Anlagen entsteht durch die notwendige Ausdehnung des Horizontalquerschnittes der Schacht. Das sogenannte Schachtwasserschloß hat normalerweise einen konstanten Querschnitt, kann aber auch kontinuierlich veränderliche Querschnittsverhältnisse aufweisen (Fig. 7-4). Auf-

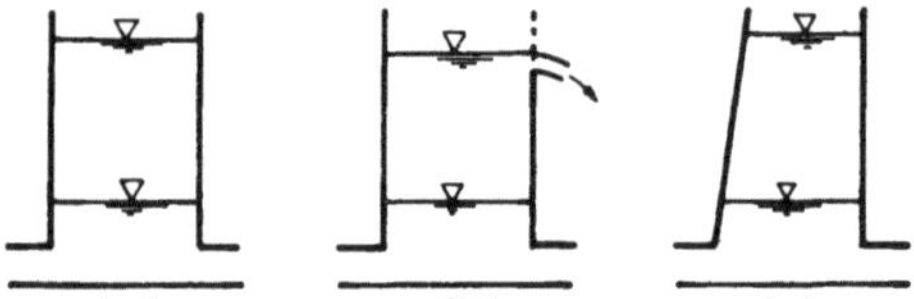


Fig. 7-4 Schachtwasserschloß
(a) mit konstantem Querschnitt,
(b) mit konstanten Querschnitt und Überfall,
(c) mit veränderlichem Querschnitt

wärtsschwingungen können durch Anordnung eines Überfalles etwas vermindert werden.

Die Schwingungsausschläge können wesentlich verkürzt werden, wenn durch die Anordnung von seitlichen Kammern örtliche Volumenvergrößerungen geschaffen werden (Fig. 7-5). Der Steigschacht kann hierbei einen Mindestquerschnitt erhalten. Dadurch wird die Spiegellage im Schloß schnell an die betreffende Schwingungsgrenze herangebracht und eine rasche Änderung der Druckverhältnisse erzielt.
Bei Anlagen mit großen Spiegelunterschieden im Staubecken ist demzufolge das Kammerwasserschloß besonders geeignet.

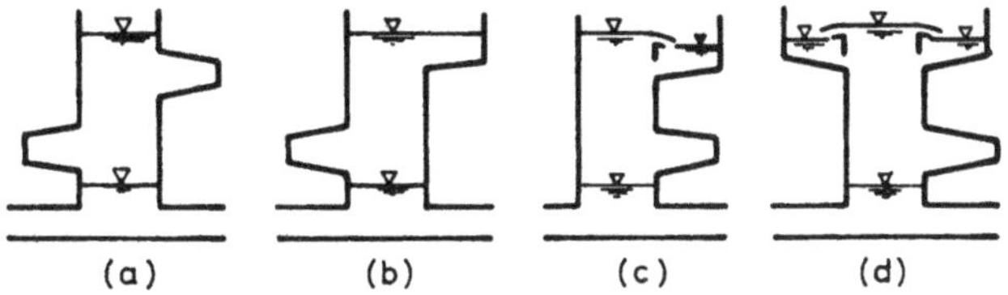


Fig. 7-5 Kammerwasserschloß
(a) und (b) mit zwei Kammern,
(c) und (d) mit Überfall in die obere Kammer

Durch Drosselung am Eintritt in das Wasserschloß wird ebenfalls eine wesentliche Dämpfung der Schwingungsausschläge erreicht (Fig. 7-6). Dies geht aber mehr oder weniger auf Kosten des Stollens. So entsteht bei Aufwärtsschwingungen eine zusätzliche Drucksteigerung im Stollen und bei Abwärtsschwingungen eine Druckmin-

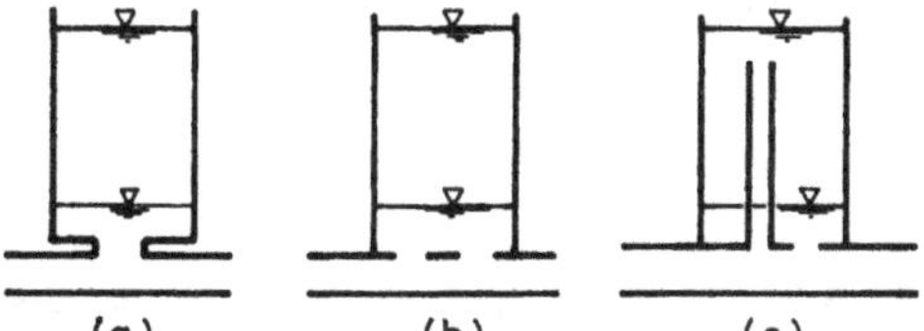


Fig. 7-6 Wasserschloß mit Dämpfungswiderstand
(a) und (b) Drosselung des Eintrittsquerschnittes,
(c) Differential-Wasserschloß nach R. Johnson

derung. Eine besondere Form dieser Wasserschloßart stellt der von R. Johnson entwickelte Typ, das sogenannte Differential-Wasserschloß dar.

Selbstverständlich sind vielseitige Kombinationen und ebenso eine Schräglage des Steigschachtes möglich.

### 7.1.3 Grundgleichungen

Für die folgenden Betrachtungen und Ableitungen wird von einem Wasserschloß in der Triebwasserzuleitung ausgegangen (Fig. 7-7). Die Ergebnisse gelten unter Beachtung der Vorzeichenregel sinngemäß auch für Wasserschlösser in der Triebwasserableitung.

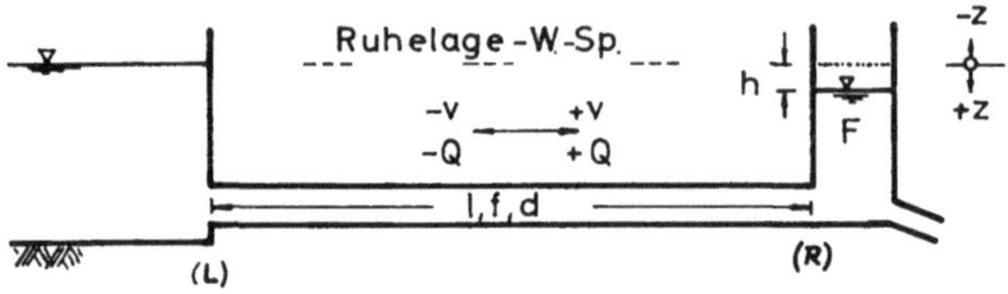


Fig. 7-7 Übersichtsskizze

Wenn die aus dem Wasserschloß abfließende Wassermenge gleich dem Zufluß ist, herrscht Beharrungszustand. Der Spiegelunterschied im Wasserschloß zwischen Ruhelage und Beharrungslage wird Druckhöhe (z = h) genannt. Für die Beziehung

$$h = \Delta e - \Delta k = \Delta e - (k_L - k_R)$$

wird in anderer Schreibweise

$$h = \pm \epsilon v^2 = \epsilon v |v| \tag{7.2}$$

gesetzt. Diese Druckhöhe ist zur Überwindung der Fließwiderstände im Stollen und zur Erhaltung der Fließgeschwindigkeit erforderlich; sie wird auch als Widerstandshöhe bezeichnet. Druckhöhe h und mittlere Fließgeschwindigkeit v müssen naturgemäß stets das gleiche Vorzeichen haben. Da normalerweise die Geschwindigkeitshöhe oberstrom vernachlässigt werden kann und $k_R$ = k der Geschwindigkeitshöhe im Stollen entspricht, folgt für den Druckhöhenbeiwert der Ausdruck

$$\epsilon = \frac{\Delta e + k}{v^2} = \frac{1}{2g}\left(\lambda \frac{l}{d} + \Sigma \zeta + 1\right). \tag{7.3}$$

Dieser Beiwert ist bei bekannter Rauhigkeit für jede Anlage jeweils eine konstante Größe. Entsprechend der möglichen Größen $\lambda_{max}$ und $\lambda_{min}$ folgen die Werte $\epsilon_{max}$ und $\epsilon_{min}$. Inwieweit das zweite und das dritte Glied in der Klammer vernachlässigt werden kann, gegebenenfalls durch Annahme eines größeren Reibungsbeiwertes, muß von Fall zu Fall entschieden werden.

Bei einer Änderung der Beaufschlagung werden im Wasserschloß Spiegelbewegungen (Schwingungen) ausgelöst, die bis zum Eintritt des neuen Beharrungszustandes andauern. Die dabei auftretende Druckhöhe (z – h) dient zur Beschleunigung bzw. zur Verzögerung der Wassermasse im Stollen und wird deshalb auch als Beschleunigungshöhe bezeichnet.

Die erste Gleichung für die Wasserspiegelbewegung folgt aus der Kontinuitätsbedingung zu

$$\frac{dz}{dt} = \frac{f}{F}(c - v) = \frac{1}{\Phi}(c - v). \tag{7.4}$$

Hierbei bedeutet $c = Q/f$ eine gedachte Geschwindigkeit, die vorhanden wäre, wenn die dem Wasserschloß sekundlich entnommene Gesamtwassermenge (Betriebswassermenge und evtl. Entlastungswassermenge) allein den Stollen durchfließen würde. Es können unmittelbar folgende Verhältnisse ersehen werden:

- $dz > 0$ der Spiegel im Wasserschloß fällt
- $dz < 0$ der Spiegel im Wasserschloß steigt
- $dz = 0$ Extremlage des betreffenden Ausschlages oder Beharrungslage

Die zweite Gleichung wird nach dem dynamischen Grundgesetz zu

$$\frac{dv}{dt} = \frac{g}{l}(z - h) = \frac{g}{l}[z - (\pm \epsilon v^2)] \tag{7.5}$$

erhalten. Damit ist eine Beziehung für die Änderung der Geschwindigkeit im Stollen gegeben. Danach folgen die Zusammenhänge:

$dv > 0$ Die Geschwindigkeit nimmt in positiver Fließrichtung zu bzw. in negativer Richtung ab

$dv < 0$ Die Geschwindigkeit nimmt in positiver Fließrichtung ab bzw. in negativer Richtung zu

$dv = 0$ Extremwerte der Geschwindigkeit oder Beharrungslage

Durch Elimination von v aus den beiden Hauptgleichungen wird eine Differentialgleichung erhalten, welche die Beziehung zwischen z und t aufzeigt. Sie lautet

$$\frac{d^2 z}{d t^2} - \frac{\epsilon g}{l} \Phi \left(\frac{dz}{dt}\right)^2 + \frac{2 \epsilon g}{l} c \frac{dz}{dt} + \frac{g}{l \Phi} z - \frac{\epsilon g}{l \Phi} c^2 - \frac{1}{\Phi} \frac{dc}{dt} = 0 . \qquad (7.6)$$

Sinngemäß folgt durch Elimination von z eine Gleichung in v und t. Nach Division der beiden Grundgleichungen folgen Beziehungen zwischen z und v.

### 7.1.4 Bestimmung der maximalen Ausschläge

Eine weitere Behandlung der Differentialgleichung (7.6) ist nur für den Fall einer plötzlichen vollständigen Entlastung für Wasserschlösser mit konstantem Querschnitt möglich. Mit $c = 0$ und $F = \text{const}$ folgen nach den Untersuchungen von F. Prašil und Ph. Forchheimer für die Ermittelung der maximalen Ausschläge die Beziehungen

$$\begin{aligned} &(1 + mZ_1) - ln\,(1 + mZ_1) = (1 + mh_0) \\ &(1 - mZ_2) - ln\,(1 - mZ_2) = (1 - mZ_1) - ln\,(1 - mZ_1) \qquad (7.7) \\ &(1 + mZ_3) - ln\,(1 + mZ_3) = (1 + mZ_2) - ln\,(1 + mZ_2) . \end{aligned}$$

Hierbei hat der konstante Faktor

$$m = \frac{2g}{l} \Phi \epsilon = \frac{2g}{l} \Phi \frac{h_0}{v_0^2}$$

das Vorzeichen von $h_0$, d. h. also dasjenige der mittleren Fließgeschwindigkeit $v_0$. Die Vorzeichen der Maximal-Ausschläge $Z_i$ sind gegeben und in der Berechnung zu berücksichtigen. Bekannt sind jeweils die Größen auf der rechten Seite der Gleichungen. Die betreffende unbekannte Größe Z auf der linken Gleichungsseite ist durch Versuchsrechnung zu ermitteln. Für diese Gleichungen kann nach Reihenentwicklung auch

$$\frac{(mZ_1)^2}{2} - \frac{(mZ_1)^3}{3} + \frac{(mZ_1)^4}{4} - \frac{(mZ_1)^5}{5} + \frac{(mZ_1)^6}{6} - \ldots = mh_0 \tag{7.8}$$

$$\frac{(mZ_2)^2}{2} + \frac{(mZ_2)^3}{3} + \frac{(mZ_2)^4}{4} + \ldots = \frac{(mZ_1)^2}{2} + \frac{(mZ_1)^3}{3} + \frac{(mZ_1)^4}{4} + \ldots$$

$$\frac{(mZ_3)^2}{2} - \frac{(mZ_3)^3}{3} + \frac{(mZ_3)^4}{4} - \ldots = \frac{(mZ_2)^2}{2} - \frac{(mZ_2)^3}{3} + \frac{(mZ_2)^4}{4} - \ldots$$

gesetzt werden, sofern $|mZ_i| < 1$ ist. Mit Hilfe dieser exakten Berechnungsmethode kann die Genauigkeit anderer Verfahren überprüft werden.

Zur näherungsweisen Ermittelung der ersten Ausschläge sind noch verschiedene Gebrauchsformeln aufgestellt worden. So hat Ph. Forchheimer für den Fall der plötzlichen Belastung aus der Ruhelage die Beziehung

$$Z_1 = 0{,}178\,h + \sqrt{(0{,}178\,h)^2 + v^2\,\frac{l\,f}{g\,F}} \tag{7.9}$$

genannt. Nach J. Calame und D. Gaden gelten bei plötzlicher vollständiger Entlastung die Formeln

$$Z_1 = |Z_* - \tfrac{2}{3}h_0| \quad \text{und} \quad Z_2 = |Z_* - 2h_0| \tag{7.10}$$

und bei plötzlicher Belastung

$$Z_1 = |Z_* + 0{,}125\,h_I|\,. \tag{7.11}$$

Hierbei ist mit

$$Z_* = v\sqrt{\frac{l\,f}{g\,F}} = v\sqrt{\frac{l}{g\,\Phi}} \tag{7.12}$$

der theoretisch größte Ausschlag bezeichnet, der bei einer harmonisch ungedämpften Schwingung auftreten würde.

Wenn die Ausschläge auf die neue Beharrungslage bezogen werden, so folgt $Y = Z - h_I$. Werden die entsprechenden Größen für verschiedene Betriebsfälle einer Anlage in Abhängigkeit von $\Delta Q$ aufgetragen, so kann diese Kurventafel zur näherungsweisen Ermittelung der maximalen Schwingungsweiten für beabsichtigte Belastungsänderungen dienen. Für die Berechnungen mit $\epsilon_{max}$ und $\epsilon_{min}$ folgen jeweils eigene Kurven.

### 7.1.5 Schrittweise Berechnung

Der Verlauf der Spiegelbewegungen in Wasserschlössern kann auf rechnerischem Wege nur schrittweise verfolgt werden.

Nach dem Verfahren von M. Mayr und K. Pressel werden die Kurven $z = z(t)$ und $v = v(t)$ jeweils durch einen Tangentenzug ersetzt. Es muß dabei zwangsläufig eine immer größer werdende Abweichung vom wirklichen Verlauf auftreten. Das hat zur Folge, daß die Schwingungsweiten und die gesamte Schwingungszeit, bei sonst nahezu richtiger Wiedergabe der Perioden, erheblich vergrößert werden. Ein verbessertes Verfahren, das F. Leiner und O. Streck verwendet haben, kann ebenfalls als nicht befriedigend angesehen werden, weil es etwas zu kleine Amplituden erbringt.

Eine zuverlässige Berechnung ist möglich, wenn die betreffenden Kurven durch einen Sehnenzug ersetzt werden. Dabei müssen in der Berechnung die mittleren Verhältnisse des jeweiligen Intervalles eingesetzt werden. Jeder berechnete Punkt liegt dann auf der betreffenden Kurve. Die beiden Gleichungen lauten hierfür

$$\Delta z_i = \frac{f}{F_m}(c_m - v_m)\,\Delta t_i$$

und (7.13)

$$\Delta v_i = \frac{g}{l}(z_m - h_m)\,\Delta t_i\,.$$

Darin bedeutet ganz allgemein

$$x_m = \frac{1}{2}(x_{i-1} + x_i) = x_{i-1} + \frac{\Delta x_i}{2} .$$

Die Berechnung wird mit einem angenommenen Wert $\Delta v_i'$ begonnen und wiederholt bis die berechnete Größe $\Delta v_i$ mit der Annahme übereinstimmt. Die Zeitintervalle können innerhalb der Berechnung für jeden Abschnitt beliebig verändert werden. Im allgemeinen kann $\Delta t$ = const gesetzt werden, wobei normalerweise $\Delta t$ = 15 [s] genügt. Die Darstellung eines Schwingungsverlaufes, d. h. z-t-Kurve und z-v-Kurve, ist in Figur 7-8 gegeben.

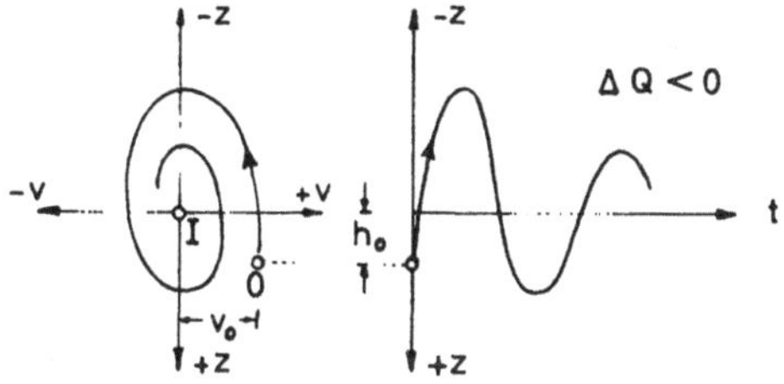


Fig. 7-8 Diagramm des Schwingungsverlaufes für vollständiges Schließen

Für den Fall Q = const bzw. c = const und F = const gehen diese Gleichungen bei Verwendung konstanter Zeitintervalle in die einfachere Form

$$\Delta z_i = \frac{Q}{F}\Delta t - \frac{f}{F}\Delta t\, v_m = A - B\, v_m$$

und (7.14)

$$\Delta v_i = \frac{g}{l}\Delta t\,(z_m - h_m) = C\,(z_m - h_m) = C\, z_m - D\, v_m^2$$

über. Die Konstanten A, B, C und D werden vor Beginn der eigentlichen Berechnung ermittelt. Hierbei ist zu beachten, daß die Konstante D, entsprechend der Größe h, stets das gleiche Vorzeichen wie die mittlere Fließgeschwindigkeit $v_m$ hat. Beiträge hierzu haben ferner H. Wegmann und H. Rothmund gegeben.

## 7.2 Theorie des Druckstoßes

Die ältesten Abhandlungen über den Druckstoß dürften wohl von A. de Caligny, A. Castigliano und von J. Michaud stammen. Über den Druckanstieg in Versorgungsleitungen beim Absperren der Schieber berichtet Ph. Forchheimer. Weiterhin sind die Arbeiten von A. Stodola und F. Prašil zu nennen, in welchen die Probleme bei Turbinenbetrieb behandelt werden.

### 7.2.1 Verfahren von Allievi

Es wird eine Leitung mit konstantem Durchmesser und konstanter Wandstärke vorausgesetzt. Verlusthöhe und Geschwindigkeitshöhe bleiben unberücksichtigt. Somit werden alle Druckhöhenänderungen auf die statische Drucklinie bezogen.

#### 7.2.1.1 Grundgleichungen

Für die Ableitung wird eine horizontale Leitung betrachtet, weil nur die Größen für Über- und Unterdruck gesucht werden, wobei die Höhenlage gleichgültig ist (Fig. 7-9). An jedem Ort der Leitung sind somit die jeweiligen positiven und negativen Druckgrößen zum betreffenden statischen Druck zu addieren.

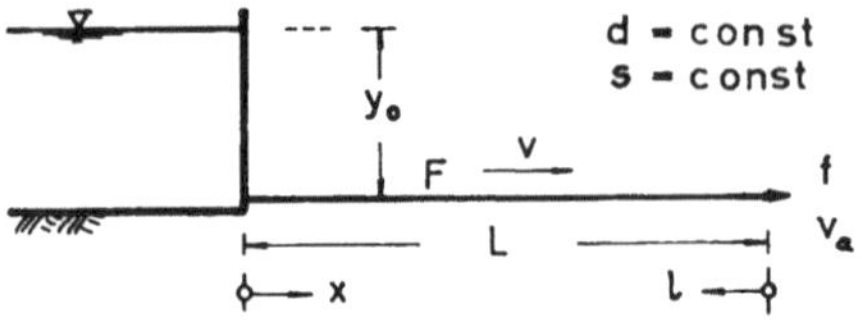


Fig. 7-9 Bezeichnungen zur Theorie von L. Allievi

Ausgehend von der Eulerschen Bewegungsgleichung (1.1) folgt für den vorliegenden Fall

$$\frac{\partial p}{\partial l} = \rho \frac{dv}{dt} = \rho \left(\frac{\partial v}{\partial t} - v \frac{\partial v}{\partial l}\right) = \rho \frac{\partial v}{\partial t} \left(1 - \frac{v}{\partial l/\partial t}\right).$$

Mit der Voraussetzung $\partial l/\partial t \gg v$ wird danach der Ausdruck

$$\frac{\partial v}{\partial t} = \frac{g}{\gamma}\frac{\partial p}{\partial l} = g\frac{\partial y}{\partial l} \tag{7.15}$$

erhalten, wobei $p/\gamma = y$ gesetzt ist. Es wird noch gezeigt, daß die Fortpflanzungsgeschwindigkeit der Druckwellen $\partial l/\partial t = a$ in der Regel sehr viel größer als die mittlere Fließgeschwindigkeit v ist.

Die andere Gleichung aufgrund der Kontinuitätsbedingung lautet

$$\frac{\partial v}{\partial l} = \frac{\partial p}{\partial t}\left(\frac{1}{E_F} + \frac{d}{s\,E_R}\right) = \frac{g}{a^2}\frac{\partial y}{\partial t}\,. \tag{7.16}$$

Darin entspricht der Ausdruck

$$a = \sqrt{\frac{g/\gamma}{\frac{1}{E_F} + \frac{d}{s\,E_R}}} \tag{7.17}$$

der Fortpflanzungsgeschwindigkeit der Druckwelle, wobei mit $E_F$ und $E_R$ die Elastizitätsmoduli von Flüssigkeit und Rohr bezeichnet sind.

Durch gegenseitige Division der beiden Hauptgleichungen (7.15 und 7.16) folgt $a = \partial l/\partial t$ und somit der Nachweis, daß die Größe a eine Geschwindigkeit entgegen der Fließrichtung ist. In der Herleitung von Gleichung (7.15) wurde vorausgesetzt, daß $a \gg v$ ist. Normalerweise sind $v < 10$ [m/s] und in Metallrohren $a \approx 1000$ [m/s]. Danach ist $a/v > 100$ und somit die getroffene Vernachlässigung durchaus gerechtfertigt.

Das allgemeine Integral für die beiden simultanen Differentialgleichungen (7.15 und 7.16) lautet nach B. Riemann

$$y - y_0 = \Phi\left(t - \frac{l}{a}\right) + \varphi\left(t + \frac{l}{a}\right) \tag{7.18}$$

und

$$v - v_0 = -\frac{g}{a}\left[\Phi\left(t - \frac{l}{a}\right) - \varphi\left(t + \frac{l}{a}\right)\right]. \tag{7.19}$$

Hierbei bedeuten $y_0$ und $v_0$ die Größen der Druckhöhe und der Fließgeschwindigkeit vor der Störung, d. h. zur Zeit t = 0. Mit $\Phi$ und $\varphi$ sind die Integrationsfunktionen der betreffenden Veränderlichen bezeichnet, die von den jeweiligen Randbedingungen an den Enden der Leitung abhängig sind. Sie drücken zwei Aktionen aus, und zwar $\Phi$ den direkten Stoß in der + $l$-Richtung und $\varphi$ den Gegenstoß in der - $l$-Richtung (Fig. 7-10). Die Größe $y - y_0$ stellt den jeweiligen Druckunterschied (Über- oder Unterdruck) an einem Ort zur Zeit t dar. Er entspricht der Summe der beiden Druckwellen.

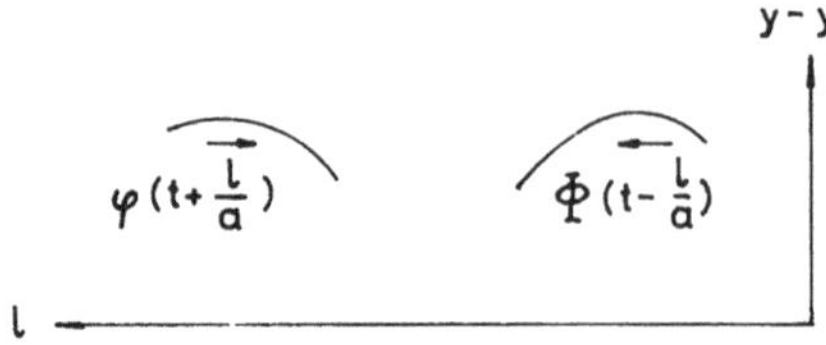


Fig. 7-10 Druckwellen

Die Differentialgleichungen (7.15) und (7.16) werden auch durch Lösungen mit den Funktionen $\Phi$ und $\varphi$ allein erfüllt. Die Funktionen der Lösungsgleichungen (7.18) und (7.19) können daher getrennt betrachtet werden.

Werden die Gleichungen (7.15) nach t und (7.16) nach $l$ differenziert, so folgt daraus die Beziehung

$$\frac{\partial^2 v}{\partial t^2} = a^2 \frac{\partial^2 v}{\partial l^2} . \tag{7.20}$$

Mit den Ableitungen der Gleichung (7.15) nach $l$ und Gleichung (7.16) nach t wird der Ausdruck

$$\frac{\partial^2 y}{\partial t^2} = a^2 \frac{\partial^2 y}{\partial l^2} \tag{7.21}$$

erhalten. Dies sind die sogenannten Schallgleichungen, deren Lösung von J. L. d'Alembert für die schwingende Saite gegeben wurden.

#### 7.2.1.2 Fortpflanzungsgeschwindigkeit

Der Ausdruck für die Fortpflanzungsgeschwindigkeit der Druckwellen (Gl. 7.17) kann auch in der Form

$$a = \frac{\sqrt{\frac{g}{\gamma} E_F}}{\sqrt{1 + \frac{E_F}{E_R} \frac{d}{s}}} = \frac{a_0}{\sqrt{1 + \frac{E_F}{E_R} \frac{d}{s}}} \qquad (7.22)$$

geschrieben werden. Darin entspricht die Größe $a_0$ der Geschwindigkeit von Schallwellen in Flüssigkeiten. Für Wasser bei einer Temperatur von rd. 10° C gilt im Mittel $a_0 = 1435$ [m/s]. Danach ist der Elastizitätsmodul $E_F = E_w$ ohne weiteres zu ermitteln.

Mit der mittleren Verhältniszahl der Elastizitätsmoduli von Wasser und Stahl folgt der Ausdruck

$$a = \frac{a_0}{\sqrt{1 + \frac{1}{100} \frac{d}{s}}} .$$

Wird für verhältnismäßig dünnwandige Rohre $d/s = 2\sigma/p$ und weiterhin $p = \gamma H$ gesetzt, so folgt mit einem mittleren $\sigma$-Wert

$$\frac{2\sigma}{\gamma H} \quad \frac{d}{s} = \frac{2\sigma}{\gamma H} = \frac{2 \cdot 10^4}{H}$$

und danach die Näherungsformel

$$a = \frac{1435}{\sqrt{1 + \frac{200}{H}}} .$$

Damit wird für H = 200 [m] die Fortpflanzungsgeschwindigkeit a = 1000 [m/s] erhalten.

Für Rohre aus Gußeisen folgt mit einem mittleren Elastizitätsmodul $E_w/E_R = 1/50$ und somit der Ausdruck

$$a = \frac{a_0}{\sqrt{1 + \frac{1}{50} \frac{d}{s}}} .$$

Danach gilt für Verhältnisse mit d/s = 20 als Fortpflanzungsgeschwindigkeit der Druckwellen a = 1200 [m/s].

Für Gummischläuche mit d = 7s werden unter Berücksichtigung des Schwankungsbereiches für den Elastizitätsmodul die Größen a = 17 - 29 [m/s] erhalten. Allievi hat darauf hingewiesen, daß die Geschwindigkeit, mit welcher sich die Wirkung des Herzpulsierens in den Adern fortpflanzt, von gleicher Größenordnung sein wird. Weitere Formeln zur Bestimmung der Druckstoßgeschwindigkeit hat beispielsweise Ch. Jaeger für dickwandige Rohre, Stollen in gesundem Fels sowie Stollen- und Schachtpanzerungen angegeben.

### 7.2.1.3 Stoß und Gegenstoß

Eine hydraulische Störung im Querschnitt $l = 0$ erreicht den Querschnitt $l = L$ nach der Laufzeit $t = L/a$, wird dort reflektiert und wandert wieder zurück zum Ausgangsort (Fig. 7-9). Die Druckwelle benötigt also für Hin- und Rückweg die Zeit

$$t = t_R = \frac{2L}{a} . \tag{7.23}$$

Einen beliebigen Ort $0 < l < L$ erreicht die Druckwelle nach der Zeit $t = l/a$ und nach Reflexion erneut zur Zeit $t = 2(L - l)/a$, so daß also die reflektierte Welle den Ort $l$ in der ab Ursprung ($l = 0$) gerechneten Gesamtzeit

$$t = \frac{2L - l}{a} \tag{7.24}$$

wieder erreicht. Innerhalb der Zeiten $0 < t < 2L/a$ für einen Ausgangsort ($l = 0$) bzw. $0 < t < (2L - l)/a$ für einen beliebigen Ort tritt der Gegenstoß noch nicht in Erscheinung. Für diese erste Phase, den sogenannten direkten Stoß, gelten die Gleichungen

$$y - y_0 = \Phi\left(t - \frac{l}{a}\right) \quad \text{und} \quad v - v_0 = -\frac{g}{a}\Phi\left(t - \frac{l}{a}\right) \tag{7.25}$$

wonach der Ausdruck

$$y - y_0 = \frac{a}{g}(v_0 - v) \tag{7.26}$$

erhalten wird. Diese Beziehung zwischen Druckanstieg und Geschwindigkeitsabnahme ist während der Phase des direkten Stoßes für jeden Rohrquerschnitt gültig. Der Überdruck erreicht die maximale Größe für v = 0, d. h.

$$y_{max} = y_0 + \frac{a}{g} v_0 \,. \tag{7.27}$$

Diese Beziehung für den Maximalwert hat schon N. Joukowsky angegeben. Das Maximum kann voraussetzungsgemäß nur dann auftreten, wenn die Zeit für das vollständige Schließen

$$t_s < \frac{2L}{a}$$

ist. In diesem Falle ist dann die Dauer des Schließens auf den maximalen Druckanstieg ohne Einfluß. Zusammengefaßt kann weiterhin

$$y = y_{max} - \frac{a}{g} v \tag{7.28}$$

geschrieben werden.

Bei Anordnung einer Düse besteht zwischen den Verhältnissen im Querschnitt $l = 0$ und dem freien Austritt (Fig. 7-11) bei Vernachlässigung der geringen Verlusthöhe in der Beschleunigungsstrecke die Beziehung

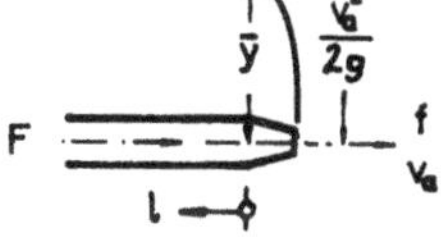


Fig. 7-11 Freier Ausfluß

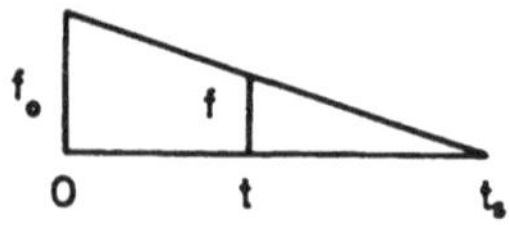


Fig. 7-12 Lineares Schließen

$$v_a^2 - \overline{v}^2 = 2\,g\,\overline{y}$$

wobei weiterhin mit $f = f(t)$ (7.29)

$$\frac{\overline{v}}{v_a} = \frac{f}{F} = \alpha \quad \text{d. h.} \quad \alpha = \alpha(t)$$

gesetzt wird. Sinngemäß ist zu verfahren, wenn im Querschnitt $l = 0$ ein anderes Verschlußorgan vorhanden ist und mit $v_a$ die Abflußgeschwindigkeit bezeichnet wird. Die Lösungsgleichungen (7.25) gehen für $l = 0$ über in

$$\overline{y} - y_0 = \Phi(t) \quad \text{und} \quad \overline{v} - v_0 = -\frac{g}{a}\Phi(t)\,. \tag{7.30}$$

Danach folgt, analog Gleichung (7.26), unmittelbar der Ausdruck

$$\overline{y} - y_0 = \frac{a}{g}(v_0 - \overline{v})$$

und weiterhin gemäß Gleichung (7.28) die Beziehung

$$y_{max} = \overline{y} + \frac{a}{g}\overline{v} = \overline{y} + \frac{a}{g}\,\alpha\,v_a\,. \tag{7.31}$$

Nach Quadrieren und Berücksichtigung der Gleichung (7.29) wird nach Umformung

$$\overline{y}^2 - 2\overline{y}\left(y_{max} + \frac{a^2}{g}\,\frac{\alpha^2}{1-\alpha^2}\right) + y_{max}^2 = 0 = \overline{y}^2 - 2\overline{y}\,(y_{max} + \lambda) + y_{max}^2 \tag{7.32}$$

erhalten, wobei $\lambda = \lambda(t)$ ist. Wird in der Ausflußgleichung (7.29) der Wert $\overline{v}$ gegenüber $v_a$ vernachlässigt, so folgt mit $2\,g\,\overline{y} = v_a^2 = \overline{v}^2/\alpha^2$

der Ausdruck

$$\lambda = \lambda(t) = \frac{a^2}{g} \alpha^2 .$$

Als Lösung der Gleichung (7.32) gilt selbstverständlich nur die Wurzel für $\overline{y} < y_{max}$.

Wird für das Schließen ein lineares Gesetz (Fig. 7-12) angenommen, so folgt

$$\frac{f_0}{t_s} = \frac{f}{t_s - t}$$

und danach

$$f = f_0 \left(1 - \frac{t}{t_s}\right) \quad \text{bzw.} \quad \frac{f}{F} = \frac{f_0}{F} \left(1 - \frac{t}{t_s}\right)$$

d. h. (7.33)

$$\alpha = \alpha_0 \left(1 - \frac{t}{t_s}\right) .$$

Weiterhin kann näherungsweise

$$v_0 = \alpha_0 v_{a0} = \alpha_0 \sqrt{2 g y_0} \quad \text{und somit} \quad y_{max} = y_0 + a \alpha_0 \sqrt{\frac{2 y_0}{g}}$$

gesetzt werden.

Die Gleichungen des einfachen oder direkten Druckstoßes gelten nicht mehr für Zeiten

$$t > \frac{2L - l}{a} .$$

Somit sind die allgemeinen Lösungsgleichungen (7.18 und 7.19), die in abgekürzter Form

$$y - y_0 = \Phi + \varphi \quad \text{und} \quad v - v_0 = -\frac{g}{a}(\Phi - \varphi)$$

lauten, zutreffend. Die Funktionswerte $\Phi$ und $\varphi$ werden aufgrund der Randbedingungen ermittelt.

Ausgehend von den Verhältnissen am Einlauf ($l = L$ und $y = y_0$) folgt $\Phi = -\varphi$ und mit $t + \frac{L}{a} = t_i$ wird sodann

$$\Phi\left(t_i - \frac{2L}{a}\right) = \Phi\left(t_i - t_R\right) = -\varphi\left(t_i\right)$$

erhalten. Für einen beliebigen Ort in der Leitung gilt dann $t_i = t + \frac{l}{a}$ und somit

$$\Phi\left(t + \frac{l}{a} - \frac{2L}{a}\right) = \Phi\left(T - \frac{l}{a}\right) = -\varphi\left(t + \frac{l}{a}\right)$$

oder (7.34)

$$\Phi\left(t_i - t_R\right) = -\varphi\left(t_i\right).$$

Die Funktion $\Phi$ kennzeichnet den Überdruck des direkten Stoßes zur Zeit $T = t - 2(L - l)/a$. Die Funktion $\varphi$ des Reaktionsstoßes besitzt in jedem Querschnitt zu einer bestimmten Zeit denselben Absolutwert, den die Funktion $\Phi$ des direkten Stoßes dort um $\Delta t = 2(L - l)/a$ Sekunden früher hatte. Die Größe $\Delta t$ ist, wie schon erwähnt wurde, die Laufzeit, die eine Druckvariation vom Querschnitt $l$ bis zum Becken und wieder zurück zum Orte $l$ benötigt. Unter Berücksichtigung dieser Beziehungen gehen die Lösungsgleichungen über in

$$y - y_0 = \Phi\left(t - \frac{l}{a}\right) - \Phi\left(T - \frac{l}{a}\right)$$

und (7.35)

$$v - v_0 = -\frac{g}{a}\left[\Phi\left(t - \frac{l}{a}\right) + \Phi\left(T - \frac{l}{a}\right)\right].$$

Für den Querschnitt $l = L$ wird aufgrund dieser Gleichungen sodann

$$y = y_0 \quad \text{und} \quad v = v_0 - \frac{2g}{a}\Phi\left(t - \frac{L}{a}\right) \qquad (7.36)$$

erhalten. Für die Verhältnisse am Orte $l = 0$ folgen die Gleichungen

$$\begin{aligned} \overline{y} &= y_0 + \Phi(t) - \varphi(t) \\ \frac{a}{g}\overline{v} &= \frac{a}{g} v_0 - \Phi(t) - \varphi(t) \end{aligned} \tag{7.37}$$

und nach Addition

$$\overline{y} + \frac{a}{g}\overline{v} = y_0 + \frac{a}{g} v_0 - 2\varphi = y_{max} - 2\varphi . \tag{7.38}$$

Hieraus und weiterhin nach Gleichung (7.29) folgt beim Schließen des Absperrorganes

$$\overline{v}^2 = \frac{g^2}{a^2}(y_{max} - 2\varphi - \overline{y})^2 = 2 g \overline{y} \frac{\alpha^2}{(1 - \alpha^2)}$$

und nach Umstellung mit Berücksichtigung des Ausdruckes für $\lambda = \lambda(t)$ nach Gleichung (7.32) wird die Beziehung

$$\overline{y}^2 - 2\overline{y}(y_{max} - 2\varphi + \lambda) + (y_{max} - 2\varphi)^2 = 0 \tag{7.39}$$

erhalten. Der Aufbau dieser Gleichung entspricht demjenigen von Gleichung (7.32), lediglich steht anstelle von $y_{max}$ hier der Ausdruck $y_{max} - 2\varphi$.

Wenn die Schließbewegung vor dem vollständigen Abschluß aufhört, so gilt von diesem Zeitpunkt an $\alpha = \alpha(t) = \text{const}$. Das Veränderlichkeitsgesetz von $\overline{y}$ ist nun lediglich abhängig von den Funktionswerten $\Phi(t)$, die in der Periode $2\,L/a$ Sekunden vor dem Stillstehen des Abschlußvorganges vorhanden waren.

Bei geschlossenem Absperrorgan, d. h. für Zeiten $t \geq t_s$, ist $\alpha(t) = 0$ und nach Gleichung (7.39) folgt sodann

$$\overline{y} = y_{max} - 2\varphi . \tag{7.40}$$

Sinngemäß gilt in diesem Falle die Beziehung

$$\Phi(t) + \Phi\left(t - \frac{2L}{a}\right) = \frac{a}{g} v_0 = y_{max} - y_0 . \tag{7.41}$$

Hiernach ist die Summe der Funktionswerte für zwei um den Betrag 2L/a differierende Argumente konstant. Die Funktion Φ der letztgenannten Gleichung (7.41) ist demnach eine periodische Funktion. Somit muß auch die Funktion y eine gleichartige Funktion sein, d. h. von der Zeit $t = t_s$ an einen oszillierenden Charakter haben.

Druck- und Geschwindigkeitsverlauf an den Orten $l = 0$, $l = \frac{L}{2}$ und $l = L$ für den Fall des linearen vollständigen Schließens sind in Figur 7-13 dargestellt.

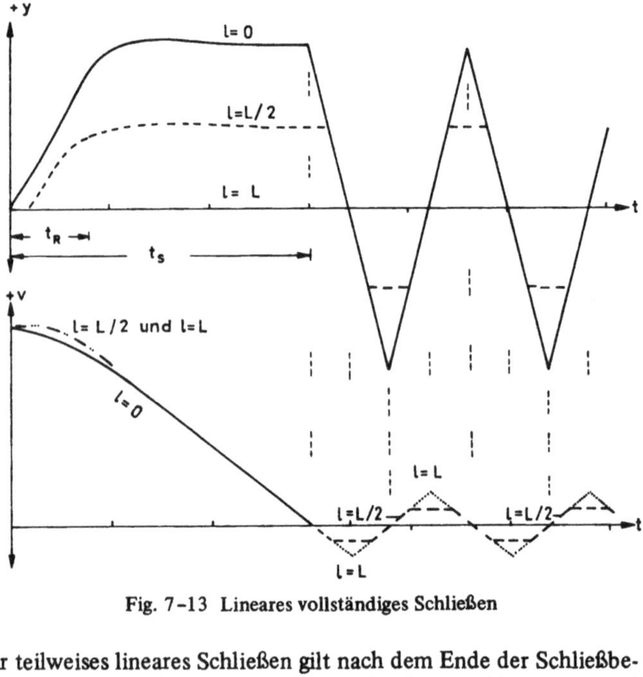


Fig. 7-13 Lineares vollständiges Schließen

Für teilweises lineares Schließen gilt nach dem Ende der Schließbewegung, d. h. für Zeiten $t > t_s$, der Ausdruck $\alpha = \alpha(t) = \text{const}$, wobei $\alpha(t) > 0$ ist. Die vorgenannten Formeln sind entsprechend anwendbar.

### 7.2.1.4 Kettengleichungen

Die Allievischen Kettengleichungen gelten ebenso nur für einfache Druckleitungen, die von einem großen Becken wegführen (Fig. 7-9).

Am Rohreinlauf, d. h. am Orte $l = L$ oder $x = 0$, wird gemäß der Bedingung $y = y_0$ nach Gleichung (7.18)

$$\varphi\left(t + \frac{L}{a}\right) = -\Phi\left(t - \frac{L}{a}\right)$$

erhalten. Die primäre Welle behält ihre Größe bei, ändert aber mit der Reflexion die Bewegungsrichtung. In der Schreibweise

$$t = t_i - \frac{L}{a} \quad \text{folgt} \quad \varphi(t_i) = -\Phi(t_i - t_R) \quad \text{mit} \quad t_R = \frac{2L}{a}.$$

Die Funktionswerte sind also um eine Phase verschoben. Wird zu Beginn der Störung die Zeit $t = 0$ gesetzt, so folgen die Druckstöße zu den Hauptzeiten

$$0,\ t_R,\ 2t_R,\ 3t_R, \ldots, nt_R.$$

Für den Ausgangsquerschnitt ($l = 0$) gelten nach den Gleichungen (7.18) und (7.19) mit der vereinfachten Schreibweise $\Phi(t_i) = \Phi_i$ die Ausdrücke

$$\overline{y}_i = y_i = y_0 + \Phi_i + \varphi_i = y_0 + \Phi_i - \Phi_{i-1}$$

und (7.42)

$$\overline{v}_i = v_i = v_0 - \frac{g}{a}(\Phi_i - \varphi_i) = v_0 - \frac{g}{a}(\Phi_i + \Phi_{i-1})$$

Nach Addition von zwei aufeinanderfolgenden Gleichungen der Druckhöhe, und zwar $y_{i-1}$ und $y_i$ wird

$$y_i + y_{i-1} = 2y_0 + (\Phi_i - \Phi_{i-2})$$

und durch Subtraktion der entsprechenden Gleichungen der Geschwindigkeit

$$v_i - v_{i-1} = -\frac{g}{a}(\Phi_i - \Phi_{i-2})$$

erhalten. Durch Elimination der Funktionsgrößen folgt

$$y_{i-1} + y_i - 2y_0 = \frac{a}{g}(v_{i-1} - v_i)\,. \tag{7.43}$$

Die verketteten Reihen von Allievi gelten für Druck und Geschwindigkeit am unteren Ende ($l = 0$) einer einfachen Druckleitung.

Weiterhin ist noch eine Beziehung zwischen Druck und Geschwindigkeit am Orte $l = 0$ erforderlich. Ausgehend von Gleichung (7.29) gilt für die Austrittsgeschwindigkeit

$$v_a = \sqrt{2g(y+k)} = \sqrt{2gy\left(1+\frac{k}{y}\right)}$$

wobei in vereinfachter Schreibweise wiederum $\overline{y} = y$ und $\overline{v} = v$ bzw. $\overline{k} = k$ gesetzt wurde. Aufgrund der allgemeinen Beziehung

$$v = v_a\,\frac{f}{F} \quad \text{und der Annahme} \quad \sqrt{1+\frac{k_i}{y_i}} \Big/ \sqrt{1+\frac{k_0}{y_0}} = 1$$

wird sodann für das Verhältnis der Geschwindigkeiten

$$\frac{v_i}{v_0} = \frac{f_i}{f_0}\sqrt{\frac{y_i}{y_0}} = \sigma_i\sqrt{\frac{y_i}{y_0}} \tag{7.44}$$

erhalten. Die Zahl $\sigma = \sigma(t)$ stellt den relativen Öffnungsgrad des Abschlußorganes, d. h. die Schließ- und Öffnungsfunktion dar. Bei stationärem Abflußvorgang gilt $\sigma_i = \sigma_0 = 1$. Mit den Relativwerten für Druck und Überdruck

$$\zeta_i^2 = \frac{y_i}{y_0} \quad \text{und} \quad \zeta_i^2 - 1 = \frac{y_i - y_0}{y_0} \tag{7.45}$$

sowie der sogenannten Rohrcharakteristik, auch Allievi-Zahl genannt,

$$\rho = \frac{a\,v_0}{2\,g\,y_0} \tag{7.46}$$

folgt nach Umformung aus Gleichung (7.43) der Ausdruck

$$\zeta_{i-1}^2 + \zeta_i^2 - 2 = 2\rho\,(\sigma_{i-1}\zeta_{i-1} - \sigma_i\zeta_i)\,. \tag{7.47}$$

In Einzelschreibweise lauten die Gleichungen dann

$$\zeta_1^2 - 1 = 2\rho\,(\sigma_0\zeta_0 - \sigma_1\zeta_1)$$
$$\zeta_1^2 + \zeta_2^2 - 2 = 2\rho\,(\sigma_1\zeta_1 - \sigma_2\zeta_2)$$
$$\zeta_2^2 + \zeta_3^2 - 2 = 2\rho\,(\sigma_2\zeta_2 - \sigma_3\zeta_3)$$
$$\vdots$$

Zu jeder Zeit t kann der Druck $y_i = y_0\,\zeta_i^2$ am unteren Ende der Leitung (Ort $l = 0$, d. h. $x = L$) angegeben werden, wenn die Schließfunktion $\sigma = \sigma(t)$ bekannt ist. Für $t = 0$ sind $\sigma = \sigma_0 = 1$ und $\zeta = \zeta_0 = 1$.

In den folgenden Betrachtungen wird noch die Beziehung für die relative Schließ- bzw. Öffnungszeit

$$\tau = t_s/t_R \tag{7.48}$$

eingeführt, d. h. die Verhältniszahl zwischen Schließzeit und Reflexionszeit.

Für plötzliches vollständiges Schließen gilt am Orte $l = 0$ in der ersten Phase mit $\zeta_0 = \sigma_0 = 1$ und $\sigma_1 = 0$ die Beziehung

$$\zeta_1^2 = 1 + 2\rho \quad \text{d. h.} \quad y_1 = y_0 + \frac{a}{g}\,v_0\,.$$

Die Verhältnisse der zweiten Phase werden mit $\zeta_1^2 = 1 + 2\rho$ und $\sigma_2 = \sigma_1 = 0$ durch

$$\zeta_2^2 = 1 - 2\rho \quad \text{d. h.} \quad y_2 = y_0 - \frac{a}{g}\,v_0$$

erfaßt. Die Ausdrücke für die Extremwerte lauten

$$y_{max} = y_0 + \frac{a}{g}\,v_{0\,max} \quad \text{und} \quad y_{min} = y_0 - \frac{a}{g}\,v_{0\,max}\,.$$

Aus der graphischen Darstellung (Fig. 7-14) ist der Druckverlauf außer am Leitungsende ($l = 0$) noch in Leitungsmitte ($l = L/2$) zu ersehen. Am Leitungsbeginn ($l = L$) bleibt $y = y_0$.

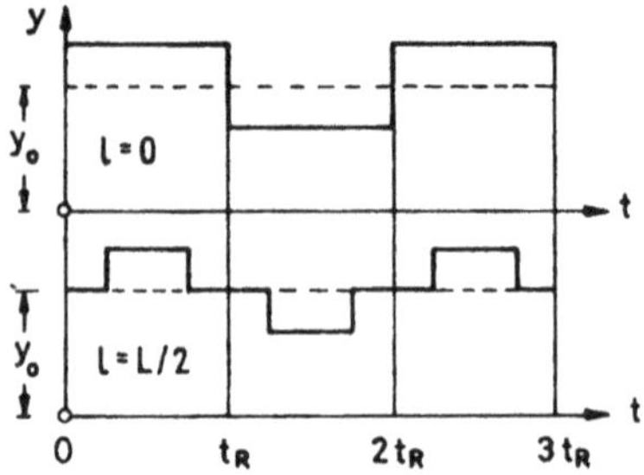


Fig. 7-14 Plötzliches vollständiges Schließen

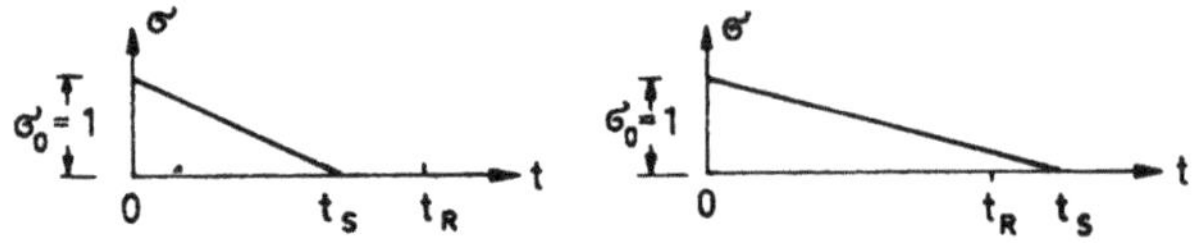


Fig. 7-15 Lineares vollständiges Schließen

Für lineares vollständiges Schließen ist zunächst zu beachten, daß $t_s < t_R$ d. h. $\tau < 1$ oder $t_s > t_R$ d. h. $\tau > 1$ sein kann (Fig. 7-15).

Im ersten Fall ($t_s < t_R$) gilt für Zeiten $t \leq t_s$ mit $\sigma_0 = \zeta_0 = 1$ sodann

$$\zeta_1^2 - 1 = 2\rho\,(1 - \sigma_1 \zeta_1)\,.$$

Nach dem Schließgesetz ist $\sigma_1 = \sigma\,(t)$ gegeben. Somit kann

$$\zeta_1 = \zeta\,(t) = -\rho\,\sigma_1 \underset{(-)}{+} \sqrt{\rho^2\,\sigma_1^2 + 2\rho + 1}$$

bestimmt werden. Für Zeiten $t_s < t < t_R$ ist auch $\sigma_1 = 0$. Aus der Beziehung

$$\zeta_1^2 - 1 = 2\rho$$

ist zu erkennen, daß der maximale Druckstoß auftritt, der seinen Größtwert mit $v_0 = v_{0\,max}$ erreicht.

Im zweiten Fall ($t_s > t_R$) folgen für Zeiten $t \leq t_R$ mit $\sigma_0 = \zeta_0 = 1$ wiederum die hierzu bereits genannten Gleichungen. Am Ende der ersten Phase ($t = t_R$) gilt die Beziehung

$$\sigma_1 = 1 - \frac{t_R}{t_s} = 1 - \frac{1}{\tau} .$$

Für Zeiten $t_R < t < t_s$ trifft die Reflexionswelle am Abschlußorgan ($l = 0$) ein, bevor dasselbe vollständig geschlossen ist. Es erfolgt also eine Überlagerung der beiden Wellen. Von Allievi wurde gezeigt, daß die $\zeta$-Werte einem Mittel- oder Endwert $\zeta_m$ zustreben. Mit $\zeta_{i-1} = \zeta_i = \zeta_m$ geht Gleichung (7.47) über in

$$\zeta_m^2 - 1 = \frac{\rho}{\tau} \zeta_m .$$

Danach wird

$$\zeta_m = \frac{\rho}{2\tau} \overset{+}{(-)} \sqrt{\left(\frac{\rho}{2\tau}\right)^2 + 1}$$

erhalten. Der größte Wert des Druckstoßes kann sowohl am Ende der ersten Phase, als auch zu einem späteren Zeitpunkt auftreten. Deshalb muß festgestellt werden, welcher der beiden Relativwerte $\zeta_1$ oder $\zeta_m$ größer ist. Für $\tau > 3{,}5$ und $\rho < 1$ ist $\zeta_1$ und für $\rho > 1{,}1$ ist $\zeta_m$ maßgebend. Für Zeiten $t > t_s$ sollen nach dem vollständigen Abschluß die Betrachtungen für $t = 0$, $t_R$, $2\,t_R$ usw. mit den entsprechenden Bezeichnungen m, m + 1, m + 2 usw. erfolgen. Damit wird nach Gleichung (7.47) unter Beachtung von $\sigma = 0$ die Beziehung

$$(\zeta_{m+i}^2 - 1) + (\zeta_{m+i+1}^2 - 1) = 0$$

erhalten. Die Absolutwerte von positivem und negativem Druck bleiben gleichgroß (Fig. 7-16), weil Deformationsarbeit und Druckverlust nicht berücksichtigt sind. Dies bedeutet, daß die Größe der auftretenden Druckänderung richtig ermittelt wird; der zeitliche Verlauf der relativ rasch abklingenden Amplituden ist dabei jedoch nicht erfaßt.

Für lineares teilweises Schließen ist immer $|\zeta_i - 1| < |\zeta_m - 1|$. Ausgehend von der Rohrcharakteristik sind zwei Möglichkeiten zu unterscheiden (Fig. 7-17), und zwar für Verhältnisse mit $\rho \ll 1$ ein periodisch abnehmender Druckverlauf und für $\rho \gg 1$ ein asymptotischer Übergang zum neuen Betriebsdruck.

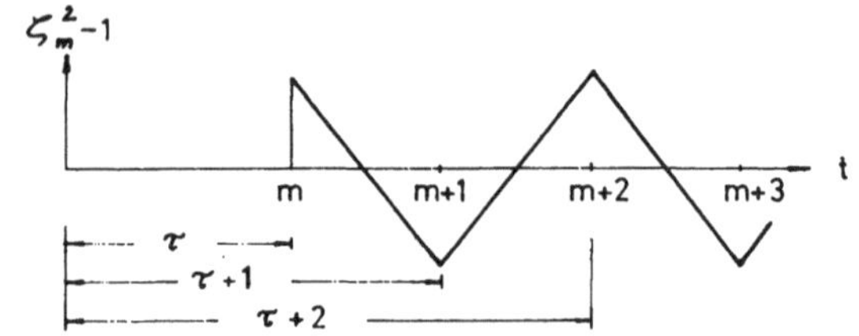


Fig. 7-16 Druckverhältnisse nach vollständigem Abschluß

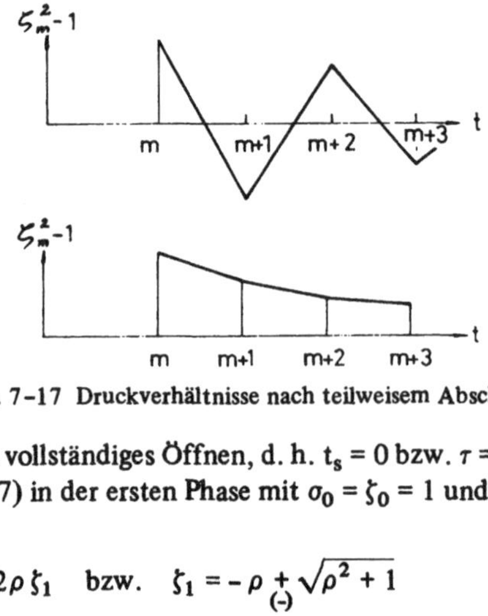


Fig. 7-17 Druckverhältnisse nach teilweisem Abschluß

Für plötzliches vollständiges Öffnen, d. h. $t_s = 0$ bzw. $\tau = 0$ gilt nach Gleichung (7.47) in der ersten Phase mit $\sigma_0 = \zeta_0 = 1$ und $\sigma_1 = 1$ die Beziehung

$$\zeta_1^2 = 1 - 2\rho\,\zeta_1 \quad \text{bzw.} \quad \zeta_1 = -\rho \underset{(-)}{+} \sqrt{\rho^2 + 1}$$

und für die Verhältnisse der zweiten Phase wird mit $\sigma_2 = \sigma_1 = 1$ und $\zeta_1^2 = 1 - 2\rho\,\zeta_1$ sodann

$$\zeta_2^2 = 1 + 2\rho\,(2\zeta_1 - \zeta_2) \quad \text{bzw.} \quad \zeta_2 = -\rho \underset{(-)}{+} \sqrt{\rho^2 + 4\rho\,\zeta_1 + 1}$$

erhalten.

Für lineares vollständiges Öffnen ist wiederum zu beachten, daß $t_s < t$ d. h. $\tau < 1$ oder $t_s > t$ d. h. $\tau > 1$ sein kann (Fig. 7-18).

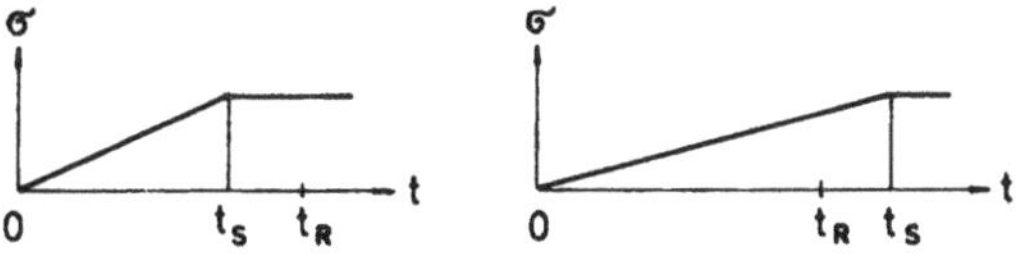


Fig. 7-18 Lineares vollständiges Öffnen

Im ersten Falle ($t < t_R$) gelten die Beziehungen

$$\zeta_1^2 + 2\rho\,\sigma_1\zeta_1 - 1 = 0 \quad \text{für} \quad t \leq t_s$$

sowie

$$\zeta_1^2 + 2\rho\,\zeta_1 - 1 = 0 \quad \text{für} \quad t_s < t < t_R$$

und im zweiten Falle ($t_s > t_R$) die Ausdrücke

$$\zeta_1^2 + 2\rho\,\sigma_1\zeta_1 - 1 = 0 \quad \text{für} \quad t \leq t_R$$

sowie

$$\zeta_1^2 + \zeta_2^2 - 2\rho\,(\sigma_1\zeta_1 - \sigma_2\zeta_2) - 2 = 0 \quad \text{für} \quad t_R < t < t_s\,.$$

Am Ende der ersten Phase ($t = t_R$) ist $\sigma_1 = 1/\tau$.

### 7.2.2 Erweitertes Verfahren

In einer Druckleitung sind bei Belastungsänderungen alle mit der Bewegung in Zusammenhang stehenden Größen von Ort und Zeit abhängig (Fig. 7-19). Unverändert, d. h. lediglich vom Ort abhängig,

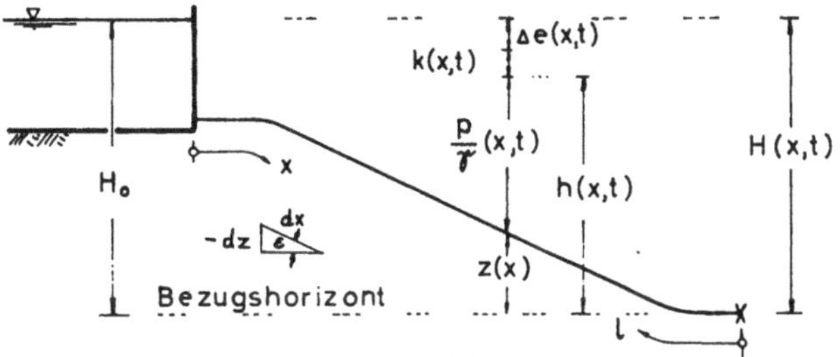


Fig. 7-19 Bezeichnungen

bleiben die Höhe $z = z(x)$ sowie die Mittelwerte von Querschnittsfläche $F = F(x)$ und Wandstärke $s = s(x)$.

Aufgrund der Gleichgewichtsbedingung in axialer Richtung folgt der Ausdruck

$$\frac{1}{gF}\frac{\partial Q}{\partial t} + \frac{\partial H}{\partial x} = 0 = \frac{1}{g}\frac{\partial v}{\partial t} + \frac{\partial H}{\partial x} . \tag{7.49}$$

Hierbei gilt für die Höhenfunktion

$$H = H(x, t) = z + \frac{p}{\gamma} + \frac{v^2}{2g} + \Delta e = h + k + \Delta e$$

mit dem Ausdruck für die gesamte Verlusthöhe

$$\Delta e = \Sigma \, \Delta e = \frac{v\,|v|}{2g}\left(\lambda \frac{x}{d} + \Sigma \, \zeta\right)$$

oder bei Berücksichtigung der zusätzlichen Verlusthöhen mit einem entsprechend größeren Reibungsbeiwert in der Form

$$\Delta e = \int_0^x \frac{\lambda}{d} \frac{v\,|v|}{2g} dx .$$

Die andere Beziehung, wonach der Volumenunterschied infolge Geschwindigkeitsänderung gleich sein muß dem Volumen infolge Zusammendrückbarkeit der Flüssigkeit bei Drucksteigerung und demjenigen infolge Dehnung des Rohres, lautet

$$\frac{\partial Q}{\partial x} + \frac{gF}{a^2}\frac{\partial h}{\partial t} = 0.$$

Mit den Voraussetzungen $Q\,\partial Q/\partial t \ll a^2 F^2$ und $\Delta e \ll H$ geht dieser Ausdruck über in

$$\frac{\partial Q}{\partial x} + \frac{gF}{a^2}\frac{\partial H}{\partial t} = 0 = \frac{\partial v}{\partial x} + \frac{g}{a^2}\frac{\partial H}{\partial t} . \tag{7.50}$$

Darin entspricht die Beziehung

$$a = \sqrt{\frac{g/\gamma}{\frac{1}{E_F} + \frac{d}{s}\frac{c}{E_R}}} \qquad (7.51)$$

wiederum der Fortpflanzungsgeschwindigkeit der Druckwelle, wobei der Faktor c von der Querdehnungszahl m, d. h. dem Verhältnis zwischen Längsdehnung und Umfangsdehnung des frei beweglichen Rohres, abhängig ist. Sind keine Einzelangaben vorhanden, so wird $c = 1$ gesetzt.

Es ist ebenso gebräuchlich für die Höhenfunktion den Ausdruck

$$H = H(x, t) = \frac{p}{\gamma} - \frac{p_s}{\gamma} + \frac{v^2}{2g} + \Delta e$$

zu setzen, wobei mit $p_s = p(x)$ der statische Druck, d. h. derjenige zwischen Ruhelagewasserspiegel und Rohrachse, bezeichnet ist. Somit ist die Größe H (x, t) auf die Piezometerlinie bei stationärer Bewegung bezogen.

Die erhaltenen Differentialgleichungen sind naturgemäß im Aufbau denjenigen von Allievi ähnlich. Für die Funktionen

$$\Phi\left(t - \frac{L - x}{a}\right) \quad \text{und} \quad \varphi\left(t + \frac{L - x}{a}\right)$$

sind die Ausdrücke

$$\Phi\left[t - \left(\int_0^L \frac{dx}{a} - \int_0^x \frac{dx}{a}\right)\right] \quad \text{und} \quad \varphi\left[t + \left(\int_0^L \frac{dx}{a} - \int_0^x \frac{dx}{a}\right)\right]$$

zu setzen, wenn die Abhängigkeit $a = a(x)$ zu berücksichtigen ist.

Bezüglich der beiden simultanen Ausgangsgleichungen (7.49 und 7.50) ist zunächst festzuhalten, daß eine lineare partielle Differentialgleichung zweiter Ordnung von der allgemeinen Form

$$A\frac{\partial^2 u}{\partial x^2} + B\frac{\partial^2 u}{\partial x\,\partial y} + C\frac{\partial^2 u}{\partial y^2} + D\frac{\partial u}{\partial x} + E\frac{\partial u}{\partial y} + F\,u + G = 0$$

entsprechend dem Vorzeichen der Diskriminante

$$\delta = B^2 - A\,C$$

als hyperbolisch ($\delta > 0$), parabolisch ($\delta = 0$) und elliptisch ($\delta < 0$) bezeichnet wird. Zur Feststellung, von welchem Typ die vorgenannten Gleichungen sind, kann zur Vereinfachung der Einfluß von Verlust- und Geschwindigkeitshöhe vernachlässigt werden. Werden die Bewegungsgleichung nach x und die Kontinuitätsgleichung nach t differenziert, so folgt als Unterschied der beiden Ausdrücke (Gl. 7.21) die Beziehung

$$\frac{\partial^2 h}{\partial x^2} - \frac{1}{a^2}\frac{\partial^2 h}{\partial t^2} = 0\,.$$

Daraus ist über die Größe $\delta = 1/a^2$ sofort ersichtlich, daß der Gleichungstyp hyperbolisch ist. Somit stellt die Anwendung des Charakteristikenverfahrens eine weitere Lösungsart dar.

# 8. Abfluß bei beweglicher Sohle

Die Behandlung des Abflusses in Gerinnen mit beweglicher Sohle und Feststofftransport wird allgemein als Flußhydraulik bezeichnet. Die wesentlichen Probleme sind Schwebstoff-Führung, Geschiebetrieb und Kolkbildung. Schwebstoff- und Geschiebeführung sind im allgemeinen auch von der Wasserführung abhängig, d. h. sie treten nur bei bestimmten Abflußverhältnissen auf. Dies gilt vor allem für natürliche Gerinne, kann aber auch für künstliche Gerinne mit unbefestigter Sohle zutreffen.

Beobachtungen und Aufzeichnungen hierzu stammen schon von Leonardo da Vinci. Richtungsweisend waren u. a. auch die Arbeiten von P. Frisi, L. G. Du Buat, J. G. Tulla, L. Fargue, P. du Boys und F. Kreuter.

## 8.1 Schwebstofftransport

Schwebstoffe, auch Schweb genannt, werden im Wasserstrom auf lange Strecken mitgeführt. Schwebstoffdichte bzw. spezifische Trübung, Schwebstoffmenge je Zeiteinheit und Schwebstoff-Fracht sind die charakteristischen Bestimmungsgrößen.

Die Messung der Schwebstoffmenge kann durch die Bestimmung der Dichte und Trübung sowie durch die der Auflandungen an Flußmündungen am Meer, in Seen und Speichern erfolgen. Die Schwebstoffdichte nimmt bei anlaufendem Hochwasser zu und klingt bei abschwellender Wasserführung ab. Sie ist über den Fließquerschnitt keineswegs gleichmäßig verteilt und bleibt auch bei unverändertem Wasserstand nicht konstant. Die Bewegung der im Wasser schwebenden bzw. langsam sinkenden Feststoffteilchen kann nach der Theorie von G. Stokes erfaßt werden, die von M. Ghali hierzu erweitert wurde. Zudem haben einschlägige Untersuchungen u. a. M. P. O'Brien, H. Rouse, E. W. Lane und A. Kalinske sowie S. Hayami durchgeführt.

## 8.2 Geschiebetransport

### 8.2.1 Schleppkraft und Schleppspannung

Bei der Strömung in offenen Gerinnen (Fig. 4-1 u. 4-3) wird die treibende Kraft auch als Schleppkraft bezeichnet. Für einen betrachteten Abschnitt gilt dann

$$P = G \sin \epsilon = \gamma F l J = \gamma U R l J .$$

Bezogen auf die Flächeneinheit des Bettes folgt als Schubspannung der Ausdruck

$$\tau = \frac{P}{U l} = \gamma R J \approx \gamma y J . \tag{8.1}$$

Diese Formel geht auf L. G. Du Buat und P. du Boys zurück. Unter Verwendung der Geschwindigkeitsformel von Brahms–Chézy

(Gl. 1.37) kann dafür auch

$$\tau = \gamma \frac{v^2}{C^2} \tag{8.2}$$

gesetzt werden. Eine Reduzierung des benetzten Umfanges um die Länge der Seitenwandungen wird im allgemeinen nicht vorgenommen, weil sie bei natürlichen Gerinnen ($b \gg y$) unbedeutend ist und die Größe der Schleppspannung ohnehin nur als Anhalt zur Beurteilung der Verhältnisse dienen kann. Je nach Art und Zusammensetzung des Sohlenmaterials wird bei Überschreitung eines bestimmten Grenzwertes die Geschiebebewegung einsetzen. Diese Grenzschleppkraft am Beginn der Materialbewegung ist naturgemäß größer als der Wert am Ende des Materialtransportes.

Ist die Größe der Grenzschleppspannung $\tau_c$ für eine Gerinnestrecke bekannt, so kann ohne weiteres angegeben werden, bei welchem Wasserstand bzw. welcher mittleren Fließgeschwindigkeit und Wasserführung der Geschiebetrieb beginnt.

Nach H. Kramer folgt aufgrund seiner Arbeit über Modellgeschiebe und Schleppkraft für die Grenzschleppspannung die Beziehung

$$\tau_c = \frac{100}{6} \frac{(\gamma_K - \gamma)}{M} d\,. \tag{8.3}$$

Hierbei sind mit $\gamma_K$ das spezifische Gewicht des Geschiebes, mit d der mittlere Korndurchmesser und mit M der Körnungsmodul nach der Mischungslinie bezeichnet (Fig. 8-1). Von H. Casey wurde festgestellt, daß für Mischungsverhältnisse mit $M > 1/3$ der mittlere

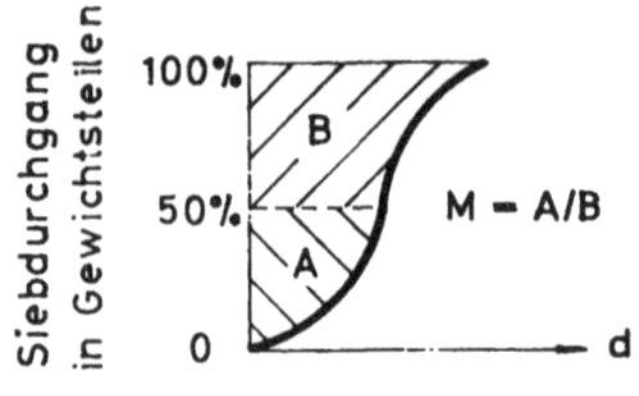


Fig. 8-1 Mischungslinie

Korndurchmesser $d_{50}$ als maßgebend für den Bewegungsbeginn eingesetzt werden kann.

Von A. Shields wird der hydraulische Radius auf den der Sohle zugeordneten Querschnittsteil reduziert und sodann für die Schleppspannung

$$\tau = \gamma R_s J \tag{8.4}$$

gesetzt. Dabei gilt bei Rechtecksprofilen

$$R_s = y - \frac{y^2}{b} \quad \text{für} \quad y \leq b/2 .$$

Aufgrund von Versuchsergebnissen hat er den sogenannten Schleppspannungsbeiwert als Funktion der Reynoldszahl des Kornes aufgetragen und den Bereich der Grenzschleppspannung, d. h.

$$\frac{\tau_c}{(\gamma_K - \gamma)\, d} = f\left(\frac{v_* d}{\gamma}\right) = f(Re_K) \tag{8.5}$$

angegeben (Fig. 8-2). Hierbei gilt für die Schub- bzw. Schleppspannungsgeschwindigkeit

$$v_* = \sqrt{\tau/\rho} = \sqrt{g R_s J} .$$

Der mittlere Korndurchmesser ist aus der Mischungskurve zu ermitteln. Als Beharrungszustand der Bettausbildung treten im Bereich

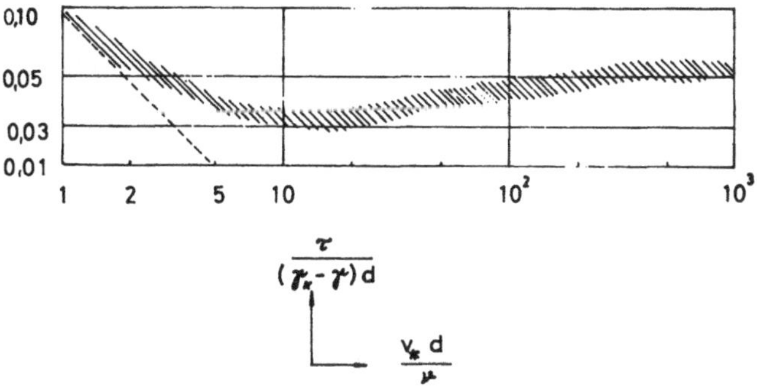


Fig. 8-2 Diagramm von A. Shields

$Re_K < 5$ Riffeln auf, bei $Re_K \approx 10$ kurze Bänke, im Bereich $Re_K \approx 50$ lange Bänke und bei $Re_K > 100$ sind flache Bettunebenheiten vorhanden. Für $Re_K > 500$ ist auch um die Körner eine ausgebildete Rauhigkeitsströmung festzustellen; der Schleppspannungsbeiwert ist im dargestellten Bereich mit $\tau_c/(\gamma_K - \gamma)\,d \approx 0{,}06$ von konstanter Größe.

Eine ebenfalls dimensionslose Darstellungsweise für die Definition des Beginnes der Geschiebebewegung hat R. Bonnefille gegeben.

### 8.2.2 Geschiebetrieb

Einfache Beziehungen für den sekundlichen Geschiebetransport je Breitenmeter sind von der Art

$$g_* = a\,\gamma\,(q - q_0)\,. \tag{8.6}$$

Hierbei sind a ein Proportionalitätsfaktor, der von Art und Größe des Materiales und vom Gefälle abhängig ist, und $q_0$ der Abfluß je Breitenmeter bei Beginn der Geschiebebewegung. Einzelangaben hierzu stammen von A. Schoklitsch. Ähnliche Formeln bestehen mit der proportionalen Abhängigkeit vom Unterschied zwischen den betreffenden Wasserständen oder den Schub- bzw. Schleppspannungen.

Wenn die Bettausbildung zu sogenannten Bänken oder sanften Unebenheiten neigt, gibt A. Shields für den Geschiebetrieb die empirische Formel

$$\frac{G}{Q}\left(\frac{\gamma_K - \gamma}{\gamma J}\right) = 10\,\frac{\tau - \tau_c}{(\gamma_K - \gamma)\,d} \tag{8.7}$$

wobei G/Q das Gewichtsverhältnis des Geschiebetriebes zur Wasserführung ausdrückt.

Die erste von E. Meyer-Peter und seinen Mitarbeitern veröffentlichte Formel für Bette mit gewöhnlichem Kies lautet

$$q^{2/3}\,J = a\,d + b\,g_*^{2/3}\,. \tag{8.8}$$

Die sekundliche Geschiebemenge je Breitenmeter ist auf Trockengewicht bezogen. Wird auch der Korndurchmesser in Metern eingesetzt, dann sind a = 0,17 und b = 0,004. Die allgemeinere Geschiebetrieb-Formel wurde von E. Meyer-Peter und R. Müller in der Form

$$\gamma R_s J = \gamma \frac{Q_s}{Q} \left(\frac{K_s}{K}\right)^{3/2} y J$$

$$= 0{,}047\,(\gamma_K - \gamma)\, d_m + 0{,}25\,\left(\frac{\gamma}{g}\right)^{1/3} g_*^{2/3} \qquad (8.9)$$

aufgestellt. Hierbei ist für $g_*$ das Gewicht unter Wasser berücksichtigt und für den maßgebenden Korndurchmesser ist $d_m = d_{90}$ einzusetzen. Mit dem Index (s) sind die auf die Gerinnesohle bezogenen Anteile bezeichnet. Danach gelten bei Rechtecksprofilen für Rauhigkeitswert und Wasserführungen die Beziehungen

$$K_s = \frac{K\,K_w\,b^{2/3}}{[b\,K_w^{3/2} + 2y\,(K_w^{3/2} - K^{3/2})]^{2/3}}$$

und

$$Q_s = b\,q_s = b\,Q\,\frac{K_w^{3/2}}{2y\,K_s^{3/2} + b\,K_w^{3/2}}$$

wobei mit $K_w$ der Rauhigkeitswert der Wandung und mit $K = 1/n$ der über den gesamten benetzten Umfang gemittelte Rauhigkeitswert bezeichnet sind. Für den hydraulischen Radius und für die Schleppspannung folgt sodann

$$R_s = \frac{Q_s}{b\,v} = \frac{Q_s}{Q}\,y \quad \text{und} \quad \tau = \gamma R_s J = \gamma \frac{Q_s}{Q}\,y\,J\,.$$

Bei sehr breiten Fließquerschnitten ($b \gg y$) wird naturgemäß $Q_s/Q = 1$. Nach der Gauckler–Manning–Stricklerschen Formel gelten für das gesamte Gefälle, soweit es für den Geschiebetrieb in Frage kommt, und für das durch die Kornrauhigkeit allein bedingte Reibungsgefälle die Beziehungen

$$J = \frac{v^2}{K_s^2 R_s^{4/3}} \quad \text{und} \quad J_K = \frac{v^2}{K_K^2 R_s^{4/3}}$$

so daß zunächst $J_K/J = (K_s/K_K)^2$ erhalten wird. Aufgrund der Auswertung zahlreicher Versuche wurde der Exponent mit 3/2 eingeführt, wobei $K_K = 26/d_m^{1/6}$ gesetzt war. Wird nach Strickler $K_s = 21/d_m^{1/6}$ eingeführt, so folgt $K_s/K_K = 0{,}8$. Bei ebener Sohle und geringer Geschiebebewegung wird $K_s/K_K = 1$.

Von H. A. Einstein wurde eine Gleichung bezüglich der Wahrscheinlichkeit des Anhebens und Weitertransportes der Körner aufgestellt. Sie lautet

$$W = 1 - \frac{1}{\pi} \int_{-A\Psi-C}^{+A\Psi-C} e^{-t^2}\, dt = \frac{B\,\Phi}{1 + B\,\Phi} \tag{8.10}$$

Hierin sind A und B konstante Größen, C ein Auftriebsfaktor und $\Phi = f(\Psi)$ die Geschiebefunktion mit $\Phi$ als Transportintensität und $\Psi$ als Bewegungsintensität. Den Zusammenhang zwischen den Formeln von Meyer–Peter und Einstein hat N. Chien hergestellt.

Von S. Aksoy wurde gezeigt, daß mehrere Gleichungen über den Geschiebetrieb im Aufbau sehr ähnlich sind. Danach folgt in dimensionsloser Form

$$\frac{g_* \gamma^{1/2}}{\gamma_K (\gamma_K - \gamma)^{1/2} d^{3/2} g^{1/2}} = f\left[\frac{d(\gamma_K - \gamma)}{\tau}\right]. \tag{8.11}$$

Nach C. Erkek ist für natürliche Flußläufe die Beziehung

$$g_* = a\gamma_K \left[(\gamma_K - \gamma)\, d^3\right]^{1/2} \left[\frac{\tau}{(\gamma_K - \gamma)\, d}\right]^{10/3} \tag{8.12}$$

zutreffend. Hierbei kann a = 1 gesetzt werden, wenngleich Erkek a = 0,994 angibt.

## 8.3 Kolke und Kolkformen

Ein Wasserstrom, dem mehr Energie innewohnt als für den Fließvorgang erforderlich ist, wird infolge des vorhandenen Überschusses an Energie das Gerinnebett angreifen. Eine besonders große Energieumwandlung tritt beim Übergang von schießender zu strömender Fließart auf. Dies geschieht beispielsweise unterhalb von Stromschnellen und Wasserfällen sowie unterstrom von Bauwerken mit Überfällen und Auslässen sowie bei Pfeilern. Hierbei entsteht bei unbefestigter Gerinnesohle eine ausgeprägte lokale Vertiefung, die Kolk genannt wird.

Für die Bestimmung der Kolkwassertiefe bestehen verschiedene Formeln von der Art

$$Y = y_K + y_u = A h^{\alpha_1} q^{\alpha_2} d^{\alpha_3} g^{\alpha_4} .$$

Anordnungen und Bezeichnungen sind aus Figur 8-3 zu ersehen. Die Größe A stellt hierbei einen Zahlenfaktor dar. Der maßgebende Korndurchmesser $d = d_m$ wird aus der Mischungslinie bei m% entnommen, d. h. es sind m% kleinere und (100 - m)% größere Anteile vorhanden.

Aufgrund der Ähnlichkeitsbedingungen bestehen für die Exponenten die Beziehungen

$$\alpha_4 = -\frac{\alpha_2}{2} \quad \text{und} \quad \alpha_1 + \frac{3}{2}\alpha_2 + \alpha_3 = 1 .$$

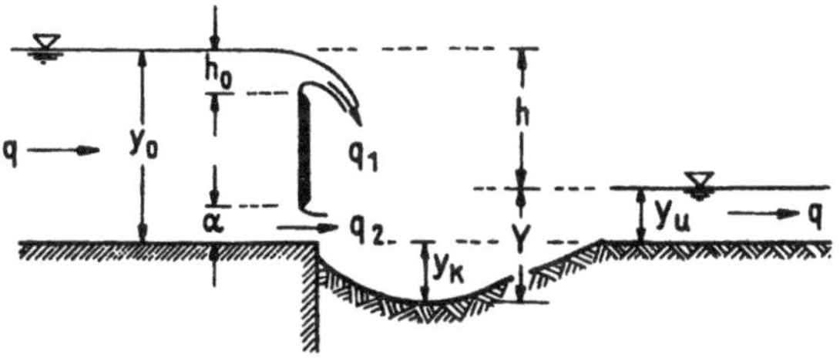


Fig. 8-3 Skizze mit Bezeichnungen

Mit den Größen $\alpha_1 = \frac{1}{2}$ und $\alpha_2 = \frac{2}{3}$, die normalerweise für Abflußvorgänge gelten, lautet, wie der Verfasser schon früher zeigte, die Formel der Kolkwassertiefe

$$Y = y_K + y_u = A\left(\frac{q^2}{g}\right)^{1/3}\left(\frac{h}{d}\right)^{1/2} = A\,y_c\sqrt{\frac{h}{d}} \tag{8.13}$$

wobei $y_c = y\,(q)$ die Grenztiefe (Gl. 4.13) darstellt.

Nach Versuchsergebnissen von W. Eggenberger, R. Müller und S. Shalash wurden für Sande die in Tabelle 8-1 zusammengestellten Größen des Faktors A ermittelt.

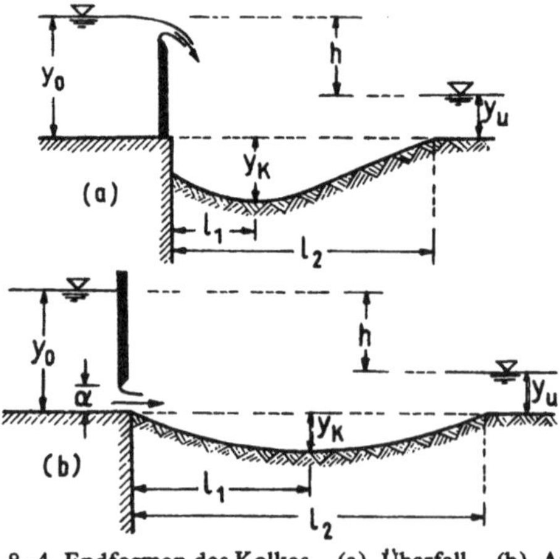


Fig. 8-4 Endformen des Kolkes (a) Überfall (b) Auslaß

Das Längsprofil des Kolkes ist natürlich von der Art des Abflusses abhängig (Fig. 8-4). Beim Überfall können die Längen mit

$$l_1 \approx 0{,}5\,Y \quad \text{sowie} \quad l_2 \approx 1{,}8\,Y$$

und beim Ausfluß mit

$$l_1 \approx 3{,}0\,Y \quad \text{sowie} \quad l_2 \approx 6{,}0\,Y$$

angenommen werden.

| $q_1/q_2$ | $d = d_{90}$ [cm] | Anzahl der Versuche | A |
|---|---|---|---|
| 0 | 0,07 ÷ 1,35 | 26 | 1,0 |
| 1 | 0,35 | 6 | 1,2 |
| 2 | 0,35 | 3 | 1,5 |
| 3 | 0,35 | 2 | 1,8 |
| 4 | 0,35 | 4 | 2,0 |
| ∞ | 0,12 ÷ 0,75 | 29 | ≈ 2,4 |

Tab. 8-1 Versuche mit Sandkörnungen

Im Falle des Ausflusses unter einer Schütze ist A = 1. Mit der Tiefe des kontrahierten Strahles vor der Auskolkung $y_s = \psi a$ folgt in anderer Schreibweise

$$\frac{y_K + y_u}{y_s} = \frac{y_c}{y_s} \sqrt{\frac{h}{d}} = \left(\frac{q^2}{g\, y_s^3}\right)^{1/3} \left(\frac{h}{d}\right)^{1/2} = Fr_s^{2/3} \left(\frac{h}{d}\right)^{1/2} \tag{8.14}$$

wobei mit $Fr_s = v_s/\sqrt{g\, y_s}$ die zugehörige Froudesche Zahl bezeichnet ist.

Die verschiedenen Einflußgrößen auf die Kolkbildung können nach dem Satz von den dimensionslosen Potenzprodukten (s. a. Abschn. 10.2) für ein charakteristisches Tiefenverhältnis, wie zum Beispiel $y_K/y_s$, in funktioneller Abhängigkeit ausgedrückt werden. Wenn für den Ausfluß unter einer Schütze die Zahl der dimensionslosen Parameter auf die wesentlichsten vermindert wird, so gilt

$$\frac{y_K}{y_s} = f\,(Fr_s;\, d_m/y_s)\,.$$

Aus 10 Versuchen im Bereich $2{,}3 \leq Fr_s \leq 6{,}5$ und $0{,}7 \leq d_{90} \leq 13{,}5$ [mm] wurde für diesen Fall von F. Valentin die Beziehung

$$\log\left(\frac{y_K}{y_s}\right) = \frac{Fr - 2{,}0}{4{,}7} - 0{,}55 \log\left(\frac{d_{90}}{y_s}\right) \tag{8.15}$$

gefunden. Die Übereinstimmung zwischen berechneten und experimentellen Werten ist aus dem Diagramm (Fig. 8-5) zu ersehen.

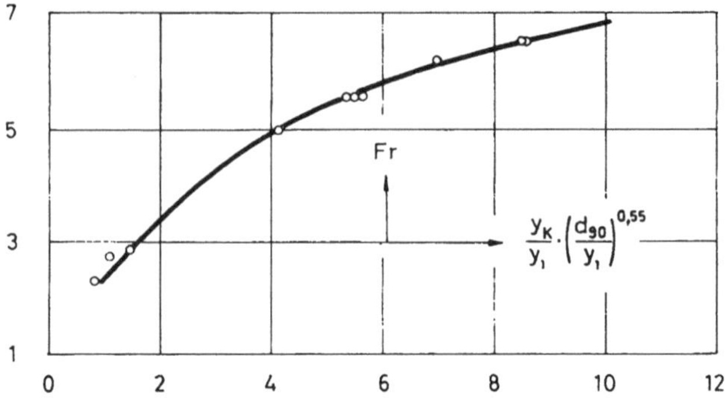


Fig. 8-5 Dimensionslose Darstellung der Kolktiefe

In diesen Versuchen erfolgte bis zur Erreichung des Endzustandes nach der Methode von W. Eggenberger eine regelmäßige Materialentnahme von der Kolkbank. Dadurch wurde eine wesentliche Verkürzung der Versuchsdauer erzielt. Trotzdem hatten die vorgenannten Versuche noch Laufzeiten zwischen 45 und 370 Stunden.

# 9. Grundwasserbewegung

Bei der Bewegung des Wassers durch poröse Medien bestehen hinsichtlich des Strömungscharakters normalerweise ähnliche Verhältnisse wie bei der laminaren Bewegung in engen Rohren. Als besonderes Merkmal der laminaren Rohrströmung ist nach dem Gesetz von Hagen–Poiseuille (Abschn. 5.1.2) eine Proportionalität zwischen dem sekundlichen Durchfluß und dem Gefälle vorhanden. Auf die Sickerbewegung durch den porösen Untergrund sind diese Formeln nicht ohne weiteres zu übertragen, weil die gewundenen Porenkanäle von laufend wechselnder Weite nicht den Verhältnissen in geraden Haarröhrchen entsprechen.

Von Grundwasser wird dann gesprochen, wenn ein lückenloses Ausfüllen aller zusammenhängender Hohlräume im Boden gegeben ist.

Der Bewegungszustand steht dabei unter dem Einfluß der Schwerkraft und den auftretenden Reibungskräften. Die Einwirkung von Kapillarkräften bleibt in den folgenden Betrachtungen unberücksichtigt.

## 9.1 Filtergesetz

Bei der Sickerströmung durch poröses Material ist es im allgemeinen nicht möglich die einzelnen Geschwindigkeiten in den Hohlräumen zu ermitteln. Die Fließgeschwindigkeit

$$v = v_F = \frac{Q}{F} \tag{9.1}$$

wird daher auf den gesamten betrachteten Materialquerschnitt bezogen und nach H. Darcy als Filtergeschwindigkeit bezeichnet.

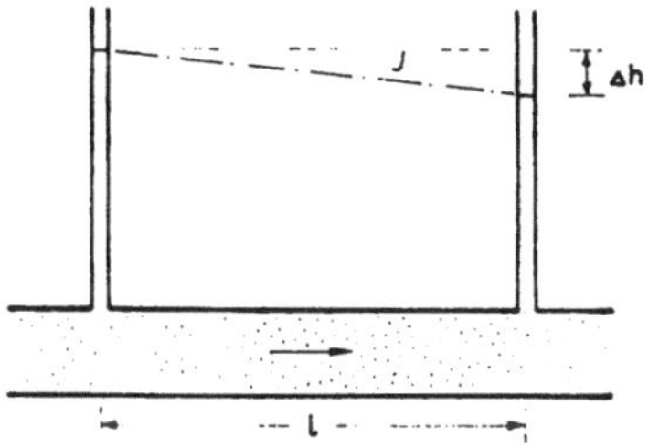


Fig. 9-1 Filterströmung

Wenn ein mit Sand gefulltes Rohr (Fig. 9-1) gleichmäßig durchströmt wird, so ist im Beharrungszustand der Durchfluß proportional dem Druckgefälle, d. h.

$$Q = k \frac{\Delta h}{l} F = k J F .$$

Für die Filtergeschwindigkeit gilt somit

$$v = v_F = k \frac{\Delta h}{l} = k J . \tag{9.2}$$

Der Proportionalitätsfaktor k kennzeichnet die Durchlässigkeit des betreffenden Materiales. Die Größe stellt eine Geschwindigkeit dar. Strömungstechnisch wäre es günstig eine sogenannte spezifische Durchlässigkeit

$$k_s = \frac{k\,\nu}{g} \tag{9.3}$$

einzuführen, die dann von der Art des strömenden Mediums unabhängig ist. Einige empirische k-Werte sind in Tabelle 9-1 enthalten.

| Bodenart | k [cm/s] |
|---|---|
| Schluffiger Feinsand | $10^{-3}$ |
| Dünensand | $10^{-2}$ |
| Flußsand | $10^{-1}$ |
| Feiner Kies | $1{,}0 \div 3{,}0$ |
| Mittlerer Kies | $3{,}0 \div 4{,}0$ |

Tab. 9-1 Durchlässigkeits-Werte für Wasser

Die wirkliche Sickergeschwindigkeit durch die Hohlräume ist natürlich größer als die Filtergeschwindigkeit. Der entsprechende Mittelwert ist

$$v_W = \frac{v_F}{n}$$

wobei mit n der relative Porenraum bezeichnet ist.

Sickerströmungen, die nach dem Darcyschen Gesetz erfolgen, können als Potentialströmungen behandelt werden. Voraussetzung für eine Lösung ist allerdings, daß die Randbedingungen genau bekannt sind oder durch geeignete Annahmen erfaßt werden können. Für die Filtergeschwindigkeit an jedem beliebigen Punkt gelten in Richtung der drei Achsen die Beziehungen

$$v_x = -k\,\frac{\partial h}{\partial x}\,; \quad v_y = -k\,\frac{\partial h}{\partial y}\,; \quad v_z = -k\,\frac{\partial h}{\partial z}\,. \tag{9.4}$$

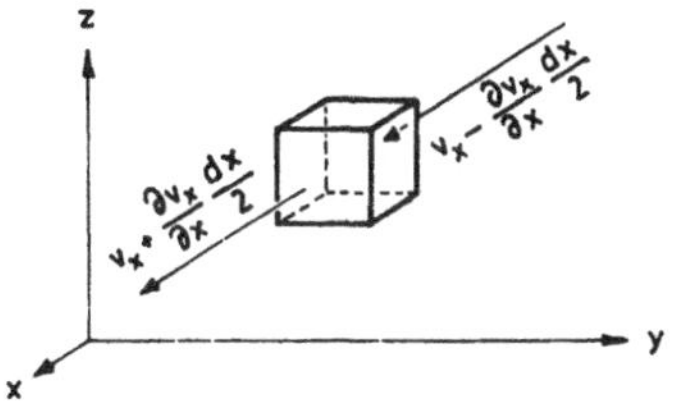


Fig. 9-2 Filterströmung durch ein Raumelement

Dabei ist mit h die Höhe des Grundwasserspiegels über einer unveränderlichen Bezugsebene bezeichnet. Somit kann k h = $\varphi$ als Potential angesehen werden. Bezogen auf ein Raumelement (Fig. 9-2) beträgt der Unterschied der Fließgeschwindigkeit zwischen Austritt und Eintritt in der x-Richtung

$$[(v_x + \frac{\partial v_x}{\partial x}\frac{dx}{2}) - (v_x - \frac{\partial v_x}{\partial x}\frac{dx}{2})] = k\,[(\frac{\partial h}{\partial x} + \frac{\partial^2 h}{\partial x^2}\frac{dx}{2}) - (\frac{\partial h}{\partial x} - \frac{\partial^2 h}{\partial x^2}\frac{dx}{2})]$$

und somit der Überschuß an austretender über eintretender sekundlicher Flüssigkeitsmenge

$$(\frac{\partial v_x}{\partial x}\,dx)\,(dy\,dz) = k\,\frac{\partial^2 h}{\partial x^2}\,dx\,dy\,dz\,.$$

Sinngemäß folgen die entsprechenden Ausdrücke für die anderen Richtungen. Wenn ein solcher Überschuß nicht auftreten kann, folgt analog der Laplaceschen Gleichung (Abschn. 1.3) die Beziehung

$$\frac{\partial^2 h}{\partial x^2} + \frac{\partial^2 h}{\partial y^2} + \frac{\partial^2 h}{\partial z^2} = 0\,. \tag{9.5}$$

Die meisten derartigen Betrachtungen erfolgen normalerweise in zweidimensionaler Form.

Bei der Behandlung instationärer Bewegungsvorgänge ist die zeitliche Veränderung von h zu berücksichtigen. Dies führt insbesondere bei der Grundwasserbewegung mit freier Oberfläche zu erheblichen Schwierigkeiten. Praktische Aufgaben sind erst durch den Einsatz von modernen Rechenanlagen mit vertretbarem Aufwand lösbar geworden.

Der Gültigkeitsbereich des Gesetzes von Darcy ist auf das alleinige Zusammenwirken von Schwere- und Reibungskräften beschränkt. Mit dem zunehmenden Einfluß von Trägheitskräften kann für das Strömungsgefälle nach R. de Prony (Abschn. 1.2.11) die allgemeine Beziehung

$$J = a\,v + b\,v^2$$

gesetzt werden. Dies ist vor allem bei höheren Filtergeschwindigkeiten in grobkörnigem Material zu beachten.

## 9.2 Ebene Strömung

Es wird vorausgesetzt, daß die Anwendung des Darcyschen Filtergesetzes zutreffend ist und somit auch $J = \sin \epsilon$ durch $dh/dl = \tan \epsilon$ ersetzt werden kann. Es folgt dann nach J. Dupuit bei stationärer Parallelströmung die Beziehung

$$v = k\,\frac{dh}{dl}\,. \tag{9.6}$$

Danach gilt bei horizontaler undurchlässiger Sohle (Fig. 9-3) für die sekundliche Sickerwassermenge je Breitenmeter

$$q = v\,h = k\,h\,\frac{dh}{dl}\,.$$

Nach Integration und Berücksichtigung der Randbedingung $h = h_0$ für $l = 0$ wird der Ausdruck

$$q = \frac{k}{2\,l}\,(h^2 - h_0^2) \tag{9.7}$$

oder für die Verhältnisse zwischen zwei Querschnitten

$$q = \frac{k}{2}\,\frac{h_L^2 - h_R^2}{l_L - l_R}$$

erhalten.

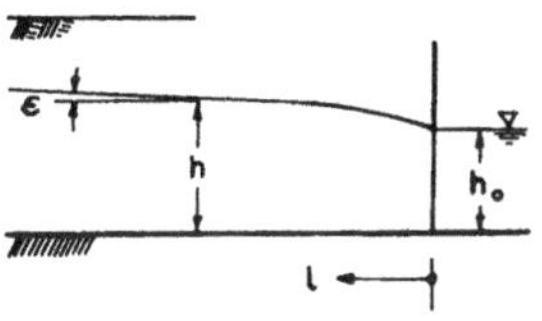


Fig. 9-3 Sickerströmung bei horizontaler Sohle

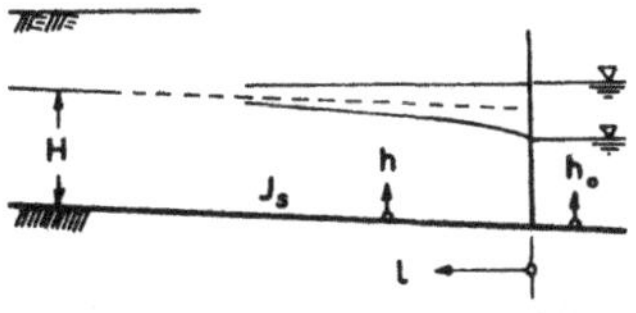


Fig. 9-4 Sickerströmung bei geneigter Sohle

Wenn die undurchlässige Schicht geneigt ist (Fig. 9-4) und die Grundwasserstände auf diese Sohle bezogen sind, so gilt für die Sickergeschwindigkeit

$$v = k\left(J_s + \frac{dh}{dl}\right) \tag{9.8}$$

und folglich für den Abfluß je Breitenmeter

$$q = v\,h = k\,h\left(J_s + \frac{dh}{dl}\right).$$

Nach Erweiterung und Umstellung wird schließlich der Ausdruck

$$J_s\,dl = \frac{q\,dh}{q - k\,J_s\,h} - dh$$

erhalten. Das allgemeine Integral lautet

$$J_s\,l = -\frac{q}{k\,J_s}\ln\left(q - k\,J_s\,h\right) - h + C\,.$$

Unter Beachtung der Randbedingungen, und zwar $h = h_0$ für $l = 0$ und $h = H$ für $l \to \infty$, sowie der Beziehung für stationär gleichförmige

Strömung, d. h. $q = k\,H\,J_s$, wird der Ausdruck

$$J_s\,l = H\,ln\,\frac{H - h_0}{H - h} - (h - h_0) \tag{9.9}$$

erhalten.

Bei der Bewegung des gespannten Grundwassers im Grundwasserleiter konstanter Mächtigkeit gilt für die Anströmung eines Schlitzes wegen $\partial^2 h / \partial x^2 = 0$ unter der Berücksichtigung der Randbedingungen

$$h = \frac{v}{k}\,x + h_0$$

d. h. lineare Abnahme der Druck- oder Standrohrspiegelhöhe.

Für die zweidimensionale Bewegung folgen nach den Gleichungen (9.4) und (9.5) entsprechend einfachere Beziehungen. Da die Strömung normal zu den Kurven gleicher Druckhöhe abläuft, ist zu erkennen, daß zwischen diesen Kurven und den Strömungslinien die jeweilige Betrachtungsebene in kleine Rechtecke zerlegt werden kann. Sind die Seiten längs der Strömung mit ds und normal zur Bewegungsrichtung mit dn bezeichnet, so gilt für den Durchfluß

$$dq = k\,J\,dn = k\,\frac{dh}{ds}\,dn\,. \tag{9.10}$$

Werden lediglich die Linien für dq = const und dh = const betrachtet, so folgt mit k = const naturgemäß auch dn/ds = const. Somit können die Größen dq und dh so gewählt werden, daß ein quadratisches Netz entsteht. Zu dieser Betrachtungsweise sind die Sickerströmung des Wassers unter einem Wehrkörper und die Durchsickerung eines Erddammes zu nennen. Für einfache Randbedingungen können die Gleichungen für die Stromlinien mit Hilfe der konformen Abbildung direkt angegeben werden. Kompliziertere Randbedingungen sind durch das Zusammensetzen von Einzellösungen näherungsweise zu berücksichtigen oder mit Hilfe von Analogieverfahren zu behandeln.

## 9.3 Axialsymmetrische Strömung

Mit der vereinfachten Annahme von Dupuit beträgt die Wasserführung zu einem Brunnen (Fig. 9-5) durch einen Zylindermantel von der Höhe h und dem Radius r je Zeiteinheit

$$Q = 2\,\pi\,r\,h\,v = 2\,\pi\,r\,k\,h\,\frac{dh}{dr}\,.$$

Nach Integration und Berücksichtigung der Randbedingung $h = h_0$ für $r = r_0$ folgt als Gleichung der Spiegelkurve (Meridianschnitt) bei bekannter Entnahme Q die Beziehung

$$Q\,ln\,\frac{r}{r_0} = \pi\,k\,(h^2 - h_0^2)\,. \qquad (9.11)$$

Umgekehrt kann aufgrund einer ermittelten Absenkung die Entnahme bestimmt werden. Hierzu können auch zwei Punkte auf einer Meridiankurve des Spiegels in einiger Entfernung vom Brunnenrand dienen. In unmittelbarer Nähe des Brunnens ist der Dupuitsche Ansatz infolge der starken Krümmung der Stromlinien nur näherungsweise zutreffend.

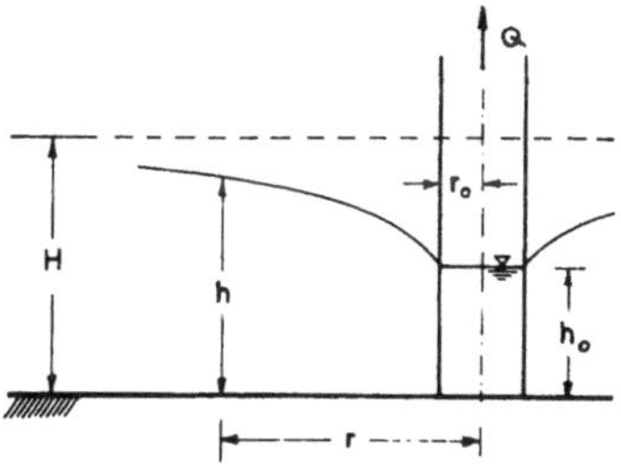


Fig. 9.5: Schachtbrunnen

Für die Entnahme einer konstanten Wassermenge Q bei gespanntem Grundwasser und einer Mächtigkeit d des Grundwasserleiters gilt

$$Q = 2\,\pi\,r\,d\,v = 2\,\pi\,r\,d\,k\,\frac{dh}{dr}\,.$$

Nach Integration unter Berücksichtigung der Randbedingungen wird

$$Q \, ln \frac{r}{r_0} = 2 \pi k d (h - h_0) \tag{9.12}$$

erhalten.

# 10. Modellgesetze

Modellversuche sollen die Grundlagen zu allgemeinen Schlüssen über die Strömungsvorgänge der Großausführung vermitteln. Es muß daher die Bedingung nach dynamischer Ähnlichkeit der beiden Bewegungsvorgänge erfüllt sein. Dies ist der Fall, wenn die beiden Strömungen in allen Teilen geometrisch, zeitlich und hinsichtlich der auftretenden Kräfte ähnlich verlaufen.

Die Erfüllung dieser Forderungen stößt jedoch auf Schwierigkeiten, weil die Einbeziehung aller auftretenden Kräfte unmöglich ist. Es muß daher von Fall zu Fall entschieden werden, welche Kräftearten von untergeordneter Bedeutung sind und somit vernachlässigt werden können.

## 10.1 Ähnlichkeitsbedingungen

### 10.1.1 Übertragungsmaßstäbe

Für die Verhältniszahlen zwischen den Natur- und Modellgrößen werden die in Tabelle 10–1 genannten Kennzeichnungen verwendet.

Mit Hilfe der Grundeinheiten sind die anderen Beziehungen ableitbar.

Für das Verhältnis der Geschwindigkeiten folgt aufgrund der allgemeinen Beziehung $v = ds/dt$ der entsprechende Ausdruck

$$\epsilon = \frac{\lambda}{\tau} \; . \tag{10.1}$$

| Größen | Bezeichnung | $\frac{\text{Natur}}{\text{Modell}}$ |
|---|---|---|
| Länge | $l$ | $\lambda$ |
| Zeit | t | $\tau$ |
| Masse | m | $\mu$ |
| Geschwindigkeit | v | $\epsilon$ |
| Beschleunigung | b | $\beta$ |
| Kraft | K | $\kappa$ |
| Sonstige Größen | x, y, $\rho$, . . . | $\overline{x}, \overline{y}, \overline{\rho}$, . . . |

Tab. 10-1 Bezeichnungen

Sinngemäß wird für die Beschleunigungen $b = dv/dt = d^2s/dt^2$ das Verhältnis

$$\beta = \frac{\epsilon}{\tau} = \frac{\lambda}{\tau^2} \tag{10.2}$$

erhalten. Damit kann nun für die Kräfte entsprechend dem Newtonschen Gesetz $K = m \cdot b$ die Verhältniszahl in der Form

$$\kappa = \mu \beta = \mu \frac{\epsilon}{\tau} = \mu \frac{\lambda}{\tau^2}$$

bzw. (10.3)

$$\kappa = \overline{\rho} \lambda^3 \beta = \overline{\rho} \lambda^3 \frac{\epsilon}{\tau} = \overline{\rho} \frac{\lambda^4}{\tau^2}$$

geschrieben werden.

Die Verhältniszahl der sekundlichen Abflußmengen wird aufgrund der allgemeinen Beziehung $Q = F\,v$ zu

$$\overline{Q} = \lambda^2 \epsilon = \frac{\lambda^3}{\tau} \tag{10.4}$$

erhalten. Für Drücke folgt analog $p = K/F$ das Übertragungsverhältnis

$$\overline{p} = \frac{\kappa}{\lambda^2} = \mu \frac{\epsilon}{\tau \lambda^2} = \frac{\mu}{\lambda \tau^2}\,. \tag{10.5}$$

Ebenso können die allgemeinen Übertragungsmaßstäbe für andere Größen aufgestellt werden. Die Verhältniszahlen sind in Tabelle 10-2 zusammengefaßt.

| Größen | Bez. | Maßstab |
|---|---|---|
| Länge | $\lambda$ | $\lambda$ |
| Zeit | $\tau$ | $\tau$ |
| Masse | $\mu$ | $\mu$ |
| Geschwindigkeit | $\epsilon$ | $\lambda\,\tau^{-1}$ |
| Beschleunigung | $\beta$ | $\lambda\,\tau^{-2}$ |
| Kraft | $\kappa$ | $\mu\,\lambda\,\tau^{-2}$ |
| Abfluß | $\overline{Q}$ | $\lambda^3\,\tau^{-1}$ |
| Druck | $\overline{p}$ | $\mu\,\lambda^{-1}\,\tau^{-2}$ |

Tab. 10-2 Verhältniszahlen und Maßstäbe

Wenn für die Flüssigkeiten von Modell und Naturvorgang die gleiche Dichte gegeben ist, so folgt für $\mu = \overline{\rho}\,\lambda^3$ wegen $\overline{\rho} = 1$ der Ausdruck

$$\mu = \lambda^3 \,. \tag{10.6}$$

Diese Voraussetzung ist im wasserbaulichen Versuchswesen gegeben. Normalerweise wird hierbei $\overline{g} = 1$ und $\overline{\gamma} = 1$ angenommen. Somit ist $\overline{\rho} = 1$ auf jeden Fall erfüllt.

Mit der gefundenen Beziehung (Gl. 10.6) geht der Ausdruck für den Kräftemaßstab (Gl. 10.3) über in

$$\kappa = \lambda^3\,\beta = \lambda^3\,\frac{\epsilon}{\tau} = \frac{\lambda^4}{\tau^2} \,. \tag{10.7}$$

Werden nun die anderen Übertragungsmaßstäbe in Abhängigkeit vom Längen- und Kräftemaßstab ausgedrückt, so folgen die Beziehungen

$$\tau = \frac{\lambda^2}{\kappa^{1/2}} \quad \text{und} \quad \epsilon = \frac{\kappa^{1/2}}{\lambda} \quad \text{sowie} \quad \beta = \frac{\kappa}{\lambda^3} \,. \tag{10.8}$$

Es ist ersichtlich, daß nach der Wahl von zwei Maßstäben, die übrigen Verhältniszahlen bestimmbar sind.

### 10.1.2 Trägheits- und Schwerekräfte

Für die Übertragung der Schwerekräfte besteht die Beziehung

$$\kappa = \mu \overline{g} = \overline{\rho} \overline{g} \lambda^3 = \overline{\gamma} \lambda^3 . \tag{10.9}$$

Wird nur das Zusammenwirken von Trägheits- und Schwerekräften berücksichtigt, so folgt nach den Gleichungen (10.3) und (10.9) der Ausdruck

$$\mu \frac{\lambda}{\tau^2} = \mu \overline{g} \quad \text{bzw.} \quad \overline{\rho} \frac{\lambda^4}{\tau^2} = \overline{\gamma} \lambda^3 . \tag{10.10}$$

Nach diesen Beziehungen wird

$$\frac{\lambda}{\overline{g} \tau^2} = 1 = \frac{\epsilon^2}{\overline{g} \lambda}$$

erhalten. Daraus folgt, daß für beide Vorgänge – Natur und Modell – die entsprechenden Kennzahlen jeweils gleich sein müssen. Der auf Länge und Geschwindigkeit bezogene Ausdruck

$$\frac{v^2}{g\, l} = \mathrm{Fr}_{(l,\,v)} = \mathrm{Fr} \tag{10.11}$$

wird die Kennzahl von Froude oder von Reech–Froude genannt. Sinngemäß kann die auf Länge und Zeit bezogene Zahl

$$\frac{l}{g\, t^2} = \mathrm{Fr}_{(l,\,t)}$$

Anwendung finden. Mit $l$ ist hierbei eine charakteristische lineare Querschnittsgröße bezeichnet.

Mit $\overline{g} = 1$ und $\overline{\gamma} = 1$, d. h. also auch $\overline{\rho} = 1$, wird für die Verhältniszahlen

$$\frac{\lambda}{\tau^2} = \frac{\epsilon^2}{\lambda} = 1$$

erhalten. Damit sind die entsprechenden Maßstabszahlen unmittelbar abzuleiten.

### 10.1.3 Trägheits- und Reibungskräfte

Als Maßstabszahl zur Übertragung von Reibungskräften besteht die generelle Beziehung

$$\kappa = \overline{\tau}_* \lambda^2 \qquad (10.12)$$

wobei mit $\tau_*$ die Schubspannung bezeichnet ist. Wird nur das Zusammenwirken von Trägheits- und Reibungskräften berücksichtigt, so folgt nach den Gleichungen (10.3) und (10.12) der Ausdruck

$$\mu \frac{\lambda}{\tau^2} = \overline{\tau}_* \lambda^2 \quad \text{bzw.} \quad \overline{\rho} \frac{\lambda^4}{\tau^2} = \overline{\tau}_* \lambda^2 . \qquad (10.13)$$

Nach diesen Beziehungen wird

$$\frac{\overline{\rho} \lambda^2}{\overline{\tau}_* \tau^2} = 1 = \frac{\overline{\rho}}{\overline{\tau}_*} \epsilon^2$$

erhalten. Daraus folgt, daß für beide Vorgänge die Kennzahlen gleich sein müssen.

Bei laminarer Strömung folgt mit dem Newtonschen Ansatz für die Schubspannung (Gl. 1.34) die Verhältniszahl

$$\overline{\tau}_* = \overline{\eta} \frac{\epsilon}{\lambda} = \frac{\overline{\eta}}{\tau}$$

und somit für die Übertragung der Reibungskräfte

$$\kappa = \overline{\eta} \lambda \epsilon = \overline{\eta} \frac{\lambda^2}{\tau} .$$

Damit gehen die Gleichungen (10.13) über in

$$\mu \frac{\lambda}{\tau^2} = \overline{\eta} \lambda \epsilon \quad \text{bzw.} \quad \overline{\rho} \frac{\lambda^4}{\tau^2} = \overline{\eta} \frac{\lambda^2}{\tau} . \qquad (10.14)$$

Nach diesen Beziehungen wird

$$\frac{\overline{\rho}\,\lambda^2}{\overline{\eta}\,\tau} = 1 = \frac{\lambda \epsilon}{\overline{\nu}}$$

erhalten. Der auf Länge und Geschwindigkeit bezogene Ausdruck

$$\frac{l\,\mathrm{v}}{\nu} = \mathrm{Re}_{(l,\,\mathrm{v})} = \mathrm{Re} \qquad (10.15)$$

wird die Kennzahl von Reynolds genannt. Sinngemäß kann die auf Länge und Zeit bezogene Zahl

$$\frac{l^2}{\nu\,\mathrm{t}} = \mathrm{Re}_{(l,\,\mathrm{t})}$$

Anwendung finden.

Mit $\overline{\eta} = 1$ und $\overline{\rho} = 1$, d. h. also auch $\overline{\nu} = 1$, wird für die Verhältniszahlen

$$\frac{\lambda^2}{\tau} = \lambda\,\epsilon = 1$$

erhalten.

Bei turbulenter Strömung folgt nach dem Ansatz für die Schubspannung (Gl. 1.35) die Verhältniszahl

$$\overline{\tau}_* = \overline{\psi}\,\overline{\rho}\,\epsilon^2 = \overline{\psi}\,\overline{\gamma}\,\lambda$$

und somit für die Übertragung der Reibungskräfte

$$\kappa = \overline{\psi}\,\overline{\rho}\,\lambda^2\,\epsilon^2 = \overline{\psi}\,\overline{\gamma}\,\lambda^3 \,.$$

Der dimensionslose Beiwert $\psi$ stellt die Widerstandsziffer dar. Sie ist von der Reynoldsschen Zahl und von der relativen Rauhigkeit abhängig.

Mit den vorgenannten Beziehungen geht die Gleichung (10.13) über in

$$\overline{\rho}\,\frac{\lambda^4}{\tau^2} = \overline{\psi}\,\overline{\gamma}\,\lambda^3 \qquad (10.16)$$

wonach

$$\frac{\overline{\lambda}}{\overline{\psi}\,\overline{g}\,\overline{\tau}^2} = 1 = \frac{\overline{\epsilon}^2}{\overline{\psi}\,\overline{g}\,\overline{\lambda}}$$

erhalten wird. Somit müssen für beide Vorgänge die Kennzahlen $l/(\psi\ g\ t^2)$ bzw. $v^2/(\psi\ g\ l)$ gleich sein. Diese Ausdrücke entsprechen der jeweils mit der betreffenden Widerstandsziffer dividierten Froudeschen Zahl.

Mit $\overline{\gamma} = 1$ und $\overline{g} = 1$ wird für Verhältniszahlen die einfache Beziehung

$$\frac{\overline{\lambda}}{\overline{\psi}\,\overline{\tau}^2} = \frac{\overline{\epsilon}^2}{\overline{\psi}\,\overline{\lambda}} = 1$$

erhalten.

Im Falle von $\overline{\psi} = 1$ werden die Übertragungsverhältnisse nach dem Ähnlichkeitsgesetz von Reech–Froude erhalten. Aufgrund der allgemeinen Abhängigkeit für die Widerstandsziffer $\psi = \psi\ (\mathrm{Re}, r_s)$ ist zu erkennen, daß $\overline{\psi} = 1$ keineswegs die Abbildung der Rauhigkeitserhebungen nach dem Längenmaßstab bedingt, da für die Reynoldsschen Zahlen – mit $\overline{\nu} = 1$ – die Verhältniszahl $\overline{\mathrm{Re}} = \overline{\lambda}^{3/2}$ ist. Für die Naturvorgänge sind normalerweise die hydraulisch glatten Verhältnisse nicht gegeben. Somit kommen nur der sogenannte Übergangsbereich und das Gebiet der hydraulisch rauhen Verhältnisse in Betracht. Die Modelluntersuchungen können hingegen in jeder der drei Zonen erfolgen.

Im Falle von $\overline{\psi} \neq 1$ bleibt die dynamische Ähnlichkeit erhalten, wenn für das Verhältnis des relativen Energieliniengefälles $\overline{J} = 1$ ist. Für die generelle Beziehung

$$J = \frac{\psi}{R}\,\frac{v^2}{2g} = \frac{v^2}{C^2 R}$$

kann die allgemeine Form $J = h/l$ gesetzt werden. Bei stationär gleichförmigem Fließvorgang stellt h das Absolutgefälle von Energie- und Piezometerlinie dar. Mit den Übertragungszahlen für Höhen und

Längen

$$\overline{J} = \frac{\lambda_H}{\lambda_L} = \overline{\psi}$$

folgt unmittelbar, daß im Falle $\overline{\psi} = 1$ auch $\lambda_H = \lambda_L = \lambda$ sein wird. Hingegen muß für

$$\psi \neq 1 \quad \text{entweder} \quad \lambda_H = \lambda_L \overline{\psi} \quad \text{oder} \quad \lambda_L = \lambda_H / \overline{\psi}$$

sein. Dies bedeutet, daß im Modell entweder eine Änderung der Längen oder eine Änderung der Höhen zu erfolgen hat.

Eine Modellverzerrung, d. h. $\lambda_H > \lambda_L$, ist bei Flächenmodellen mit relativ kleinem Maßstab des Grundrisses häufig notwendig, weil sonst die Wassertiefen zu klein dargestellt würden.

### 10.1.4 Schwere- und Reibungskräfte

Wird das Zusammenwirken von Schwere- und Reibungskräften behandelt, so folgt nach den Gleichungen (10.9) und (10.12) die Beziehung

$$\overline{\rho}\,\overline{g}\,\lambda^3 = \overline{\gamma}\,\lambda^3 = \overline{\tau}_*\,\lambda^2 \,. \tag{10.17}$$

Danach wird der Ausdruck

$$\frac{\overline{\rho}\,\overline{g}\,\lambda}{\overline{\tau}_*} = 1 = \frac{\overline{\gamma}\,\lambda}{\overline{\tau}_*}$$

erhalten, wonach für beide Vorgänge – Natur und Modell – jeweils die Kennzahlen $\rho\, g\, l/\tau_*$ bzw. $\gamma\, b/\tau_*$ gleich sein müssen. Mit $\tau_*$ ist wiederum die Schubspannung bezeichnet.

Bei laminarer Strömung folgt mit dem Newtonschen Ansatz für die Schubspannung sodann

$$\frac{\overline{\rho}\,\overline{g}\,\lambda^2}{\overline{\eta}\,\epsilon} = \frac{\overline{g}\,\lambda^2}{\overline{\nu}\,\epsilon} = \frac{\overline{g}\,\lambda\,\tau}{\overline{\nu}} \,. \tag{10.18}$$

Danach werden die Kennzahlen

$$\frac{g\,l^2}{\nu\,v} = Kz_{(l,v)} \quad \text{bzw.} \quad \frac{g\,l\,t}{\nu} = Kz_{(l,t)} \tag{10.19}$$

erhalten. Diese Beziehungen wurden vom Verfasser schon früher bei Ähnlichkeitsbetrachtungen verwendet. Den auf Länge und Geschwindigkeit bezogenen Ausdruck haben E. Mosonyi und G. Kovacs als maßgebend für die Grundwasserbewegung herausgestellt.

Mit den jeweils getrennt angenommenen vereinfachten Voraussetzungen $\overline{g} = 1$ und $\overline{\nu} = 1$ folgen die Beziehungen

$$\frac{\lambda^2}{\overline{\nu}\epsilon} = \frac{\lambda\tau}{\overline{\nu}} \quad \text{und} \quad \frac{\overline{g}\lambda^2}{\epsilon} = \overline{g}\lambda\tau .$$

Bei gleichzeitiger Annahme von $\overline{g} = 1$ und $\overline{\nu} = 1$, d. h. auch $\overline{\rho} = 1$, wird sodann nach Gleichung (10.19) die einfache Beziehung

$$\frac{\lambda^2}{\epsilon} = \lambda\tau = 1 \quad \text{d. h.} \quad \tau = 1/\lambda$$

erhalten. Dieser Zusammenhang wurde schon von F. Kartenbeck aufgezeigt.

## 10.2 Theorem von Buckingham

Der Satz von den dimensionslosen Potenzprodukten wird nach E. Buckingham auch $\pi$-Theorem genannt. Danach kann jede Gleichung zwischen n physikalischen Größen von der allgemeinen Form

$$f(Y_1, Y_2, Y_3, \ldots, Y_n) = 0 \tag{10.20}$$

als eine Funktion dimensionsloser Potenzprodukte

$$\Phi(\pi_1, \pi_2, \pi_3, \ldots, \pi_{n-m}) = 0 \tag{10.21}$$

ausgedrückt werden, wobei m die Anzahl der verwendeten Grundeinheiten ist. Auf eine einschränkende Bedingung wird noch hingewiesen.

In allgemeiner Fassung folgt für die Bildung des dimensionslosen Potenzproduktes aus n Größen

$$Y_1^{\alpha_1} \cdot \ldots \cdot Y_n^{\alpha_n} \tag{10.22}$$

mit den m Grundeinheiten $X_1, \ldots, X_m$ ein System von Einheitengleichungen der Form

$$\begin{aligned} [Y_1] &= \zeta_1 \, [X_1]^{\alpha_{11}} \ldots . [X_m]^{\alpha_{m1}} \\ &\vdots \\ [Y_n] &= \zeta_n \, [X_n]^{\alpha_{1n}} \ldots . [X_m]^{\alpha_{mn}} \end{aligned} \tag{10.23}$$

wobei die Werte $\zeta_i$ reine Zahlenfaktoren sind. Die Bedingung der Dimensionslosigkeit für das Produkt $(Y_1^{\alpha_1} \ldots Y_n^{\alpha_n})$ ist erfüllt, wenn

$$\begin{aligned} \alpha_{11}\alpha_1 + \ldots . + \alpha_{1n}\alpha_n &= 0 \\ &\vdots \\ \alpha_{m1}\alpha_1 + \ldots . + \alpha_{mn}\alpha_n &= 0 \end{aligned} \tag{10.24}$$

ist. Dies sind m homogene Gleichungen für die n Unbekannten $(\alpha_1, \ldots, \alpha_n)$.

Die Zahl der bildbaren dimensionslosen Produkte hängt vom Rang r der Matrix des betreffenden Gleichungssystems mit n Unbekannten und m Grundeinheiten ab. Für die Belange der Hydraulik gilt im allgemeinen r = m, wobei entsprechend der Anzahl der Grundeinheiten m = 3 ist. Die Matrix hat somit die allgemeine Form:

$$\begin{pmatrix} \alpha_{11} & \alpha_{12} \ldots & \alpha_{1n} \\ \alpha_{21} & \alpha_{22} \ldots & \alpha_{2n} \\ \alpha_{31} & \alpha_{32} \ldots & \alpha_{3n} \end{pmatrix} \tag{10.25}$$

Für die Feststellung des Ranges einer Matrix ist zu untersuchen, ob die Determinante bzw. eine der Unterdeterminanten von Null verschieden ist. Wenn beispielsweise eine dreireihige Determinante von Null verschieden ist, so ist der Rang r = 3. Für den Rang einer Matrix gilt ferner ganz allgemein $r \leq \min(m, n)$.

Zur Bestimmung der $\pi$-Werte werden m Größen $Y_i$ gewählt, die nicht von gleicher Dimension sind, aber insgesamt alle benutzten Grundeinheiten enthalten. So folgen bei m = 3 Grundeinheiten in anderer

Schreibweise die Ausdrücke

$$
\begin{aligned}
\pi_1 &= Y_1^{x_1}\, Y_2^{y_1}\, Y_3^{z_1}\, Y_4 \\
\pi_2 &= Y_1^{x_2}\, Y_2^{y_2}\, Y_3^{z_2}\, Y_5 \\
&\vdots \\
\pi_{n-3} &= Y_1^{x_{n-3}}\, Y_2^{y_{n-3}}\, Y_3^{z_{n-3}}\, Y_n \,.
\end{aligned}
\tag{10.26}
$$

Wenn eine der physikalischen Größen Y dimensionslos ist, so stellt sie jeweils eine Kennzahl $\pi$ dar. Weiterhin entspricht das Verhältnis von zwei Y-Größen gleicher Grundeinheit ebenfalls einem $\pi$-Wert.

Kennzahlen $\pi$ können mit einem beliebigen Exponenten versehen oder mit einem beliebigen Zahlenfaktor multipliziert werden. Ferner kann jeder $\pi$-Wert auch in Abhängigkeit von den anderen $\pi$-Werten ausgedrückt werden, wie beispielsweise

$$\pi_1 = \Phi_1\,(\pi_2, \pi_3, \ldots, \pi_{n-m})\,.$$

Die Funktion $\Phi_1$ muß dabei gesondert bestimmt werden.

Das Verfahren von Lord Rayleigh, bei welchem physikalische Gleichungen nach den Dimensionen der maßgebenden Größen hergeleitet werden, ist als vereinfachter Sonderfall des $\pi$-Theorems oder in gewisser Form als ein Vorläufer anzusehen. Die Gleichungen sind dabei auf Produkte von Potenzen der betreffenden Einflußgrößen beschränkt. Da nicht feststeht, daß die aufzustellende Beziehung generell der angenommenen mathematischen Form genügt, ist das Verfahren nicht allgemein anwendbar.

## 10.3 Kennzahlen

Für die Abhängigkeit eines Fließvorganges sind verschiedene Einflußgrößen maßgebend. Ausgehend von der allgemeinen Form

$$f\,(a, v, \rho, g, \eta, p, c, E, n, \epsilon) = 0$$

werden die entsprechenden $\pi$-Werte oder Kennzahlen ermittelt. Es bedeuten a eine charakteristische Querschnittslänge, v die mittlere

Fließgeschwindigkeit, $\rho$ die Dichte der Flüssigkeit, g die Beschleunigung durch die Schwerkraft, $\eta$ die Zähigkeit, p den Druck, c die Kapillarkonstante, E den Elastizitätsmodul, n die Frequenz bei Schwingungen und $\epsilon$ das Rauhigkeitsmaß. Es werden dann die nachstehenden Beziehungen erhalten.

(1) Aus $f(a, v, \rho, g) = 0$ folgt

$$\pi = \frac{g\,a}{v^2} \quad \text{bzw.} \quad \pi^{-1} = \frac{v^2}{g\,a} = \mathrm{Fr}\,.$$

Das ist die Froude-Zahl.

(2) Aus $f(a, v, \rho, \eta) = 0$ folgt

$$\pi = \frac{\eta}{a\,v\,\rho} = \frac{\nu}{a\,v} \quad \text{bzw.} \quad \pi^{-1} = \frac{a\,v}{\nu} = \mathrm{Re}\,.$$

Das ist die Reynolds-Zahl.

(3) Aus $f(a, v, \rho, p)$ folgt mit $p/\gamma = h$

$$\pi = \frac{g\,h}{v^2} \quad \text{bzw.} \quad \pi^{-1} = \frac{v^2}{g\,h} \quad \text{oder} \quad \pi^{-1} = \frac{v^2}{2\,g\,h} = \mathrm{Eu}$$

Das ist die Euler-Zahl, die in dieser Form der Froudeschen Zahl entspricht.

(4) Aus $f(a, v, \rho, c) = 0$ folgt

$$\pi = \frac{c}{a\,\rho\,v^2} \quad \text{bzw.} \quad \pi^{-1} = \frac{v^2\,\rho\,a}{c} = \mathrm{We}\,.$$

Das ist die Weber-Zahl.

(5) Aus $f(a, v, \rho, E) = 0$ folgt

$$\pi = \frac{E}{\rho\,v^2} \quad \text{bzw.} \quad \pi^{-1} = \frac{\rho\,v^2}{E} = \mathrm{Ca}\,.$$

Das ist die Cauchy-Zahl oder Mach-Zahl.

(6) Aus $f(a, v, \rho, n) = 0$ folgt

$$\pi = \frac{a\,n}{v} = St\,.$$

Das ist die Strouhal-Zahl.

(7) Aus $f(a, v, \rho, \epsilon) = 0$ folgt

$$\pi = \frac{\epsilon}{a} = r_s\,.$$

Das ist die relative Rauhigkeit.

Die Funktion dimensionsloser Potenzprodukte lautet danach

$$\Phi\,(Fr, Re, Eu, We, Ca, St, r_s) = 0\,.$$

Außer den genannten Kennzahlen kommen noch $\pi$-Werte für lineare Verhältnisse, d. h. $\pi = b/a$ usw., hinzu.

# Literatur

## *1. Bücher:*


*Böß, P.:* Berechnung der Wasserspiegellage beim Wechsel des Fließzustandes. Berlin 1919.

*Vogt, F.:* Berechnung und Konstruktion des Wasserschlosses. Stuttgart 1923.

*Streck, O.:* Das Wasserschloß bei Hochdruckspeicheranlagen. Berlin 1929.

*Forchheimer, Ph.:* Hydraulik. 3. Aufl. Leipzig 1930.

*Bakhmeteff, B.:* Hydraulics of open channels. New York 1932.

*Ludin, A.:* Wasserkraftanlagen. Berlin 1934.

*Dachler, R.:* Grundwasserströmung. Wien 1936.

*Wittmann, H.* u. *P. Böß:* Wasser- und Geschiebebewegung in gekrümmten Flußstrecken. Berlin 1938.

*Föppl, A.:* Vorlesungen über technische Mechanik. Bd. 6, 6. Aufl. München 1944.

*Dubs, R.:* Angewandte Hydraulik. Zürich 1947.

*Puppini, U.:* Idraulica. Bologna 1947.

*Stoker, J.:* Water waves. New York 1948.

*Bergeron, L.:* Du coup de bélier en hydraulique au coup de foudre en electricité. Paris 1949.

*Jaeger, Ch.:* Technische Hydraulik. Basel 1949.

*Escande, L.:* Hydraulique générale. 2. Aufl. Toulouse 1950.

*van Rinsum, A.:* Der Abfluß in offenen natürlichen Wasserläufen. 2. Aufl. Berlin 1950.

*Schoklitsch, A.:* Handbuch des Wasserbaues. 2. Aufl. Wien 1950.

*Kozeny, J.:* Hydraulik. Wien 1953.

*Supino, G.:* Lezioni di Idraulica. Bologna 1954.

*Böß, P.:* Technische Hydromechanik. In Schleicher, F.: Taschenbuch für Bauingenieure. Bd. 2, 2. Aufl., S. 509–589. Berlin 1955.

*Scimemi, E.:* Compendio di Idraulica. Padova 1955.

*Jaeger, Ch.:* Engineering fluid mechanics. London 1956.

*Streck, O.:* Grund- und Wasserbau in praktischen Beispielen. Bd. 1, 2. Aufl. Berlin 1956.

*Tölke, F.:* Veröffentlichungen zur Erforschung der Druckstoßprobleme. Heft 2. Berlin 1956.

*Duckert, P.:* Ausbreitung und Ausreihen von Wasserwellen auf Stauseen unter besonderer Berücksichtigung des Hochspeichers Rabenleite. In: Das Pumpspeicherwerk Reisach-Rabenleite; S. 229–233. Energieversorgung Ostbayern AG. Regensburg 1957.

*Frank, J.:* Nichtstationäre Vorgänge in den Zuleitungs- und Ableitungskanälen von Wasserkraftwerken. 2. Aufl. Berlin 1957.

*Franke, P.-G.:* Wasserbauliche Modellversuche für den Pfreimd-Ausbau. In: Das Pumpspeicherwerk Reisach-Rabenleite; S. 217–228. Energieversorgung Ostbayern AG. Regensburg 1957.

*Schlag, A.:* Hydraulique générale. 2. Aufl. Paris 1957.

*Schmidt, M.:* Gerinnehydraulik. Wiesbaden 1957.

*Wallot, J.:* Größengleichungen, Einheiten und Dimensionen. 2. Aufl. Leipzig 1957.

*Kaufmann, W.:* Technische Hydro- und Aeromechanik. 2. Aufl. Berlin 1958.

*Chow, V. T.:* Open-channel hydraulics. New York 1959.

*Elevatorski, E.:* Hydraulic energy dissipators. New York 1959.

*Vallentine, H. R.:* Applied hydrodynamics. London 1959.

*Knapp, F. H.:* Ausfluß, Überfall und Durchfluß im Wasserbau. Karlsruhe 1960.

*Prandtl, L.:* Führer durch die Strömungslehre. 5. Aufl. Braunschweig 1960.

*Bergeron, L.:* Water hammer in hydraulics and wave surges in electricity. New York 1961.

*Eck, B.:* Technische Strömungslehre. 6. Aufl. Berlin 1961.

*Franke, P.-G.:* Wasserschloßprobleme. In: Das Pumpspeicherwerk Tanzmühle; S. 108–115. Energieversorgung Ostbayern AG. Regensburg 1961.

*Ippen, A. T.:* Channel transitions and controls. In: Rouse, H.: Engineering hydraulics. 3. Aufl., S. 496–588. New York 1961.

*Rouse, H.:* Engineering hydraulics. 3. Aufl. New York 1961.

*Streeter, V.:* Handbook of fluid dynamics. New York 1961.

*Richter, H.:* Rohrhydraulik. 4. Aufl. Berlin 1962.

*Stucky, A.:* Druckwasserschlösser von Wasserkraftanlagen. Berlin 1962.

*Schlichting, H.:* Grenzschicht-Theorie. 5. Aufl. Karlsruhe 1965.

*Abbott, M.:* The method of characteristics. New York 1966.

*Henderson, F. M.:* Open channel flow. New York 1966.

*Press, H.* u. *R. Schröder:* Hydromechanik im Wasserbau. Berlin 1966.

*Raudkivi, A. J.:* Loose boundary hydraulics. Oxford 1967.

*Streeter, V.* u. *B. Wylie:* Hydraulic transients. New York 1967.

*Schröder, R.:* Strömungsberechnung im Bauwesen. Teil I: Stationäre Strömungen. Berlin 1968.

*Silber, R.:* Etude et tracé des écoulements permanents en canaux et rivièrs. 2. Aufl. Paris 1968.

*Truckenbrodt, E.:* Strömungsmechanik. Berlin 1968.

*Franke, P.-G.:* Abriß der Hydraulik.
Heft 1: Hydrostatik
Heft 2: Fließzustand und theoretische Grenztiefe
Heft 3: Abfluß aus Öffnungen
Heft 4: Abfluß über Wehre und Überfälle
Heft 5: Stationäre Strömung in Druckleitungen.
Wiesbaden 1969/70.

*Albring, W.:* Angewandte Strömungslehre. Dresden 1970.

*Quesnél, B.:* Traité d'hydraulique fluviale appliquée. Cours d'eau non navigables. 2. Aufl. Paris 1970.

*Franke, P.-G.:* Abriß der Hydraulik.
Heft 6: Stationär gleichförmiger Abfluß in Freispiegelgerinnen
Heft 7: Stationär ungleichförmiger Abfluß in Freispiegelgerinnen
Heft 8: Berechnung der Wasserspiegellage.
Wiesbaden 1971/72.

*Graf, W. H.:* Hydraulics of sediment transport. New York 1971.

*Webber, N. B.:* Fluid mechanics for civil engineers. London 1971.

*Larras, J.:* Hydraulique et granulats. Paris 1972.

*Shen, H. W.:* Sedimentation. Symposium to honor Prof. H. A. Einstein. Colorado State University. Fort Collins 1972.

## 2. *Zeitschriftenaufsätze:*

*Weiß, E.:* Staukurvenberechnung für natürliche Wasserläufe. In: Die Wasserkraft 16 (1921) S. 300–303.

*Kartenbeck, F.:* Ähnlichkeitsbedingungen bei Strömungsvorgängen und ihre Überprüfung durch Modellversuche. In: Der Bauing. 17 (1936) S. 55–60.

*Schlichting, H.:* Experimentelle Untersuchungen zum Rauhigkeitsproblem. In: Ing.-Archiv 7 (1936) S. 1–34.

*Colebrook, C. F.:* Turbulent flow in pipes with particular reference to the transition region between the smooth and rough pipe law. In: Journ. Inst. Civ. Eng. 11 (1938/39) S. 133–156.

*Evangelisti, G.:* Su alcuni problemi di moto permanente in alvei cilindrici. In: Recerche di Ingegneria 6 (1938) S. 6–10.

*Citrini, D.:* Il salto di Bidone. In: L'Energia Elettrica 16 (1939) S. 441–465 u. S. 517–527.

*Einstein, H. A.:* Formulas for the transportation of bed-loaded. In: Trans. ASCE 107 (1942) S. 561–577.

*Evangelisti, G.:* Sulla propagazione delle piccole onde nei canali a sezione variabile. In: Ann. Matem. pura ed applicata 21 (1942) Ser. IV. S. 25–37.

*Frank, J.:* Zur Stabilität der Schwingungen in Schachtwasserschlössern mit unveränderlicher Leistungsaufnahme. In: Wasserkraft u. Wasserwirtschaft 37 (1942) S. 279–281.

*Meyer-Peter, E.* u. *R. Müller:* Eine Formel zur Berechnung des Geschiebetriebs. In: Schweiz. Bauzeitung 67 (1949) S. 29–32.

*Evangelisti, G.:* Pozzi piezometrici e stabilità di regolazione. In: L'Energia Elettrica 27 (1950) S. 253–269 u. S. 353–367.

*Seiferth, R.* u. *W. Krüger:* Überraschend hohe Reibungsziffer einer Fernwasserleitung. In: Zeitschr. VDI 92 (1950) S. 189–191.

*Frank, J.:* Betrachtungen über den Ausfluß beim Bruch von Stauwänden. In: Schweiz. Bauzeitung 69 (1951) S. 401–406.

*Supino, G.:* La similitudine aria-acqua e lo studio dei modelli idraulici. In: L'Energia Elettrica 28 (1951) S. 613–618.

*Beger, K.:* Neues zur Staulinienberechnung. In: Wasserwirtschaft – Wassertechnik 2 (1952) S. 116–119 u. S. 185–191.

*Kirschmer, O.:* Kritische Betrachtung zur Frage der Rohrreibung. In: Zeitschr. VDI 94 (1952) S. 785–791.

*Semenza, C.:* Die neuere Entwicklung im Bau von Wasserkraftanlagen in Italien. In: Zeitschr. Österr. Ing.- u. Arch.-Verein 97 (1952) S. 81–90.

*Frank, J.:* Rhythmische Belastung und Entlastung in der Wasserschloßberechnung. In: Die Wasserwirtschaft 44 (1953/54) S. 18–21.

*Marchi, E.:* Efflusso da una luce soggiacente ad una paratoia piana a spigolo vivo. In: Rend. Accad. Scienze, Ser. XI, Tom. I, Bologna 1954.

*Franke, P.-G.:* Berechnung des Schwingungsverlaufes in Wasserschlössern. In: Der Bauing. 31 (1956) S. 93–96.

*Marchi, E.:* Le onde di regime a lungo periode. In: L'Energia Elettrica 33 (1956) S. 783–791.

*Naudascher, E.:* Berechnung der Wasserspiegellage in gegliederten Kanalquerschnitten. In: Der Bauing. 31 (1956) S. 24–26.

*Supino, G.:* Onde di ampiezza crescente su moto-base permanente. In: L'Energia Elettrica 33 (1956) S. 1121–1127.

*Wegmann, H.:* Beitrag zur Wasserschloßberechnung. In: Der Bauing. 31 (1956) S. 91–92.

*Gassner, E.:* Der Einfluß der Planung auf die Anlagekosten und die Wirtschaftlichkeit von Entwässerungsnetzen. In: Der Städtetag 10 (1957) S. 413–418.

*Higgins, Th. J.:* Electroanalogie methods. In: Applied Mech. Rev. 10 (1957) S. 331–335.

*Franke, P.-G.:* About some aspects of hydraulic laboratory work. In: Coll. Eng. Magazin Poona 35 (1958) S. 8–18.

*Hensen, W.:* Die Berechnung von Tidewellen in Tideflüssen. In: Die Küste 7 (1958/59) S. 1–19.

*Çeçen, K.:* Wasserentnahme in Fließrichtung aus geschiebeführenden Flüssen. In: Die Bautechnik 36 (1959) S. 273–277.

*Hartung, F.:* Ursache und Verhütung der Stauraumverlandung bei Talsperren. In: Die Wasserwirtschaft 49 (1959) S. 1–11.

*Böß, P.:* Die heutige Beziehung des wasserbaulichen Versuchswesens zur Praxis. In: Das Gas- u. Wasserfach 101 (1960) S. 710–715.

*Franke, P.-G.:* Über Kolkbildung und Kolkformen. In: Österr. Wasserwirtschaft 12 (1960) S. 11–16.

*Jaeger, Ch.:* A review of surge-tank stability criteria. In: Trans. ASME, Journ. Basic Eng. 82 (1960) S. 765–783.

*Zowski, Th.:* Trashracks and raking equipment. In: Water Power 12 (1960) S. 342–348 u. S. 399–408.

*Marchi, E.:* Il moto uniforme delle correnti liquide nei condotti chiusi e aperti. In: L'Energia Elettrica 38 (1961) S. 289–301 u. S. 393–413.

*Garbrecht, G.:* Abflußberechnung für Flüsse und Kanäle. In: Die Wasserwirtschaft 51 (1961) S. 40–45 u. S. 72–77.

*Mongiardini, V.:* Considerazioni sulle soluzioni analitiche del movimento ondoso stazionario. In: L'Energia Elettrica 38 (1961) S. 418–432.

*Krummet, R.:* Druckstöße in mit Kunststoffrohren gemischten Wasserrohrleitungen unter Berücksichtigung der Temperatur. In: Sanitäre Technik 27 (1962) S. 442–450.

*Marchi, E.:* Il calcolo della resistenza al moto uniforme nei canali. In: L'Energia Elettrica 39 (1962) S. 893–898.

*Rothmund, H.:* Entwicklung und Gestaltung von Saugüberfällen. In: Der Bauing. 37 (1962) S. 135–138.

*Jaeger, Ch.:* Theorie der Resonanzschwingungen in Druckleitungen. In: Die Wasserwirtschaft 53 (1963) S. 61–66.

*Franke, P.-G.:* Zur Berechnung des Reibungsverlustes in Druckleitungen mit Kreisquerschnitt. In: Österr. Wasserwirtschaft 16 (1964) S. 32–41.

*Marchi, E.* u. *G. Prinetti:* Sui fenomeni ondose all'attacco di un impianto di pompaggio. In: L'Energia Elettrica 41 (1964) S. 122–132.

*Naber, G.:* Mass oscillations in surge tanks. In: Water Power 16 (1964) S. 264–270.

*Breiner, H.:* Das Durchflußgesetz für die turbulente Rohrströmung. In: Österr. Wasserwirtschaft 17 (1965) S. 262–264.

*Rothmund, H.:* Verfahren zur Berechnung der Spiegelbewegung in Wasserschlössern. In: Österr. Wasserwirtschaft 17 (1965) S. 141–144.

*Kirschmer, O.:* Reibungsverluste in Rohren und Kanälen. In: Das Gas- und Wasserfach 107 (1966) S. 1405–1416.

*Marchi, E.:* Open channel flow near the critical depth. In: Meccanica 1 (1966) S. 34–36.

*Kresser, W.* u. *H. Breiner:* Die Gesetzmäßigkeiten der turbulenten Rohrströmung im Bereich großer Reynoldsscher Zahlen. In: Die Wasserwirtschaft 57 (1967) S. 327–336.

*Preuss, K.:* The discharge characteristics of steeply sloping pipes. In: L'Energia Elettrica 44 (1967) S. 94–95.

*Bauch, W.:* Die Hochwasserwelle im ungestauten und gestauten Fluß. In: Die Wasserwirtschaft 58 (1968) S. 11–15.

*Franke, P.-G.:* Erosione a valle di traverse fluviali (Scalzamento del fondo). In: L'Energia Elettrica 45 (1968) S. 445–446.

*Giesecke, J.:* Berechnung des Schwingungsverlaufes in einem Schachtwasserschloß mittels elliptischer Funktionen. In: Ing. Archiv 37 (1968) S. 161–175.

*Marchi, E.:* Il calcolo del rigurgito provocato dalle pile dei ponti. In: L'Energia Elettrica 45 (1968) S. 254–259.

*Evangelisti, G.:* Waterhammer analysis by the method of characteristics. In: L'Energia Elettrica 46 (1969) S. 673–692, S. 759–771 u. S. 839–858.

*Franke, P.-G.:* Some roughness values of water pipelines. In: L'Energia Elettrica 46 (1969) S. 78–80.

*Valentin, F.:* Bestimmung des Abflusses unter Planschützen bei veränderlichem Unterwasserstand. In: Die Bautechnik 47 (1970) S. 103–106.

*Bretschneider, H.:* Wasserbauliches Versuchswesen. In: Zeitschr. VDI 113 (1971) S. 691–695.

*Franke, P.-G.:* Fließzustand und Grenzverhältnisse im teilgefüllten Rohr. In: Das Gas- u. Wasserfach 112 (1971) S. 113–116.

*Franke, P.-G.:* Hydraulisch günstige Querschnittsformen. In: Das Gas- u. Wasserfach 112 (1971) S. 483–488.

*Führböter, A.:* Über die Bedeutung des Lufteinschlages für die Energieumwandlung in Brandungszonen. In: Die Küste 21 (1971) S. 34–42.

*Stelczer, K.:* Etude stochastique du mouvement de charriage. In: Bull. Intern. Assoc. Scientific Hydrology 16 (1971) S. 9–18.

*Kleinschroth, A.:* Der Abflußvorgang im Wirbelfallschacht. In: Der Bauing. 47 (1972) S. 214–218.

*Rouvé, G.:* Ein Hinweis für die Planung von Einlauf-Bauwerken. In: Wasserwirtschaft 62 (1972) S. 110–112.

## *3. Sonstiges:*

*Cross, H.:* Analysis of flow in networks. Bull. 286. Univ. Illinois 1926.

*Shields, A.:* Anwendung der Ähnlichkeitsmechanik und der Turbulenzforschung auf die Geschiebebewegung. Mitt. Preuß. Vers.-Anst. f. Wasserbau u. Schiffbau 26. Berlin 1936.

*Daily, J. W.:* The solitary wave. Proc. S. 13–30, IIIrd Conf. Costal Eng., Cambridge, Mass. 1952.

*Kirschmer, O.:* Die Theorie der Meereswellen als Grundlage von Modellversuchen für Seebauten. MAN-Forschungsheft 1952, 2. HJ., S. 26–48.

*Seifert, R.:* Maßstäbe der Modellähnlichkeit grundrißgetreuer Gerinne bei Tiefenverzerrung und Gefällverstärkung. Mitt. Franzius-Inst. TH Hannover 2. Hannover 1952.

*Franke, P.-G.:* Die Ähnlichkeitsbedingungen im wasserbaulichen Versuchswesen. Mitt. Vers.-Anst. f. Wasserbau TH München 1, S. 80–100. München 1953.

*Hayashi, T.:* Dynamical similitude of surge tanks. Trans. Japan Soc. Civ. Eng. Tokio 1959.

*Niel, A.:* Gesichtspunkte beim Entwurf von Bauwerken zur Überwindung niederer Gefällsstufen von Flüssen. Beitr. A 26, VI Convegno di Idraulica. Padova 1959.

*Reinius, E.:* Steady uniform flow in open channels. Bull. 60, Royal Inst. of Techn. Stockholm 1961.

*Häusler, E.:* Energieumwandlung bei einem frei fallenden, kreisrunden Strahl in einem Wasserpolster. Bericht d. Vers.-Anst. f. Wasserbau TH München 1. München 1962.

*Ippen, A. T.:* Using Colebrook-White universal resistance relation for open channel flow. Hydrodyn. Lab. MIT. Boston 1962.

*Franke, P.-G.:* Oscillations in a surge-tank – Calculation and measurement –. Proc. 3, S. 33–36, Xth IAHR Congr. London 1963.

*Bonhage, R.:* Geschlossene Lösung des Druckstoßproblemes für ein- und mehrstrangige Triebwasserleitungen bei verschiedenen Schließgesetzen. Schriftenreihe Otto-Graf-Inst. TH Stuttgart 25. Stuttgart 1965.

*Flierl, K.:* Des Daniel Bernoulli Hydrodynamik. (Übersetzung und Anmerkungen.) Forsch.-Inst. des Deutschen Museums für die Geschichte der Naturwissenschaften u. der Technik. Reihe C 1 a u. 1 b. München 1965.

*Franke, P.-G.:* Influsso sulla portata fluente dovuto ad alterazioni di scabrezza. Beitr. III B 2, IX Convegno di Idraulica e Costruzioni Idrauliche. Triest 1965.

*Franke, P.-G.:* Uniform flow in conduits and channels. Golden Jubilee Symp., Central Water and Power Res. Station 2, S. 216–231. Poona 1966.

*Petrikat, K.:* Möglichkeiten und Grenzen des wasserbaulichen Versuchswesens. Mitt. Inst. f. Wasserwirtschaft, Grundbau u. Wasserbau TH Stuttgart 4, S. 121–182. Stuttgart 1966.

––– Surface hydrodynamics. Nato Advanced Study Inst. Bressanone/Brixen 1966.

*Çeçen, K.:* Die Ermittlung des Durchlässigkeitsbeiwertes im Zusammenhang mit bautechnischen Bodenuntersuchungen. Schriftenreihe des Kuratoriums f. Kulturbauwesen 17; Wasser u. Boden. Hamburg 1967.

*Einstein, H. A.:* River hydraulics Proc. 5–4, S. 192–197. General Report. XIIth IAHR Congr. Fort Collins 1967.

*Erkek, C.:* Beitrag zur Berechnung des Geschiebetriebes in offenen Gerinnen mit beweglicher Sohle unter besonderer Berücksichtigung der Flachlandflüsse. Mitt. Leichtweiß-Inst. TH Braunschweig 17. Braunschweig 1967.

*Führböter, H.:* Zur Mechanik der Strömungsriffel. Mitt. Franzius-Inst. TH Hannover 29, S. 1–35. Hannover 1967.

*Unger, P.:* Berechnung instationärer Abflußvorgänge in natürlichen Gerinnen unter Verwendung eines von der Querschnittsform unabhängigen Rauhigkeitsmaßes. Techn. Ber. Inst. f. Hydromechanik u. Wasserbau TH Darmstadt 3. Darmstadt 1967.

*Valentin, F.:* Considerations concerning scour in the case of flow under gates. Proc. 3, S. 92–96 u. 5, S. 435 u. 444. XIIth IAHR Congr., Fort Collins 1967.

*Franke, P.-G.:* Hydraulic problems of pipelines and tunnels. XI Convegno di Idraulica e Costruzioni Idrauliche. Genua 1968.

*Shulits, S.* u. *R. Hill:* Bedload formulas. Pennsylvania State Univ. Pennsylvania 1968.

*Valentin, F.:* Einfluß des Unterwasserstandes auf die Strömungsverhältnisse beim Ausfluß unter einer Schütze. Mitt. Inst. f. Hydraulik u. Gewässerkunde TH München 1. München 1968.

*Bohny, H. M.:* Druck- und Geschwindigkeitsverteilung in hochelastischen Rohren bei pulsierender Strömung. Mitt. Inst. f. Hydraulik u. Gewässerkunde TH München 4, S. 42–65. München 1969.

*Franke, P.-G.* u. *F. Valentin:* Head losses due to flow under a vertical wall between parallel plates. Proc. 4, S. 279–285, XIIIth IAHR Congr. Kyoto 1969.

*Kresser, W.:* Zur Frage der vertikalen Geschwindigkeitsverteilung im offenen Gerinne. Publ. 38, Assoc. Intern. d'Hydrologie. Rom 1969.

*Preuss, K.:* Fließverhältnisse von Luft und Wasser in einem teilgefüllten Rohr. Mitt. Inst. f. Hydraulik u. Gewässerkunde TH München 5. München 1970.

*Valentin, F.:* Nichtlineares Widerstandsverhalten poröser Medien. Mitt. Inst. f. Hydraulik u. Gewässerkunde TU München 6. München 1970.

*Bechteler, W.:* Die Berechnung instationärer Fließvorgänge in Druckrohrleitungen mittels analoger und digitaler Rechenanlagen. Mitt. Inst. f. Hydraulik u. Gewässerkunde TU München 7. München 1971.

*da Cunha, L. V.:* Erosões localizades junto de obstaculos salientes de margens. Ist. Superior Técnico. Lissabon 1971.

*Gerndt, R. D.:* Beitrag zur Untersuchung der Bewegungsvorgänge in Tosbekken mit geradliniger, allmählicher Erweiterung. Mitt. Inst. f. Wasserbau TH Aachen 3. Aachen 1971.

*Kalkwijk, J. P. Th.* u. *C. Kranenburg:* Cavitation in horizontal pipelines due to water hammer. Rep. B 71/3, Comm. Delft Univ. of Technology, Dept. of Civil Eng. Delft 1971.

*Plate, E.:* Limitations of spectral analysis in the study of wind-generated water surface waves. Proc. S. 522–539. Intern. Symp. on Stochastic Hydraulics. Pittsburgh 1971.

*Dorer, H.:* Berechnung des nichtstationären Abflusses in nichtprismatischen offenen Gerinnen. Mitt. Bundesanst. f. Wasserbau 31, S. 33–77. Karlsruhe 1972.

# Sachverzeichnis

# Namensverzeichnis

Bei Fragen zur Produktsicherheit wenden Sie sich bitte an:
If you have any questions regarding product safety,
please contact:

Walter de Gruyter GmbH
Genthiner Straße 13
10785 Berlin
productsafety@degruyterbrill.com